高等学校材料科学与工程专业规划教材

功能材料制备与性能表征实验教程

刘德宝·主编　　陈艳丽·副主编

化学工业出版社

·北京·

本书紧密结合“功能材料”专业课程体系的教学内容，并集编者的教学体会和国内外相关文献资料编写而成。全书分为功能材料合成与制备、结构表征和性能测试三部分实验，主要着重于学生的专业知识、技术、实验方法和手段的综合应用训练和工程意识的培养。每个实验阐明了实验目的、实验原理和实验内容，详细介绍了实验仪器设备、实验方法与步骤、实验注意事项，并布置了相关的思考题。本教程选材紧密贴近功能材料科研领域的前沿和热点方向，具有较强的实用性和新颖性。

本书适用于功能材料专业、材料物理专业、材料化学专业以及新能源材料与器件专业的本科生实验课程教材以及研究生实验参考书。

图书在版编目（CIP）数据

功能材料制备与性能表征实验教程/刘德宝主编. 北京：化学工业出版社，2019.2（2025.1重印）

高等学校材料科学与工程专业规划教材

ISBN 978-7-122-33715-3

Ⅰ.①功… Ⅱ.①刘… Ⅲ.①功能材料-性能试验-高等学校-教材 Ⅳ.①TB342

中国版本图书馆CIP数据核字（2019）第029706号

责任编辑：陶艳玲　　　　装帧设计：关　飞

责任校对：宋　夏

出版发行：化学工业出版社（北京市东城区青年湖南街13号　邮政编码100011）

印　　装：北京七彩京通数码快印有限公司

787mm×1092mm　1/16　印张 $10\frac{3}{4}$　字数266千字　2025年1月北京第1版第4次印刷

购书咨询：010-64518888　　　　售后服务：010-64518899

网　　址：http：//www.cip.com.cn

凡购买本书，如有缺损质量问题，本社销售中心负责调换。

定　　价：38.00元

前言

功能材料是材料科学的重要组成部分，是指通过光、电、磁、热、化学等作用后具有特定功能的材料。随着科技生产的不断进步，功能材料不断向高性能化、高功能化、复合化、精细化和智能化方向发展，应用领域也不断扩大。为了满足功能材料领域对人才的需求，国家2010年倡导成立了功能材料这一战略型新型产业相关专业，从属于材料科学与工程一级学科，沿袭了材料学科实践性较强的特点。功能材料专业主要培养具备自然科学和工程技术基本知识，掌握功能材料专业基础理论和专业知识与技能，能够在相关功能材料领域从事与材料相关的科学研究、技术开发、工艺设计及经营管理等方面的工作，具有家国情怀、全球视野、创新精神和实践能力的复合型人才。在功能材料专业的教学内容体系中，实验教学环节对于培养学生实践能力、理论联系实际的能力以及运用所学知识综合创新的能力具有重要的作用。然而，由于功能材料相关专业成立的时间相对较晚，相关的专业课程教材，特别是实验教材方面亟待加强建设。因此，基于上述情况，我们撰写了《功能材料制备与性能表征实验教程》一书。

《功能材料制备与性能表征实验教程》主要涉及材料合成与制备、材料的组织结构表征、性能测试与分析、材料的工程应用评价等四个方面，主要着重于学生的专业知识、技术、实验方法和手段的综合应用训练和工程意识的培养。本书共分三部分：功能材料的制备实验、功能材料表征实验和功能材料性能测试实验。功能材料制备实验部分包括26个实验，以功能材料的制备和测定方法为主线选择实验内容，主要对学生进行功能材料的合成与制备的操作训练。制备实验教程部分涉及的合成制备方法主要包括高温固相法、溶胶凝胶法、水热法、共沉淀法等。功能材料表征实验包括14个实验，主要包括X射线衍射分析、扫描电子显微镜分析、激光粒度分析、热分析、紫外吸收光谱分析等现代分析和测试技术，能够使学生掌握使用材料分析和表征的仪器和培养谱图的分析能力。功能材料性能测试实验包括21个实验，涉及介电、热电、热膨胀、磁电等功能陶瓷及薄膜材料的电学、光学、磁学、热学、电化学性能等相关测试分析方法。编写人员分工为刘德宝编写第一篇实验10～16，第二篇实验27～30，第三篇实验55～61；陈艳丽编写第一篇实验1～9，第二篇实验31～38；姚慧蓉编写第一篇实验17～26，第二篇实验39、40，第三篇实验51～54；何朝成编写第三篇实验 41～50。

本书选材紧密结合功能材料专业人才培养目标以及相关的专业课程体系，并贴近功能材料科研领域的前沿和热点方向，具有较强的实用性和新颖性，不仅便于学生自学，而且有利于学生实践能力及创新精神的培养和提高。本书编写过程中参考了国内外的相关书刊，并得到了天津理工大学教材建设基金和化学工业出版社的支持和帮助，在此深表感谢！

由于编者学识有限，难免有不妥之处，敬请读者批评指正。

编者

2018 年 10 月

目 录

第一篇 功能材料制备实验 /1

第二篇　功能材料表征实验　/ 66

第三篇　功能材料性能测试实验　/ 104

第一篇 功能材料制备实验

实验1 溶胶-凝胶法制备一维纳米材料

一、实验目的

① 了解溶胶-凝胶法制备纳米硼酸铝晶须的凝胶化过程。

② 掌握溶胶-凝胶法制备一维纳米材料的原理。

③ 了解纳米材料常用的表征方法。

二、实验原理

溶胶-凝胶法（Sol-Gel 法）是指无机物或金属醇盐经过溶液、溶胶、凝胶而固化，再经热处理而成的氧化物或其他化合物固体的方法。溶胶是指微小的固体颗粒悬浮分散在液相中，并且不停地进行布朗运动的体系。根据粒子与溶剂间相互作用的强弱通常将溶胶分为亲液型和憎液型两类。由于界面原子的吉布斯自由能比内部原子高，溶胶是热力学不稳定体系。凝胶是指胶体颗粒或高聚物分子互相交联，形成空间网状结构，在网状结构的孔隙中充满了液体(在干凝胶中的分散介质也可以是气体）的分散体系。并非所有的溶胶都能转变为凝胶，凝胶能否形成的关键在于胶粒间的相互作用力是否足够强，以致克服胶粒-溶剂间的相互作用力。对于热力学不稳定的溶胶，增加体系中粒子间结合所须克服的能垒可使之在动力学上稳定。因此，胶粒间相互靠近或吸附聚合时，可降低体系的能量，并趋于稳定，进而形成凝胶。

其最基本的反应是：

① 水解反应：$M(OR)_n + xH_2O \longrightarrow M(OH)_x(OR)_{n-x} + xROH$

② 聚合反应：$—M—OH + HO—M— \longrightarrow —M—O—M— + H_2O$

$—M—OR + HO—M— \longrightarrow —M—O—M— + ROH$

在溶胶-凝胶法中一般都会用到螯合剂。螯合剂又名络合剂，是一种能和重金属离子发生螯合作用形成稳定的水溶性络合物，而使重金属离子钝化的有机或无机化合物。这种化合物的分子中含有能与重金属离子发生配位结合的电子给予体，故有软化、去垢、防锈、稳定、增效等一系列特殊作用。

另外溶胶-凝胶法一般得到的是前驱体，还需要后续的热处理过程，在热处理过程中温度、时间、升温速率、气氛等因素也会影响材料的合成。

溶胶-凝胶法的优缺点如下：

溶胶-凝胶法与其他方法相比具有许多独特的优点：①由于溶胶-凝胶法中所用的原料首先被分散到溶剂中而形成低黏度的溶液，因此，就可以在很短的时间内获得分子水平的均匀性，在形成凝胶时，反应物之间很可能是在分子水平上被均匀地混合。②由于经过溶液反应步骤，那么就很容易均匀定量地掺入一些微量元素，实现分子水平上的均匀掺杂。③与固相反应相比，化学反应将容易进行，而且仅需要较低的合成温度，一般认为溶胶-凝胶体系中组分的扩散在纳米范围内，而固相反应时组分扩散是在微米范围内，因此反应容易进行，温度较低。④选择合适的条件可以制备各种新型材料。溶胶-凝胶法也存在某些问题：①所使用的原料价格比较昂贵，有些原料为有机物，对健康有害。②通常整个溶胶-凝胶过程所需时间较长，常需要几天或几周。③凝胶中存在大量微孔，在干燥过程中又将会逸出许多气体及有机物，并产生收缩。但目前该项技术还处于发展完善阶段，如采用的金属醇盐成本较高以及如何选择催化剂、溶液的 pH 值、水解、聚合温度以及防止凝胶在干燥过程中的开裂等。随着科学工作者的不断努力，对溶胶-凝胶机理的进一步认识，其方法在制备新材料领域会得到更加广泛的应用。

纳米材料的表征方法包括：①形貌分析。扫描电镜、透射电镜、扫描探针显微镜和原子力显微镜等。②成分分析。包括体材料分析方法和表面与微区成分分析方法。体相材料分析方法有原子吸收光谱法，电感耦合等离子体发射法，X 射线荧光光谱分析法。表面与微区成分分析方法包括电子能谱分析法、电子探针分析方法、电镜-能谱分析方法和二次离子质谱分析方法等。③结构分析。X 射线衍射，电子衍射等。④界面与表面分析。X 射线光电子能谱分析，俄歇电子能谱仪等。

1. 结晶的基本过程

结晶是由成核和晶体长大两个基本过程所组成。认识并掌握其规律，从而控制结晶过程，是很重要的。观察一些盐类的结晶，能给人一些深刻的印象，有助于了解金属的结晶过程。

将适量的饱和硝酸铅的水溶液滴在载玻片上，由于溶液中的水蒸发不断结晶出硝酸铅。在一批晶核形成长大的同时，又有许多新的晶核形成并长大。因此，整个晶体的结晶就是不断形成新晶核和晶核不断长大的过程。由各晶核长成的不同晶粒，在未接触之前，都能自由生长，清楚地显示出各自的外形；一旦相遇，则互相妨碍生长，直至液相消失，各晶粒完全接触，在晶粒之间形成分界即晶界。

2. 晶体生长形态

(1) 成分过冷

固溶体合金结晶时在液-固界面前沿的液相中有溶质聚集，引起界面前沿液相熔点的变化。在液相的实际温度分布低于该熔点变化曲线的区域内形成过冷。这种由于液相成分变化与实际温度发表共同决定的过冷度，称为成分过冷。根据理论计算，形成成分过冷的临界条件是

$$\frac{G}{R}<\frac{mC_0}{D}\left[\frac{1-k_0}{k_0}\right]$$

式中，G 为液相中自液-固界面开始的温度梯度；R 为凝固速度；m 表示相图上液相线的斜率；C_0 为合金的原始成分；D 为液相中溶质的扩散系数；k_0 为平衡分配系数。合金的成分、液相中的温度梯度和凝固速度是影响成分过冷的主要因素。高纯物质在正的温度梯度下结

晶为平面生长，在负的温度梯度下成树枝状生长。固溶体合金或纯金属含微量杂质时，即使在正的温度梯度下也会因有成分过冷成树枝状或胞状生长，晶体的生长形态与成分过冷区的大小有密切的关系，当成分过冷区较窄时形成胞状晶；当成分过冷区足够大时形成树枝晶。

（2）树枝晶

观察硝酸铅的结晶过程，可以清楚地看到树枝晶生长时各次轴的形成和长大，最后每个枝晶形成一个晶粒。根据各晶粒主轴指向不一致，可知它们有不同的位向。

硝酸铅水溶液在载玻片上结晶，只能显示出枝晶的平面生长形貌。

（3）胞状晶

合金凝固时常出现成分过冷，当液固界面前沿的成分过冷区较窄时，固相表面上偶然的凸起，不可能向更远的液相中延伸，因此界面不能形成树枝状，而只能形成一些凸起的曲面，称为胞状界面。

3. 过冷度

金属结晶时需要过冷度，以提供相变的驱动力。因此金属实际开始结晶的温度低于其熔点，两者之差称为过冷度。同种金属结晶时的过冷度随冷却速度的增加而增大。过冷度越大，所得晶粒越小。

三、实验设备与材料

① 设备：玻璃器皿（烧杯、斜三口烧瓶、三角烧瓶、直形冷凝管、广口瓶），称量纸，乳胶管，胶塞，打孔器，标签纸，活性炭口罩，一次性滴管，一次性乳胶手套，铁方台，台式低速离心机，磁力搅拌器，电热恒温鼓风干燥箱，高温电阻加热炉。

② 试剂：见下表。

组分	异丙醇铝 ($C_9H_{21}AlO_3$)	异丙醇 (C_3H_8O)	乙酰乙酸乙酯 ($C_6H_{10}O_3$)	硼酸三甲酯 [$(CH_3O)_3B$]	水 (H_2O)
分子量	204	60	130	104	18

四、实验步骤与方法

按照摩尔比异丙醇铝：异丙醇：乙酰乙酸乙酯：硼酸三甲酯＝1：15：1：1.5称取四种化学试剂。

①块状的异丙醇铝样品研磨成粉末，加入异丙醇中在60℃左右搅拌数小时，使其完全溶解。②慢慢滴加乙酰乙酸乙酯，继续搅拌使其混合均匀。③加入硼酸三甲酯并搅拌。④慢慢滴加去离子水，形成凝胶。⑤形成的凝胶需要陈化一段时间。⑥凝胶通过50℃恒温干燥成干胶。⑦用无水乙醇清洗三遍，过滤干燥得到前驱体。⑧前驱体放在管式炉中1000℃热处理得到硼酸铝纳米晶须。

五、数据记录与处理（见下表）

数据记录表

<table>
<tr><th>姓名</th><th>瓶子重量</th><th>总质量</th><th>溶胶质量</th><th>水质量</th><th>反应时间</th></tr>
<tr><td rowspan="2"></td><td rowspan="2"></td><td>溶胶</td><td rowspan="2"></td><td rowspan="2"></td><td rowspan="2"></td></tr>
<tr><td>水</td></tr>
</table>

根据化学配比、混合液的质量和水的质量，求出异丙醇铝与水的摩尔比。

六、思考题

① 溶胶-凝胶法制备纳米材料过程中，哪些因素影响产物的大小及其分布？

② 溶胶-凝胶法制备纳米材料的优点和缺点有哪些？

参 考 文 献

[1] 武志刚，高建峰．溶胶-凝胶法制备纳米材料研究进展［J］．精细化工，2010，27（1）：21-25.

[2] 赵婧，李怀祥．溶胶-凝胶法制备无机纳米材料的研究现状［J］．微纳电子技术，2005，42（11）：500-505.

实验2 水热法制备硫化锌纳米粒子

一、实验目的

① 了解水热法的基本概念及特点。

② 掌握高温高压下水热合成纳米粒子材料的特殊方法和操作的注意事项。

二、实验原理

水热合成是无机合成的一个重要分支。水热合成研究从模拟自然界矿石生成到沸石分子筛和其他晶体材料的合成，已经历了100多年的历史。它是指在特制的密闭反应器（高压釜）中，采用水溶液作为反应体系，通过反应体系加热、加压（或自生蒸汽压），创造一个相对高温、高压的反应环境，进行无机合成与材料处理的一种有效方法。

水热合成技术不仅仅用来制备工程材料，如人造铁电硅酸盐，还用来制备许多在自然界并不存在的新化合物。水热法已成为合成目前多数无机功能材料、特种组成与结构的无机化合物以及特种凝聚态材料，如超微粒、溶胶与凝胶、非晶态、无机膜等越来越重要的途径。

水热合成法有以下特点。

① 由于在水热条件下反应物性能的改变、活性的提高，水热合成方法有可能代替固相反应以及难以进行的合成反应，并制备一系列难以制备出的化合物。

② 由于在水热条件下中间态、介稳态以及特殊物相易于生成，因此能合成开发一系列特种介稳结构、特种凝聚态的新合成产物。

③ 能够使低熔点化合物、高蒸气压且不能在融体中生成的物质、高温分解的物质在水热与溶剂热低温条件下晶化生成。

④ 水热合成的低温、等压、溶液条件，有利于生成极少缺陷、取向好、完美的晶体，且合成产物结晶度高以及易于控制晶体的粒度。

⑤ 由于易于调节水热条件下的环境气氛，因而有利于中间价态与特殊价态化合物的生成，并能均匀地进行掺杂。

纳米材料因其独特的性质而具有广阔的应用前景。虽然目前纳米材料的制备技术多种多样，但大多数都需要昂贵的设备以及复杂的工艺，这些都阻碍了其进一步应用。水热合成技术具有设备简单，成本较低，易于制备出纯度高、结晶好的材料等优点，因此成为一种合成纳米材料与结构的非常有效的方法。

硫族化合物半导体因其具有重要的非线性光学性质、发光性质、量子尺寸效应及其他重要的物理化学性质等，受到物理、化学和材料学家的高度重视。硫化锌是宽禁带（3.66eV）ⅡB-ⅥA 族半导体，因为具有红外透明、荧光、磷光等特性，一直是受到广泛研究的材料。硫化锌在这些物理和化学属性方面的特殊应用强烈依赖于其尺寸和形状，因此，制备出具有量子限域效应、窄粒度分布、合适形状的纳米粒子具有重大意义。

本实验采用水热法以尿素为矿化剂在低温和较简单的工艺条件下制备硫化锌纳米粒子。

三、实验设备与材料

① 设备：分析天平，控温烘箱，磁力搅拌器，烧杯，水热反应釜，离心机。

② 试剂：尿素，乙酸锌，硫化钠，氨水。

四、实验步骤与方法

（1）样品的制备

将 3mmol 的二水乙酸锌溶于 30mL 蒸馏水中，在磁力搅拌器搅拌的同时，向溶液中逐滴滴入氨水（1mL/min），直至溶液的 pH 值为 9～10 为止。将上述溶液移入容积为 50mL 带聚四氟乙烯内衬的水热反应釜中，再向反应釜中加入 4.5mmol 的九水硫化钠和 21mmol 的尿素。将密封的反应釜放入干燥箱中，在 150℃下保温 24h。反应结束后，自然冷却至室温，离心分离，用蒸馏水对产物进行多次洗涤，然后在 80℃下干燥 4h。

（2）样品的表征

采用 X 射线衍射仪对样品进行 X 射线衍射的测试，得到硫化锌纳米粒子的物相。用扫描电镜观察粒子的形貌。用荧光分光光度计测定样品的发光性能。

五、数据记录与处理

① 所得到的硫化锌的质量为：__________，产率为：__________。

② X 射线衍射表征结果中，特征衍射峰对应的 2θ 衍射角为：__________。

③ 荧光光谱中，激发光谱的最大波长为：______________，发射光谱的最大波长为：__________。

六、思考题

尿素的作用是什么？

参 考 文 献

［1］ 周向玲，丁晓丽，拜合提亚，郑毓峰．水热法合成 ZnS 纳米粉晶及其生长机理探究［J］．长春师范大学学报，2010，29（6）：53-55.

［2］ 贺颖，刘鹏，朱刚强，边小兵．水热法制备 ZnS 纳米粒子［J］．陕西师范大学学报（自科版），2007，35（2）：80-82.

实验 3　水解法制备 α-三氧化二铝超细粉体

一、实验目的

① 掌握水解法制备纳米颗粒（超细粉体）的工艺流程并了解其主要影响因素。

② 掌握三氧化二铝超细粉体的制备方法及用处。

③ 提高纳米颗粒和超细粉体实验的设计能力。

二、实验原理

水解法是利用金属盐在一定条件下水解生成氧化物、氢氧化物或水合物，经洗涤、干燥、煅烧等处理后制备超细粉末的方法。根据所用金属盐的种类可将其分为无机盐水解法和金属醇盐水解法。有机醇盐水解法由于不需添加碱就能进行加水分解，且没有有害阴离子和碱金属离子，是制备高纯超细颗粒的理想方法之一，但其成本高，过程不易有效控制。无机盐水解法所用原料价低易得，通过配制无机盐的水合物，控制其水解条件，可合成单分散性的球、立方体等形状的超细颗粒。

本实验以 $Al(NO_3)_3 \cdot 9H_2O$ 为原料，铝盐溶解于纯水中电离出 Al^{3+}，并溶剂化，其存在状态受溶液 pH 值的影响，在酸性溶液中，铝以 $[Al(H_2O)n]^{3+}$ （$n=1\sim6$）水合离子的形式存在。在碱性溶液中，其主要存在形式为 $Al(OH)_n^{3-n}$，pH 值达一定值后，形成 $Al(OH)_3$ 沉淀，沉淀经洗涤去杂质离子，干燥去水，最后经热处理得到一定晶相的超细氧化铝粉。

三、实验设备与原料

① 设备：恒温磁力搅拌器，抽真空装置一套（真空泵、锥形瓶、布氏漏斗、滤纸）或离心机一台，分析天平，烘箱，高温炉，烧杯，带塞试管。

② 试剂：$Al(NO_3)_3 \cdot 9H_2O$（分析纯），尿素，表面活性剂十二烷基硫酸钠，氨水，蒸馏水。

四、实验步骤与方法

① 计算物料　称取 $Al(NO_3)_3 \cdot 9H_2O$ 0.02mol，$Al(NO_3)_3 \cdot 9H_2O$、$Co(NH_2)_2$，水物质的量比为 $1:X:Y$，其中 $X=10$、20、30，$Y=60$、90。

② 称取物料　准确称取各物料，同组物料置于同一烧杯中。

③ 磁力搅拌　将烧杯置于磁力搅拌器上，40℃水浴加热下搅拌 1h 至透明均匀溶液，测其 pH 值。

④ 恒温水解　将上述溶液倒入试管中，密闭后放入恒温烘箱，烘箱温度为 60℃、70℃、80℃、90℃中的任一温度，开始计时，放置 24h，并每隔一定时间测某些样品的 pH 值，注意观察出现胶体状态的时间。

⑤ 抽滤　上述水解后的样品，用真空泵抽滤或用离心机离心分离，所得沉淀用蒸馏水洗涤多次。

⑥ 干燥　将洗涤过的沉淀物放入烘箱中干燥，温度由低到高（最高 105℃），直至恒重。

⑦ 煅烧　干燥后粉体放入高温炉中，在不同温度下进行煅烧。

五、实验结果与处理

① 煅烧后粉体用 XRD 分析其晶体结构，用扫描电镜观察粉体颗粒大小、形状、团聚状态，用粒度分析仪测定粉体粒度及其粒度分布，并分析配料比、水解温度、煅烧温度等对粉

体性能的影响。

② 试验记录。将试验测定的反应时间与 pH 值记录入表。

③ 数据处理。以 pH 值为纵坐标，以时间 t 为横坐标，画出所测样品的 pH-t 关系图。

④ 根据扫描电镜、粒度分布仪、XRD 测试结果，分析配料比、水解温度、煅烧温度等对粉体性能的影响，并解释。

六、思考题

① 尿素的作用?

② 最后一步热处理的目的是什么?

③ α-Al_2O_3，β-Al_2O_3，γ-Al_2O_3 之间有什么区别?

④ 实验中发生的主要化学反应。

参 考 文 献

[1] 卢长德，冯源，林秀萍，孙文周．三异辛醇氧基铝水解法制备超细 γ-Al_2O_3 粉体 [J]. 中国粉体技术，2012，18 (2)：55-58.

[2] 林元华，张中太，黄传勇，唐子龙．陈清明前驱体热解法制备高纯超细 α-Al_2O_3 粉体 [J]. 硅酸盐学报，2000，28 (3)：268-271.

实验 4　水热法制备沸石分子筛及其比表面积、微孔体积和孔径分布

一、实验目的

① 了解沸石分子筛的结构及用途。

② 掌握循环水式真空抽滤装置的操作方法和注意事项。

③ 熟悉激光粒度分布仪测定材料粒径的方法。

二、实验原理

(1) 沸石分子筛的结构与合成

沸石分子筛是一类重要的无机微孔材料，具有优异的择形催化、酸碱催化、吸附分离和离子交换能力，在许多工业过程包括催化、吸附和离子交换等有广泛的应用。沸石分子筛的基本骨架元素是硅、铝及与其配位的氧原子，基本结构单元为硅氧四面体和铝氧四面体，四面体可以按照不同的组合方式相连，构筑成各式各样的沸石分子筛骨架结构。

α 笼和 β 笼是 A、X 和 Y 型分子筛晶体结构的基础。α 笼为二十六面体，由六个八元环和八个六元环组成，同时聚成十二个四元环，窗口最大有效直径为 4.5Å，笼的平均有效直径为 11.4Å；β 笼为十四面体，由八个六元环和六个四元环相连而成，窗口最大有效直径为 2.8Å，笼的平均有效直径为 6.6Å。A 型分子筛属立方晶系，晶胞组成为 $Na_{12}(Al_{12}Si_{12}O_{48})\cdot27H_2O$。将 β 笼置于立方体的八个顶点，用四元环相互连接，围成一

个 α 笼，α 笼之间可通过八元环三维相通，八元环是 A 型分子筛的主窗口，见图 4.1(a)。NaA（钠型）平均孔径为 4Å，称为 4A 分子筛，离子交换为钙型后，孔径增大至约 5Å，而钾型的孔径约为 3Å。X 型和 Y 型分子筛具有相同的骨架结构，区别在于骨架硅铝比例的不同，习惯上，把 SiO_2/Al_2O_3 比等于 2.2～3.0 的称为 X 型分子筛，而大于 3.0 的叫作 Y 型分子筛。类似金刚石晶体结构，用 β 笼替代金刚石结构中的碳原子，相邻的 β 笼通过一个六方柱笼相接，形成一个超笼，即八面沸石笼，由多个八面沸石笼相接而形成 X、Y 型分子筛晶体的骨架结构，见图 4.1(b)。十二元环是 X 型和 Y 型分子筛的主孔道，窗口最大有效直径为 8.0Å。阳离子的种类对孔道直径有一定影响，如称作 13X 型分子筛的 NaX，平均孔径为 9～10Å，而称为 10X 型分子筛的 CaX 平均孔径在 8～9Å，Y 型分子筛的平均孔径随着硅铝比和阳离子种类的不同而变化。ZSM-5 分子筛属于正交晶系，具有比较特殊的结构，硅氧四面体和铝氧四面体以五元环的形式相连，八个五元环组成一个基本结构单元，这些结构单元通过共用边相连成链状，进一步连接成片，片与片之间再采用特定的方式相接，形成 ZSM-5 分子筛晶体结构，见图 4.1(c)。因此，ZSM-5 分子筛只具有二维的孔道系统，不同于 A 型、X 型和 Y 型分子筛的三维结构，十元环是其主孔道，平行于 a 轴的十元环孔道呈 S 型弯曲，孔径为 5.4Å×5.6Å，平行于 c 轴的十元环孔道呈直线形，孔径为 5.1Å×5.5Å。

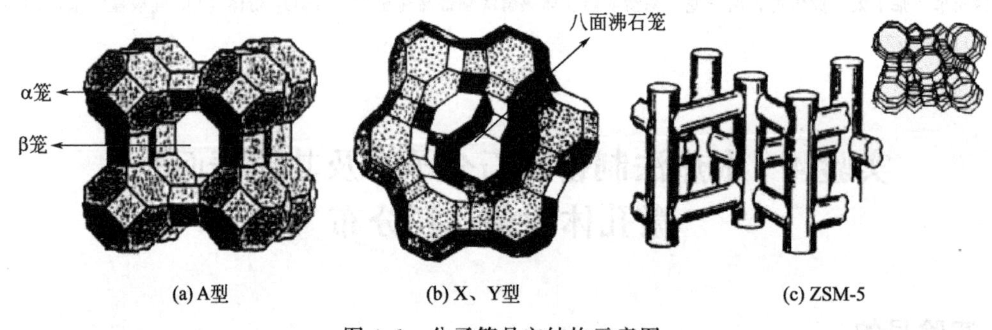

图 4.1　分子筛晶穴结构示意图

常规的沸石分子筛合成方法为水热晶化法，即将原料按照适当比例均匀混合成反应凝胶，密封于水热反应釜中，恒温热处理一段时间，晶化出分子筛产品。反应凝胶多为四元组分体系，可表示为 $R_2O\text{-}Al_2O_3\text{-}SiO_2\text{-}H_2O$，其中 R_2O 可以是氢氧化钠、氢氧化钾或有机胺等，作用是提供分子筛晶化必要的碱性环境或者结构导向的模板剂，硅和铝元素的提供可选择多种多样的硅源和铝源，例如硅溶胶、硅酸钠、正硅酸乙酯、硫酸铝和铝酸钠等。反应凝胶的配比、硅源、铝源和 R_2O 的种类以及晶化温度等对沸石分子筛产物的结晶类型、结晶度和硅铝比都有重要的影响。沸石分子筛的晶化过程十分复杂，目前还未有完善的理论来解释，粗略地可以描述分子筛的晶化过程为，当各种原料混合后，硅酸根和铝酸根可发生一定程度的聚合反应形成硅铝酸盐初始凝胶。在一定的温度下，初始凝胶发生解聚和重排，形成特定的结构单元，并进一步围绕着模板分子（可以是水合阳离子或有机胺离子等）构成多面体，聚集形成晶核，并逐渐成长为分子筛晶体。鉴定分子筛结晶类型的方法主要是粉末 X 射线衍射，各类分子筛均具有特征的 X 射线衍射峰，通过比较实测衍射谱图和标准衍射数据，可以推断出分子筛产品的结晶类型。此外，还可通过比较分子筛某些特征衍射峰的峰面积大小，计算出相对结晶度，以判断分子筛晶化状况的好坏。

(2) 比表面积、孔径分布和孔体积测定原理和方法

比表面积、孔径分布和孔体积是多孔材料十分重要的物性参数。比表面积是指单位质量

固体物质具有的表面积值，包括外表面积和内表面积；孔径分布是多孔材料的孔体积相对于孔径大小的分布；孔体积是单位质量固体物质中一定孔径分布范围内的孔体积值。等温吸脱附线是研究多孔材料表面和孔的基本数据。一般来说，获得等温吸脱附线后，方能根据合适的理论方法计算出比表面积和孔径分布等。为此，必须简要说明等温吸脱附线的测定方法。所谓等温吸脱附线，即对于给定的吸附剂和吸附质，在一定的温度下，吸附量（脱附量）与一系列相对压力之间的变化关系。最经典也是最常用的测定等温吸脱附线的方法是静态氮气吸附法，该法具有优异的可靠度和准确度，采用氮气为吸附质，因氮气是化学惰性物质，在液氮温度下不易发生化学吸附，能够准确地给出吸附剂物理表面的信息，基本测定方法如下：先将已知重量的吸附剂置于样品管中，对其进行抽空脱气处理，并可根据样品的性质适当加热以提高处理效率，目的是尽可能地让吸附质的表面洁净；将处理好的样品接入测试系统，套上液氮冷阱，利用可定量转移气体的托普勒泵向吸附剂导入一定数量的吸附气体氮气。吸附达到平衡时，用精密压力传感器测得压力值。因样品管体积等参数已知，根据压力值可算出未吸附氮气量。用已知的导入氮气总量扣除此值，便可求得此相对压下的吸附量。继续用托普勒泵定量导入或移走氮气，测出一系列平衡压力下的吸附量，便获得了等温吸脱附线，见图 4.2。

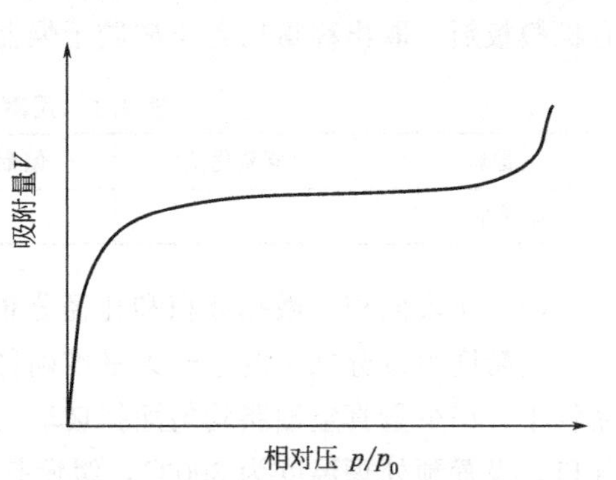

图 4.2　I 型等温吸附线

获取等温吸脱附线后，需根据样品的孔结构的特性，选择合适的理论方法推算出表面积和孔分布数据。一般来说，按孔平均宽度来分类，可分为微孔（小于 2nm）、中孔（2～50nm）和大孔（大于 50nm），不同尺寸的孔道表现出不同的等温吸脱附特性。对于沸石分子筛而言，其平均孔径通常在 2nm 以下，属微孔材料。由于微孔孔道的孔壁间距非常小，宽度相当于几个分子的直径总和，形成的势场能要比间距更宽的孔道高，因此表面与吸附质分子间的相互作用更加强烈。在相对压很低的情况下，微孔便可被吸附质分子完全充满。通常情况下，微孔材料呈现I型等温吸附线型，见图 4.2。这类等温线以一个几乎水平的平台为特征，这是由于在较低的相对压力下，微孔发生毛细孔填充。当孔完全充满后，内表面失去了继续吸附分子的能力，吸附能力急剧下降，表现出等温吸附线的平台。当在较大的相对压力下，由微孔材料颗粒之间堆积形成的大孔径间隙孔开始发生毛细孔凝聚现象，表现出吸附量有所增加的趋势，即在等温吸附线上表现出一陡峭的“拖尾”。

由于 BET 方程适用相对压范围为 0.05～0.3，该压力下沸石分子筛的微孔已发生毛细孔填充，敞开平面上 Lagmuir 理想吸附模型也不合适，均带来较大误差，目前常采用 D-R 方程来推算微孔材料的比表面积，尽管该法仍不十分完善。

三、实验设备与材料

（1）设备

分析天平，磁力搅拌器，控温烘箱，水热反应釜，超声波分散仪，BT-9300HT 激光粒度分布仪，循环水式真空抽滤装置。

（2）试剂

去离子水，硅溶胶（30% SiO_2 水溶液），四丙基溴化铵（TPABr），氢氧化钠，偏铝酸钠。

四、实验步骤与方法

（1）样品的制备

反应配比为 1.0 SiO_2 ∶0.2 TPABr∶0.01 $NaAlO_2$ ∶0.2 NaOH∶20.0 H_2O

具体步骤：将 0.01mol 的偏铝酸钠和 0.2mol 的氢氧化钠加入 20.0mol 的蒸馏水搅拌混合 5min，然后称取 0.2mol 的四丙基溴化铵加入混合溶液中，搅拌 5min，最后称取 1.0mol 的硅溶胶加入混合溶液中，继续搅拌 12～24h。搅拌结束得到糨糊状的白色混合液，将混合液转移至水热反应釜中，密封，放入 170℃烘箱里静止晶化 2.5 天。晶化结束后，取出反应釜，待自然冷却后，打开反应釜，抽滤洗涤晶化产物至滤液为中性，然后产物转移到表面皿中，放在 80℃烘箱中干燥 12h。将干燥样品移至瓷坩埚，放入马福炉中 550℃焙烧 8h 除去有机模板剂，取出称重后置于硅胶干燥器中存放，见表 4.1。

表 4.1　用摩尔比计算各试剂所需用量

原料	氢氧化钠	偏铝酸钠	水	四丙基溴化铵	30%硅溶胶
所需质量/体积					

（2）比表面积、微孔体积和孔径分布测定

用精度为万分之一的电子天平准确称取 0.2g 左右的干燥分子筛粉末，转移至吸附仪样品管中，用少量真空油脂均匀涂抹玻璃磨口，套上考克并旋紧阀门，接入吸附仪的预处理脱气口。设置预处理温度为 300℃，缓慢打开考克阀门。样品处理的目的是使样品表面清洁。约处理 2h 后，转移至吸附仪测试口上进行氮气等温吸附线的测定，测试完毕后，取下样品管，回收样品并清洁样品管。

五、数据记录与处理

① XRD 表征结果中，特征衍射峰对应的 2θ 衍射角为：________（写出三个特征峰）

② 描述扫描电镜图片中 ZSM-5 分子筛的形貌和尺寸大小。

③ 用软件分别处理 ZSM-5 分子筛的数据，计算比表面积和微孔体积孔径分布。记录比表面积、平均孔径和微孔体积数据，并打印，见下表。

分子筛	产量/g	比表面积/(m^2/g)	微孔体积/(cm^3/g)	平均孔径/nm
ZSM-5				

六、思考题

① 自查资料讨论 ZSM-5 分子筛的结构，孔径及用途。

② 讨论模板剂在合成中所起到的作用。

③ 进行等温吸附线测试前，为何要对样品抽真空及加热处理？将样品管从预处理口转移至测试口时，应注意些什么？

参 考 文 献

[1] 严继民，张启元．比表面积与孔径分布测定及计算中一些问题的研究Ⅲ．关于微孔法孔结构分析［J］．化学学报，1980，38（2）：112-120.

[2] 郭常捷，徐文旸，窦涛．沸石微孔吸附的分析和孔参数表征 [J]. 燃料化学学报，1986 (4)：94-98.

实验5 溶胶-凝胶法共沉淀法制备钛酸钡粉体

一、实验目的

① 掌握使用溶胶-凝胶法、直接沉淀法合成纳米钛酸钡粉体材料。

② 通过化学分析方法测定纳米钛酸钡中钡和钛的含量。

③ 了解使用X射线衍射仪、激光粒度分析仪以及扫描电镜等测试手段对纳米粉体产物进行表征。

二、实验原理

钛酸钡是电子和精细陶瓷高新技术的关键性材料，具有高的介电常数，良好的铁电、压电、耐压及绝缘性能，广泛应用于体积小、容量大的微型电容器、电子计算机记忆元件、压电陶瓷等，它是电子陶瓷领域应用最广泛的材料之一。随着现代科学技术的发展，由传统固相法合成的钛酸钡，因颗粒粒径粗、均匀性差、烧结活性低，不能满足高科技应用的要求。现常用的合成方法是液相法（湿化学法），包括溶胶-凝胶法、水热法、化学沉淀法等，本实验主要介绍利用溶胶-凝胶法、直接沉淀法合成纳米钛酸钡粉体材料。

溶胶-凝胶法是指将金属醇盐或无机盐水解成溶胶，然后使溶胶凝胶化，再将凝胶干燥焙烧后得到纳米粉体。其基本反应原理如下。

① 溶剂化能电离的前驱体——金属盐的金属阳离子 M^{z+} 吸引水分子形成溶剂单元 $M(H_2O)_n^{z+}$（z 为M离子的价数），具有为保持它的配位数而强烈地释放 H^+ 的趋势。

$$M(H_2O)_n^{z+} \longrightarrow M(H_2O)_{n-1}(OH)^{(z-1)} + H^+$$

② 水解反应　非电离式分子前驱体，如金属醇盐 $M(OR)_n$（n 为金属M的原子价）与水反应：

$$M(OR)_n + xH_2O \longrightarrow M(OH)x(OR)_n + xROH$$

反应可持续进行，直至生成 $M(OH)_n$。

③ 缩聚反应　缩聚反应可分为

失水缩聚　$M—OH + HO—M \longrightarrow M—O—M + H_2O$

失醇缩聚　$M—OH + HO—M \longrightarrow M—O—M + ROH$

反应生成物是各种尺寸和结构的溶胶体粒子。

本实验采用醋酸钡和钛酸丁酯为原料的溶胶-凝胶法制备纳米钛酸钡粉体，并对不同煅烧温度处理的样品用X射线衍射法进行结构表征。

溶胶凝胶法的原料价高，高温煅烧能耗大，且煅烧过程中往往造成晶粒长大和颗粒硬团聚。以四氯化钛和氯化钡溶液分别为钛源和钡源．以氢氧化钠溶液为沉淀剂，使用直接沉淀法合成纳米钛酸钡粉体，可以避免上述缺点，得到球形形貌、颗粒尺寸均匀的纳米粉体。该反应的反应方程式为：

$$TiCl_4 + H_2O \longrightarrow TiOCl_2 + 2HCl$$

$$TiOCl_2 + BaCl_2 + 4NaOH \longrightarrow BaTiO_3 + 4NaCl + 2H_2O$$

三、实验设备与材料

(1) 设备

电子天平，量杯，磁力搅拌器，研钵，45 目筛网，电热恒温干燥箱，坩埚，马弗炉，烧杯，称量瓶，移液管，500mL 锥形瓶，滴定管，快速定量滤纸，501A 型恒温水浴箱，pH 计，X 射线衍射仪，激光粒度分析仪，扫描电镜。

(2) 试剂

醋酸钡，冰乙酸，钛酸丁酯，无水乙醇，四氯化钛，氯化钡，氢氧化钠。

四、实验步骤与方法

(1) 溶胶-凝胶法制备纳米 $BaTiO_3$ 粉体

① 计算配置 20mL 0.3mol/L 的钛酸钡前驱溶液所需的醋酸钡（1.53g）和钛酸丁酯（2.04g）的用量，精确到小数点后 3 位，用电子天平称量所需钛酸丁酯的质量，并由此计算出实际所需醋酸钡的用量，并称出。

② 用量筒将 8mL 冰乙酸加入到烧杯中，用刻度吸管注入 2mL 去离子水，烧杯放在磁力搅拌器上搅拌，直至醋酸钡完全溶解，再将 3mL 无水乙醇和称量瓶里的钛酸丁酯缓慢倒入烧杯中，继续搅拌混合均匀，最后向烧杯中加入无水乙醇，使溶液达到 20mL，搅拌均匀，利用盐酸或氨水调节溶液的 pH（大约为 4），直至形成溶胶。

③ 将形成的溶胶放在 60℃的干燥箱中干燥得到凝胶，然后在研钵中磨碎烘干好的凝胶，并过 45 目的筛子，将筛好的原料放入坩埚中，在马弗炉中 650℃、800℃和 1000℃煅烧 2h（保留小部分凝胶粉末，以备下面实验用）。

(2) 直接沉淀法制备纳米 $BaTiO_3$ 粉体

① 将 $TiCl_4$ 溶液在冰水浴中进行水解，得到浓度为 2.5mol/L 清亮透明的 $TiOCl_2$ 水溶液。另配置浓度为 1.2mol/L 的 $BaCl_2$ 溶液。

② 将 $TiOCl_2$ 水溶液和 $BaCl_2$ 溶液按照 Ba 和 Ti 的摩尔比为 1.07：1.00 的比例进行混合，制得反应液。

③ 再将预热到一定温度的反应液与浓度 6mol/L 的 NaOH 溶液按一定比例加入到反应器中，同时搅拌并用 pH 计检测反应过程，需保持 pH 不变。反应时间约需要 15～20min。

④ 将所得沉淀物分离、洗涤、烘干并研磨，得到纳米 $BaTiO_3$ 粉体。

(3) 纳米 $BaTiO_3$ 粉体的物相分析、粒度分布以及形貌表征

分别使用 X 射线衍射仪、激光粒度分析仪以及扫描电镜等仪器作为测试手段对纳米 $BaTiO_3$ 粉体进行物相、粒度分布及形貌表征。

五、数据记录与处理

纳米 $BaTiO_3$ 粉体制备方法如下。

(1) 溶胶凝胶法

理论产量__________g，实际产量__________g，产率：__________%。

(2) 直接沉淀法

理论产量__________g，实际产量__________g，产率：__________%。

六、思考题

① 溶胶-凝胶法制备纳米材料过程中，哪些因素影响产物的大小及其分布？

② 溶胶-凝胶法和共沉淀法制备纳米材料的优点和缺点有哪些？

参 考 文 献

[1] 曲荣君．材料化学实验．北京：化学工业出版社，2008.

[2] 安富强，郭瑞，高保娇．化学共沉淀法制备纳米钛酸钡的研究 [J]. 中北大学学报（自然科学版），2006，27（3）：244-248.

[3] 苏毅，杨亚玲，胡亮．溶胶-凝胶法制备钛酸钡超细粉体的研究 [J]. 化学研究与应用，2002，14（2）：201-204.

实验6 聚苯胺的制备及导电性能测定

一、实验目的

① 了解一种功能性高分子材料——导电高分子。

② 掌握导电高分子聚苯胺的合成方法及导电性的测试。

二、实验原理

高分子要具有导电性必须满足下列两个条件，才能冲破分子中原子最外层电子的离域，形成具有整个大分子性的能带体系。①高分子的分子轨道能强烈的离域；②高分子链的分子轨道间能相互重叠。共轭高分子可作为导电高分子使用，共轭高分子的主链由交替的单双键组成的重复单元构成。这种排列使沿分子链的Π成键及Π* 反键分子轨道非定域，Π电子可以在整个分子链上离域，从而产生载流子，如聚苯胺、聚吡咯、聚噻吩等。

聚苯胺是近几年发现的一种新型导电有机聚合物，具有制备简便、在空气中稳定性好、电荷储存能力强、较高的电导率以及良好的电化学性能等优点，尽管被开发的时间较晚，却已成为备受关注的导电高分子，被认为是最有发展前途的一类导电高分子材料。聚苯胺的主链上含有交替的苯环和氮原子，是一种特殊的导电聚合物，可溶于 *N*-甲基吡咯烷酮中。现已公认的聚苯胺的结构式是 1987 年由麦克德尔米德提出的，见图 6.1。即结构式中含有“苯-苯”连续的还原形式和含有“苯-醌”交替的氧化形式，其中 y 值表征 PAN 的氧化还原程度，不同的结构，颜色和导电率也不同。当 $y=1$ 是完全还原的全苯式结构；$y=0$ 是“苯-醌”交替结构，为绝缘体。而 $y=0.5$ 为苯醌比为 3∶1 的半氧化和还原结构。聚苯胺导电率可以通过掺杂率和氧化程度控制，氧化程度通过合成条件来控制。当氧化程度一定时，导电率与掺杂态密切相关，随掺杂率的提高，导电率不断增大，最后可达 10S/cm 左右。

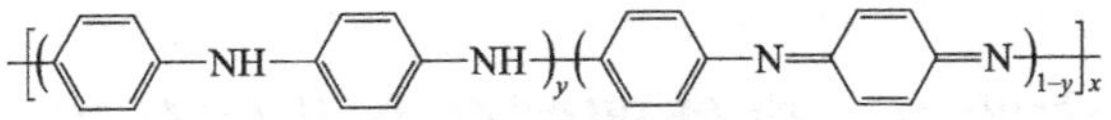

$$\left[\left(C_6H_4-NH-C_6H_4-NH\right)_y\left(C_6H_4-N=C_6H_4=N\right)_{1-y}\right]_x$$

x为聚合度，y为摩尔分数

图 6.1 聚苯胺结构式

聚苯胺的合成有化学氧化聚合和电化学聚合。化学氧化聚合是苯胺在酸性介质中以过硫酸盐或重铬酸钾等为氧化剂发生氧化偶联聚合，聚合时使用的酸通常是挥发性的质子酸，如盐酸等；反应介质可以是水、甲基吡咯烷酮等极性溶剂，可采用溶液聚合和乳液聚合进行。介质酸提供反应所需的质子，同时以掺杂剂的形式进入聚苯胺主链，使聚合物具有导电性。电化学法是苯胺在电流作用下在电极上发生聚合，获得聚苯胺薄膜。

三、实验设备与材料

① 设备：三口瓶，滴液漏斗，电磁搅拌器，鼓风干燥箱，循环水泵，四探针电阻

率仪。

② 试剂：苯胺，盐酸，过硫酸铵。

四、实验步骤与方法

（1）聚苯胺制备

本实验采用化学氧化聚合法合成聚苯胺。步骤如下：用36%的盐酸和水配制成2mol/L盐酸溶液，取25mL稀盐酸并加入2.35g苯胺搅拌溶解，配成盐酸苯胺溶液，取5.7g过硫酸铵溶解于25mL蒸馏水中配成过硫酸盐溶液。电磁搅拌下用滴液漏斗将过硫酸铵溶液滴入盐酸苯胺溶液中，25min加入完毕，继续反应1h，结束反应，得到墨绿色沉淀。反应混合物经过减压抽滤、蒸馏水洗涤后在鼓风干燥箱中干燥。

（2）电导率测试

取少量聚苯胺粉末，用压片机压成厚度大于1mm的薄片，用四探针电导率仪测试样品的电阻率，每个样品测3个不同位置的电阻率，取平均值。然后根据公式计算电导率

$$k=1/\rho$$

式中，k 为制备的聚苯胺薄片的电导率，$S \cdot cm^{-1}$；ρ 为聚苯胺的电阻率，$\Omega \cdot cm$。测试结果填入表6.1中。

表6.1 聚苯胺样品测试结果

样品	位置一	位置二	位置三	平均值
电阻率/$\Omega \cdot cm$				
电导率/$S \cdot cm^{-1}$				

五、思考题

① 比较两种聚合方法得到的聚苯胺的导电率情况。

② 分析聚合条件对电导率的影响。

参考文献

[1] 何卫东. 高分子化学实验 [M]. 合肥：中国科学技术大学出版社，2003.

[2] 陈伟，孟家光，薛涛，张保宏. 聚苯胺的制备及其导电性能 [J]. 合成纤维，2015，44（8）：18-20.

实验7 热处理制备介孔氧化镍、四氧化三钴及超电容性能

一、实验目的

① 掌握超级电容器的基本原理和特点。

② 掌握超电容的测试及数据处理方法。

二、实验原理

（1）电容器的分类

电容器是一种电荷存储器件，按其储存电荷的原理可分为三种：传统静电电容器，双电层电容器和法拉第准电容器。

传统静电电容器主要是通过电介质的极化来储存电荷，它的载流子为电子。

双电层电容器和法拉第准电容器储存电荷主要是通过电解质离子在电极/溶液界面的聚集或发生氧化还原反应，它们具有比传统静电电容器大得多的比电容量，载流子为电子和离子，因此它们两者都被称为超级电容器，也称为电化学电容器。

(2) 双电层电容器

双电层理论由 19 世纪末赫尔姆霍茨等提出。赫尔姆霍茨模型认为金属表面上的净电荷将从溶液中吸收部分不规则的分配离子，使它们在电极/溶液界面的溶液一侧，离电极一定距离排成一排，形成一个电荷数量与电极表面剩余电荷数量相等而符号相反的界面层。于是，在电极上和溶液中就形成了两个电荷层，即双电层。

双电层电容器的基本构成如图 7.1，它是由一对可极化电极和电解液组成。

双电层由一对理想极化电极组成，即在所施加的电位范围内并不产生法拉第反应，所有聚集的电荷均用来在电极的溶液界面建立双电层。

这里极化过程包括两种：①电荷传递极化；②欧姆电阻极化。

当在两个电极上施加电场后，溶液中的阴、阳离子分别向正、负电极迁移，在电极表面形成双电层；撤销电场后，电极上的正负电荷与溶液中的相反电荷离子相吸引而使双电层稳定，在正负极间产生相对稳定的电位差。当将两极与外电路连通时，电极上的电荷迁移而在外电路中产生电流，溶液中的离子迁移到溶液中成电中性，这便是双电层电容的充放电原理，见图 7.1。

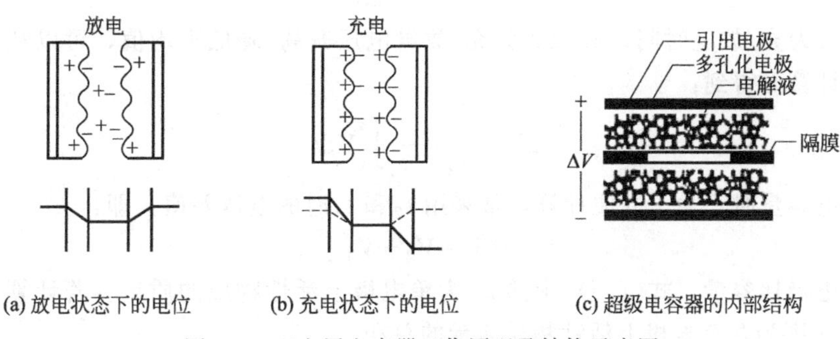

图 7.1　双电层电容器工作原理及结构示意图

(3) 法拉第准电容器

对于法拉第准电容器而言，其储存电荷的过程不仅包括双电层上的存储，还包括电解液中离子在电极活性物质中由于氧化还原反应而将电荷储存于电极中。对于其双电层电容器中的电荷存储与上述类似，对于化学吸脱附机理来说，一般过程为：电解液中的离子（一般为 H^+ 或 OH^-）在外加电场的作用下由溶液中扩散到电极/溶液界面，而后通过界面的电化学反应：

$$MO_x + H^+(OH^-) + (-)e^- \longrightarrow MO(OH) \tag{7.1}$$

进入到电极表面活性氧化物的体相中，由于电极材料采用的是具有较大比表面积的氧化物，这样就会有相当多的这样的电化学反应发生，大量的电荷就被存储在电极中。根据式(7.1)，放电时这些进入氧化物中的离子又会重新返回到电解液中，同时所存储的电荷通过外电路而释放出来，这就是法拉第准电容器的充放电机理。

在电活性物质中，随着存在法拉第电荷传递化学变化的电化学过程的进行，极化电极上发生欠电位沉积或发生氧化还原反应，充放电行为类似于电容器，而不同于二次电池，不同之处为：

① 极化电极上的电压与电量几乎呈线性关系；

② 当电压与时间呈线性关系 $dv/dt=k$ 时，电容器的充放电电流为恒定值

$$I=dv/dt=Ck \tag{7.2}$$

(4) 电容量及等效串联内阻的计算

对于超级电容器的双电层电容可以用平板电容器模型进行理想等效处理。根据平板电容模型，电容量计算公式为：

$$C=\frac{\varepsilon S}{4\pi d} \tag{7.3}$$

式中，C 为电容，F；ε 为介电常数；S 为电极板正对面积，等效双电层有效面积，m^2；d 为电容器两极板之间的距离，等效双电层厚度，m。

利用公式 $dQ=i\,dt$ 和 $C=Q/\varphi$ 得

$$i=\frac{dQ}{dt}=C\,\frac{d\varphi}{dt} \tag{7.4}$$

式中，i 为电流，A；dQ 是电量微分，C；dt 是时间微分，s；$d\varphi$ 为电位的微分，V。

采用恒流充放电测试方法时，对于超级电容，根据公式(7.4) 可知，如果电容量 C 为恒定值，那么 $d\varphi/dt$ 将会是一个常数，即电位随时间是线性变化的关系。也就是说，理想电容器的恒流充放电曲线是一个直线，如图 7.2(a) 所示。我们可以利用恒流充放电曲线来计算电极活性物质的比容量：

$$C_m=\frac{it_d}{m\cdot\Delta V} \tag{7.5}$$

式中，t_d 为充/放电时间，s；ΔV 为充/放电电压升高/降低平均值，可以利用充放电曲线进行积分计算而得到：

$$\Delta V=\frac{1}{t_2-t_1}\int_1^2 V\,dt \tag{7.6}$$

在实际求比电容量时，为了方便计算，常采用 t_2 和 t_1 时的电压差值，即：

$$\Delta V=V_2-V_1 \tag{7.7}$$

对于单电极比容量，式(7.5) 中的 m 为单电极上活性物质的质量。若计算的是电容器的比容量，m 则为两个电极上活性物质质量的总和。

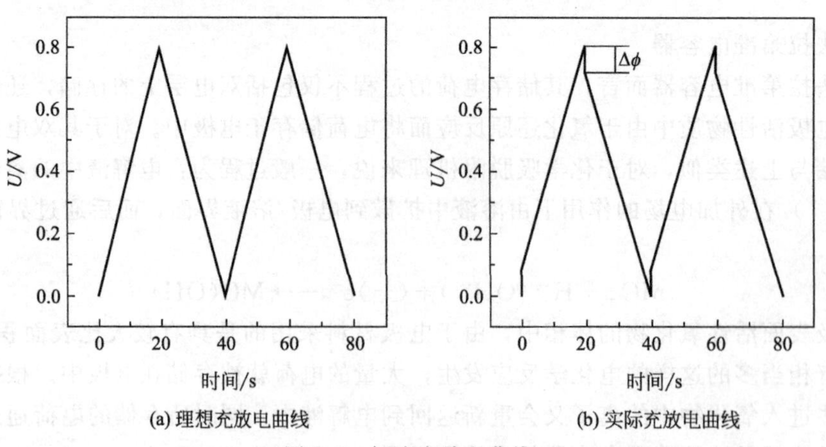

(a) 理想充放电曲线　(b) 实际充放电曲线

图 7.2　恒流充放电曲线

在实际情况中，由于电容器存在一定的内阻，充放电转换的瞬间会有一个电位的突变 $\Delta\varphi$，如图 7.2(b) 所示。

利用这一突变可计算电极或者电容器的等效串联电阻：

$$R=\Delta\varphi/2i \tag{7.8}$$

式中，R 为等效串联电阻，Ω；i 为充放电电流，A；$\Delta\varphi$ 为电位突变的值，V。

等效串联电阻是影响电容器功率特性最直接的因素之一，也是评价电容器大电流充放电性能的一个直接指标。

三、实验设备与材料

① 设备：电子天平、真空干燥箱、水热反应釜、CHI 电化学工作站、压片机、马弗炉。

② 试剂：六水硝酸镍、六水硝酸钴、氢氧化钠、乙炔黑、聚四氟乙烯乳液（60%）、氢氧化钾、蒸馏水、无水乙醇。

四、实验步骤与方法

介孔氧化镍的制备：将 3.5g 六水硝酸镍和 0.962g 氢氧化钠溶于 70mL 蒸馏水中，混合后搅拌十几分钟，将液体装进不锈钢高压反应釜中，将烘箱设置在 180℃，将反应釜放入烘箱中恒温放置 18h，然后冷却至室温取出，得到绿色沉淀产物。对沉淀物进行离心，将物质洗涤再离心，重复几次后干燥，取出的沉淀物分为两份，将产物放置在 300℃下的电阻炉内进行 1 小时的恒温热的处理，设置电阻炉的升温速率为 10℃ • min^{-1}。最后得到的产物记做 Ni-300。

介孔氧化钴的制备：将 1.79g 六水硝酸钴和 0.515g 氢氧化钠分别溶解于 35mL 蒸馏水中，将两溶液混合搅拌 10min 后转入 100mL 的不锈钢高压釜内，接着在 120℃烘箱内恒温放置 18h，产物为灰色沉淀。对沉淀进行离心、洗涤、干燥后，取部分干燥后产物在 300℃下恒温 1h 进行热处理，升温速率为 1℃ • min^{-1}。最终产物分别命名为 Co_3O_4-300。

电极的制备：将上述得到的产物分别与乙炔黑充分混合、研磨均匀，然后向其中掺入聚四氟乙烯乳液混合、搅拌，然后加入适量的无水乙醇混合、搅拌。其中产物、乙炔黑以及聚四氟乙烯的质量按照 80∶15∶5 的比例配比。将混合后所得物质均匀地涂抹在 1cm×1cm 的泡沫镍上，在 90℃的温度下烘干，然后用一定的压力压片制成电极。

电化学性能测试：在 CHI660D 电化学工作站上进行电化学性能的测试分析，由铂电极当作对电极，饱和甘汞电极当作参比电极，使用三电极体系在 4mol • L^{-1} 的氢氧化钾溶液中对样品进行循环伏安测试和恒流充放电测试。

五、数据记录与处理

① 用 Origin 软件画出不同扫描速度（0.05V/s、0.1V/s、0.2V/s）下的循环伏安曲线。

② 用 Origin 软件画出不同电极在不同放电电流下的恒流充放电曲线图，并完成表 7.1。

表 7.1　电极超电容性能测定结果

测试项目 编号	放电电流/(A/g)	比电容 C_m/(F/g)
1		
2		
3		

六、思考题

① 超级电容器与传统电容器的区别是什么?

② 影响超级电容器性能的因素有哪些?

参 考 文 献

[1] 赵宇. 多孔结构氧化镍、氧化钴的制备及其超电容性能的研究 [D]. 南京航空航天大学硕士学位论文, 2008.

[2] 陈璇璇, 赵真真, 王登超, 等. 介孔 NiO 制备及其在超级电容器的应用 [J]. 电化学, 2011, 17 (1): 48-52.

实验 8 Stober 法制备二氧化硅微球

一、实验目的

① 了解 Stober 法制备二氧化硅微球的方法。

② 掌握激光粒度分析方法测量粉体粒度分布的测试方法和操作的注意事项。

二、实验原理

二氧化硅微球的应用从初期的硅酸盐产品的原料和聚合物增强用的结构材料，延伸到高新技术领域，如用作低功率微激光器的光放大器，用于制备三维结构的光子晶体，用作高性能色谱分析的柱填充材料等，二氧化硅微球在新材料制备中的应用显示出非常诱人的广阔前景。1968 年，W. Stober 系统地研究了酯-醇-水-碱体系中，各组分的浓度对二氧化硅微球合成速度、颗粒大小及分布的影响，成功地制得了粒径为 0.05～2μm 的二氧化硅微球。其主要反应过程如下。

硅醇盐水解：

$$Si(OR)_4 + 4H_2O \longrightarrow Si(OH)_4 + 4ROH \quad (R\text{代表烷基}) \tag{8.1}$$

硅酸缩聚：

$$\equiv Si—OH + HO—Si\equiv \longrightarrow \equiv Si—O—Si\equiv + H_2O \tag{8.2}$$

反应最初阶段生成肉眼看不见的硅酸，1～5min 后，过饱和的硅酸聚合，溶液即出现乳白色混浊，15min 后颗粒即可达最终尺寸。实验证实，醇和酯的种类均影响反应速度，采用甲醇及硅酸甲酯时反应最快，二氧化硅微球颗粒较小；增大水和氨的浓度均有利于获得大颗粒二氧化硅微球。此外氨不仅是正硅酸乙酯水解反应的催化剂，还是二氧化硅颗粒的形貌调控剂，不加氨时不能生成二氧化硅微球。上述结果为制备单分散二氧化硅微球奠定了实验基础，迄今仍被广泛采用，被称之为 Stober 工艺。

激光粒度仪利用米氏散射原理进行粒度分布测量。光在传播中，波前受到与波长尺度相当的隙孔或颗粒的限制，以受限波前处各元波为源的发射在空间干涉而产生衍射和散射，衍射和散射的光能的空间（角度）分布与光波波长和隙孔或颗粒的尺度有关。用激光做光源，光为波长一定的单色光后，衍射和散射的光能的空间（角度）分布就只与粒径有关。对颗粒群的衍射，各颗粒级的多少决定着对应各特定角处获得的光能量的大小，各特定角光能量在总光能量中的比例，应反映着各颗粒级的分布丰度。按照这一思路可建立表征粒度级丰度与各特定角处获取的光能量的数学物理模型，进而研制仪器，测量光能，由特定角度测得的光能与总光能的比较计算颗粒群相应粒径级的丰度比例量。采用湿法分散技术，机械搅拌使样品均匀散开，超声高频震荡使团聚的颗粒充分分散，电磁循环泵使大小颗粒在整个循环系统中均匀分布，从而在根本上保证了宽分布样品测试的准确重复。测试操作简便快捷，放入分散介质和被测样品，启动超声发生器使样品充分分散，然后启动循环泵，实际的测试过程只有几秒钟。

本实验采用 Stober 法制备二氧化硅微球，然后采用激光粒度分布仪对二氧化硅微球的粒径进行测定，找到二氧化硅微球粒径的主要分布范围。

三、实验设备与材料

① 设备：烧杯，量筒，磁力搅拌器 1 台，胶头滴管。

② 材料：正硅酸乙酯，氨水，去离子水，乙醇。

四、实验步骤与方法

根据目前国内外制备用于胶体组装光子晶体的亚微米二氧化硅微球的工艺方法，实验中采取统一配方：$c_{正硅酸乙酯}=0.12mol/L$，$c_{氨水}=0.90mol/L$，$c_{氨水}=2.40mol/L$，$c_{乙醇}=15.0mol/L$，氨水中的水计入去离子水的浓度，假设溶液总体积等于反应物各组分体积之和。

① 准确移取 3mL 正硅酸乙酯于 50mL 烧杯中，加入 20mL 无水乙醇，磁力搅拌 5～10min。

② 另取 50mL 烧杯，其中加入 6mL 浓氨水和 30mL 无水乙醇，磁力搅拌 5～10min。

③ 将步骤①中所得溶液缓慢加入步骤②所得溶液中，澄清溶液逐渐变为浑浊的胶体溶液，停止滴加后继续搅拌反应 60min。

④ 将所得胶体溶液滴于普通载玻片上，可生长出一层晶体膜，在数码生物显微镜下观察微球的形貌特点，可看到细小的二氧化硅微球颗粒。拍下照片存档。

⑤ 取适量胶体溶液与无水乙醇中超声波震荡 5min，通过粒度分布仪测得微球颗粒平均直径。

五、数据记录与处理

① 扫描电镜图片中观察二氧化硅微球颗粒，选取粒度分布较均匀处拍下照片。

② 利用粒度分布仪测得微球颗粒平均直径并对图谱及所得数据进行分析，*D*50（中粒径/中位径）为：__________。

六、思考题

能不能在酸性条件下制备微球？试验表明在许多含醇的碱性体系中较在无醇的酸性条件下获得的二氧化硅微球的粒径要小，试分析原因。

参 考 文 献

[1] 刘世权，王立民，刘福田，蒋民华．二氧化硅微球的制备与应用 [J]. 功能材料 2004，1 (35)：11-13.

[2] 方俊，王秀峰，程冰，杨万莉．组装胶体晶体用单分散二氧化硅颗粒的制备 [J]. 无机盐工业，2007，3 (39)：

37-39.
[3] 段涛，彭同江，马国华. 二氧化硅微球的制备与形成机理 [J]. 中国粉体技术，2007，3：7-10.

实验9 低维金属氧化物纳米材料的制备工艺试验

一、实验目的

① 掌握直接沉淀法制备微纳米氧化镁的实验过程。

② 了解表面活性剂调控氧化镁形貌的原理。

③ 了解纳米材料常用的表征方法。

二、实验原理

氧化镁制备形貌多种多样，有球形、管状、片状、鸟巢状、花瓣状、扇形氧化镁、氧化镁晶须和薄膜以及介孔氧化镁。氧化镁的制备方法有很多，主要有气相法、液相法和固相法。气相法是指通过各种方法生成镁蒸气，然后以惰性气体将镁蒸气运送到反应室与氧气（或水蒸气）发生反应得到氧化镁晶须。液相法就是通过原料液制成晶须前驱体，然后将前驱体晶须按一定煅烧工艺煅烧成氧化镁晶须。前驱体主要有碱式硫酸镁、碱式氯化镁、碳酸镁。利用液相法制取氧化镁晶须关键是如何控制其分解煅烧温度，温度过高会破坏前驱体晶须外形，容易烧结而产生硬团聚。固相法指的是镁盐在助溶剂的作用下，在高温中反应生成氧化镁晶须。该法在国际上已进入商业化阶段。

纳米晶须是在人工控制条件下以单晶形式生长成的形状类似短纤维的须状单晶体，纳米晶须其直径通常在几个纳米到几十个纳米，长度在数百纳米到数微米。纳米晶须是原子结构排列高度有序，近乎完整晶体，其强度接近理论强度。由于晶须的直径细小，原子排列高度有序，内含缺陷较少，其强度接近材料原子间键力的理论值，因而是一种高性能的增强材料。

表面活性剂是指加入少量能使其溶液体系的界面状态发生明显变化的物质。具有固定的亲水亲油基团，在溶液的表面能定向排列。表面活性剂的分子结构具有两亲性：一端为亲水基团，另一端为疏水基团。表面活性剂分为离子型表面活性剂（包括阳离子表面活性剂与阴离子表面活性剂）、非离子型表面活性剂、两性表面活性剂、复配表面活性剂、其他表面活性剂等。

原理：通过分子中不同部分分别对于两相的亲和，使两相均将其看作本相的成分，分子排列在两相之间，使两相的表面相当于转入分子内部。从而降低表面张力。由于两相都将其看作本相的一个组分，就相当于两个相与表面活性剂分子都没有形成界面，就相当于通过这种方式部分的消灭了两个相的界面，就降低了表面张力和表面自由能。

纳米材料的表征方法包括：①形貌分析。扫描电镜、透射电镜、扫描探针显微镜和原子力显微镜等；②成分分析。包括体材料分析方法和表面与微区成分分析方法，体相材料分析方法有原子吸收光谱法，电感耦合等离子体发射法，X 射线荧光光谱分析法，表面与微区成分分析方法包括电子能谱分析法、电子探针分析方法、电镜-能谱分析方法和二次离子质谱分析方法等；③结构分析。X 射线衍射，电子衍射等；④界面与表面分析。X 射线光电子能谱分析，俄歇电子能谱仪等。

扫描电镜主要是利用二次电子信号成像来观察样品的表面形态，即用极狭窄的电子束去扫描样品，通过电子束与样品的相互作用产生各种效应，其中主要是样品的二次电子发射。二次电子能够产生样品表面放大的形貌像，这个像是在样品被扫描时按时序建立起来的，即使用逐点成像的方法获得放大像。

扫描电镜的工作原理：电子束从电子枪阴极发出，在电场作用下加速射向镜筒，经过聚光镜及物镜的会聚作用，在样品表面聚焦呈极细的电子束。在物镜上部的双偏转线圈的作用下，被加速的电子与样品室中的样品相互作用，激发样品产生出各种物理信号，其强度随样品表面特征变化。这些样品表面的物理信号被相应的检测器检测，经过放大、转换，变成视频信号，通过对其中某些物理信号的检测、视频放大和信号处理，调制阴极射线管（CRT）的电子束强度，从而在 CTR 荧光屏上获得能够反映样品表面特征的扫描图像。

三、实验设备与材料

① 设备：玻璃器皿（烧杯、漏斗、三角烧瓶），称量纸，乳胶管，标签纸，活性炭口罩，一次性滴管，一次性乳胶手套，滤纸，磁力搅拌器，电热恒温鼓风干燥箱。

② 试剂：氯化镁，聚乙烯吡咯烷酮，氨水，去离子水。

四、实验步骤与方法

① 按照摩尔比确定氨水的质量，氯化镁（0.01mol）加入 100mL 去离子水，搅拌使其完全溶解。

② 加入聚乙烯吡咯烷酮，并继续搅拌。

③ 再慢慢滴加氨水并继续搅拌，慢慢出现白色沉淀。

④ 过滤、洗涤、干燥得到样品。

五、数据记录与处理

扫描电镜图片中观察并描述微纳米氧化镁的形貌、尺寸。

参 考 文 献

[1] 沈晓芳. 低维纳米材料的合成、表征及分析应用 [D]. 南开大学博士学位论文，2008.

实验 10 染料敏化太阳能电池的制备及性能测试

一、实验目的

① 了解染料敏化太阳能电池的结构及制作过程。

② 掌握染料敏化太阳能电池的工作原理及光电性能测试方法。

二、实验原理

染料敏化太阳能电池（DSSC）的结构是一种“三明治”式结构，主要由纳米多孔二氧化钛半导体薄膜、染料光敏化剂、电解质、对电极和导电基底等几部分组成。DSSC 工作原理（见图 10.1）类似于自然界中植物的光合作用，与 p-n 结太阳能电池不同的是，在染料敏化太阳能电池中光的吸收和光生电荷的分离是分开的。当太阳光照射在染料上，染料分子中的电子受激发跃迁至激发态，由于激发态不稳定，并且染料与二氧化钛薄膜接触，于是电子注入二氧化钛导带中，此时染料分子自身变为氧化态。注入二氧化钛导带中的电子进入导带底，最终通过外电路流向对电极，形成光电流。处于氧化态的染料分子在光阳极被电解质溶液中的 I^-（碘离子）还原为基态，电解质中的 I_3^-（碘三离子）被从光阴极进入的电子还原成 I^-，这样就完成一个光电化学反应循环。在整个过程中，表观上化学物质没有发生变化，而光能转化成了电能。但是反应过程中，若氧化态的染料和电解质溶液中的 I^- 在光阳极上被二氧化钛导带中的电子还原，则外电路中的电子将减少，这就是类似硅电池中的“暗电流”。整个反应过程如下：

① 染料 D 受激发由基态跃迁到激发态 D^*：　$D + h\nu \longrightarrow D^*$

② 激发态染料分子将电子注入半导体导带中：　$D^* \longrightarrow D^+ + e^-$

③ 注入二氧化钛导带中的电子通过 TiO_2 网格

④ I^- 还原氧化态染料分子：　$3I^- + 2D^+ \longrightarrow I_3^- + 2D$

⑤ I_3^- 扩散到对电极上得到电子使 I^- 再生：　$I_3^- + 2e^- \longrightarrow 3I^-$

⑥ 半导体多孔膜中的电子与进入多孔膜中 I_3^- 复合：　$I_3^- + 2e^- \longrightarrow 3I^-$

⑦ 氧化态染料与导带中的电子复合：　$D^+ + e^- \longrightarrow D$

其中，反应⑦的反应速率越小，电子复合的机会越小，电子注入的效率就越高；反应⑥是造成电流损失的主要原因。

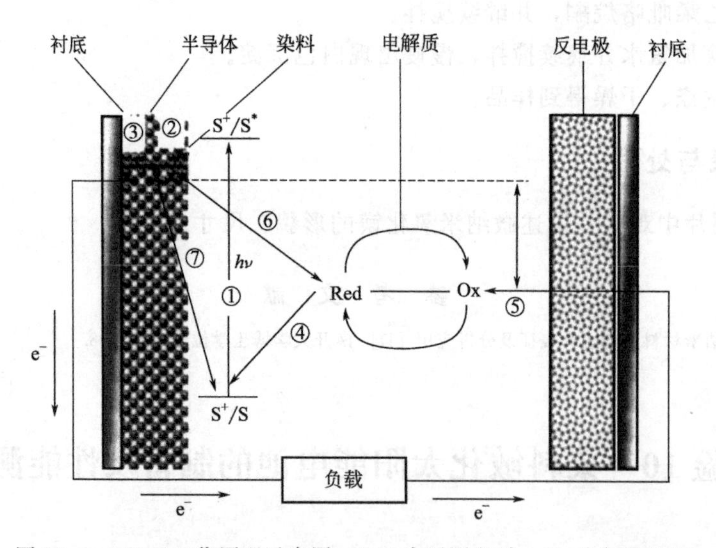

图 10.1　DSSC 工作原理示意图（Red 为还原电对，Ox 为氧化电对）

DSSC 对光的吸收主要通过染料来实现，而电荷的分离传输则是通过动力学反应速率来控制。电荷在半导体中的运输由多数载流子完成，所以这种电池对材料纯度和制备工艺的要求并不十分苛刻，使得制作成本大幅下降。此外，由于染料的高吸光系数，只需几到十几个微米厚的半导体薄膜就可以满足对光的吸收，使 DSSC 电池成为真正的薄膜电池。

三、实验设备与材料

① 设备：玻璃刀，玻璃打孔器，超声波清洗器，丝网印刷机，旋涂机，热封机，太阳光模拟器，数字源表 Keithley 2400，马弗炉，万用表，烘箱，吹风机。

② 试剂：二氧化钛，乙基纤维素，松油醇，丙酮，无水乙醇，染料 N719，无水乙腈，碘，碘化锂，4-叔基吡啶（TBP）、H_2PtCl_6，无水异丙醇，FTO 导电玻璃。

四、实验步骤与方法

1. 太阳能电池的制作

(1) 裁制和清洗导电玻璃

把导电玻璃裁成大小约 2cm×1.5cm 的小块玻璃备用。在裁剪的过程中要注意用万用表来区分导电面和非导电面，使玻璃刀在非导电面一侧进行切割，尽量避免用手直接触摸导电面。依次用洗衣粉和丙酮超声清洗 10min，然后用去离子水冲洗 2～3 次，最后用乙醇超声清洗 10min，将清洗干净的导电玻璃放在无水乙醇溶液中存储备用。

(2) 二氧化钛溶胶的制备

将 1.62g 的二氧化钛（P25）均匀的分散在 8.5mL 的松油醇和 0.45g 的乙基纤维素的混合溶液中，磁力搅拌 10h，获得均匀的二氧化钛溶胶。

(3) 刷膜和烧结

采用丝网印刷法将制得的二氧化钛浆料均匀地刷在 FTO 导电玻璃表面，每次印刷完后，水平放入 90℃烘箱烘干 5～10min，之后放入马弗炉升温至 450℃高温烧结 1h。得到厚度大约为 10μm 的二氧化钛薄膜。

(4) 二氧化钛膜的染料敏化

首先把高温烧结过的二氧化钛薄膜按面积（5mm×5mm）的大小进行修裁，随后置于烘箱中，在 80℃条件下烘 10min，除去表面吸附的少量水分，趁热将其浸入到含一定浓度染料敏化剂的无水乙醇溶液中，浸泡 30min 后将膜取出，清洗、晾干，即获得染料敏化的二氧化钛电极。

(5) 铂电极的制备

将清洗好的导电玻璃平整地置于匀胶机中心，将适量的浓度约为 40mmol/L 氯铂酸无水异丙醇溶液滴加在 FTO 中心，在 2000r/min 下旋转 20s，使溶液均匀分散，然后将分散好氯铂酸溶液的导电玻璃置于马弗炉中，380℃热处理 30min，得到铂电极。

(6) 电解液的配制

本实验中所用的电解液为：将 0.5M TBP，0.05M I_2 和 0.1M LiI 溶解在 5mL 无水乙腈中。

(7) 光电池组装

首先在染料敏化二氧化钛膜的四周平整粘贴一层透明胶，形成腔体，然后往腔体内滴入电解质溶液，盖上铂电极并用夹子夹紧，即得简易封装的染料敏化 TiO_2 太阳能电池。

2. 染料敏化太阳能电池的光电性能测试

太阳能电池光电性能测试在太阳光模拟器 Oriel 91160-1000（450W）（AM1.5～100mW/cm^2）的模拟太阳光下进行，用美国 Keithley 2400 数字源表采集光电流、光电压，得到 DSSC 的光电流（I）-电压（V）曲线。

实验操作：连接好装置，打开计算机中的测试软件，将组装好的染料敏化太阳能电池光阳极朝上置于光源中心，点击软件上的运行按钮，采集到太阳能电池的 I-V 曲线数据。从数据中可以得出太阳能电池的短路光电流密度（J_{sc}）、开路光电压（V_{oc}）以及最大输出功率时的光电流密度（J_{max}）和光电压（V_{max}），从而根据公式 $ff=\frac{J_{max}V_{max}}{J_{sc}V_{oc}}$ 和 $\eta=\frac{P_{out}}{I_s}=\frac{J_{sc}V_{oc}ff}{I_s}$ 分别计算出填充因子（ff）和光电转换效率（η）等参数。

五、数据记录与处理

根据实验数据作出染料敏化太阳电池的 I-V 曲线图及功率输出曲线图，并完成表 10.1。

表 10.1　光电性能测定结果

编号＼测试项目	J_{sc}/mA·cm^{-2}	V_{oc}/mV	ff	P_{Max}/mW·cm^{-2}	η/%
1 号电池					
2 号电池					

六、思考题

① 影响染料敏化太阳能电池光电转换效率的因素有哪些？

② 与其他太阳能电池比较，DSSC 电池有哪些优势和局限性？

参 考 文 献

[1] 肖尧明，吴季怀，李清华，等．柔性染料敏化太阳能电池光阳极的制备及其应用 [J]．科学通报，2009，54 (16)：2425-2430.

[2] 南辉，林红，张璟，等．染料敏化太阳能电池丝网印刷浆料中有机造孔剂对电池性能的影响 [J]．硅酸盐通报，2009，28 (3)：440-443.

实验 11　活性炭电极的制备与电容性能表征

一、实验目的

① 掌握超级电容器的基本原理及特点。

② 掌握电极片的制备及电容器的组装。

③ 掌握电容器的测试方法及充放电过程特点。

二、实验原理

详见实验 7 的实验原理部分。

三、实验设备与材料

① 设备：电子天平、真空干燥箱、CHI 电化学工作站。

② 试剂：活性炭、导电炭黑、聚四氟乙烯、N-甲基吡咯烷酮（NMP）溶液、泡沫镍、

氢氧化钾。

四、实验步骤与方法

1. 测试电极的制备

按质量比 80∶10∶10 的比例准确称取活性炭、导电炭黑和聚四氟乙烯，滴加 N—甲基吡咯烷酮溶液，混合后研磨，将充分研磨的电极材料均匀地涂抹在泡沫镍上，在 120℃下烘干 10h。

采用三电极体系测试电极片电化学性能，集电极：泡沫镍材料；电解液：6mol/L 氢氧化钾溶液；参比电极：饱和甘汞电极（上海辰华，CHI)；对电极：铂丝电极（上海辰华，CHI)。

2. 电化学性能测试

（1）循环伏安测试

本论文中循环伏安测试使用电化学工作站。样品电极作为工作电极，饱和甘汞电极作为参比电极，大面积铂电极作为辅助电极组成三电极体系，在不同扫描速率下，超级电容具有不同的 *J-V* 曲线，扫描速率为 2mV/s，电势窗口−1.2～0V。

（2）恒流充放电测试

所制备的超级电容电极在 6mol/L 的氢氧化钾电解液中，不同充放电电流（0.3A/g、0.5A/g、1A/g）下的恒流充放电曲线，本实验将在 0.3A/g 下进行恒流充放电测试，电势窗口−1.2～0V。

五、数据记录与处理

① 用 Origin 软件画出不同扫描速度（2mV/s、5mV/s、10mV/s）下的循环伏安曲线 *J-V*。

② 用 Origin 软件画出活性炭电极在不同放电电流下的恒流充放电曲线图，并完成表 11.1。

表 11.1 电极超电容性能测定结果

编号 \ 测试项目	放电电流/(A/g)	比电容 C_m/(F/g)
1		
2		
3		

六、思考题

① 超级电容器与传统电容器的区别是什么?

② 影响超级电容器性能的因素有哪些?

参 考 文 献

[1] 左晓希，李伟善．超级电容器用活性炭电极的制备及电化学性能研究［J］．华南师范大学学报（自然科学版)，2005，1：77-81.

[2] 李晶，黄可龙，刘业翔．超级电容器用活性炭的制备与电化学表征［J］．材料科学与工艺，2009，17（1)：1-4.

[3] 王先友，黄庆华，李俊，戴春岭．(NiO+CoO)/活性炭超级电容器电极材料的制备及其性能［J］．中南大学学报（自然科学版)，2008，39（1)：122-127.

实验 12 银纳米颗粒的制备及表面等离子共振效应的观察

一、实验目的

① 掌握基本的无机化学实验操作方法。

② 掌握学习分步法制备银纳米棱柱。

③ 观察不同尺寸银纳米棱柱的等离子共振吸收现象。

二、实验原理

（1）如图 12.1 所示，利用两步法，通过控制种子溶液、生长溶液的比例，得到尺寸可控的银纳米晶

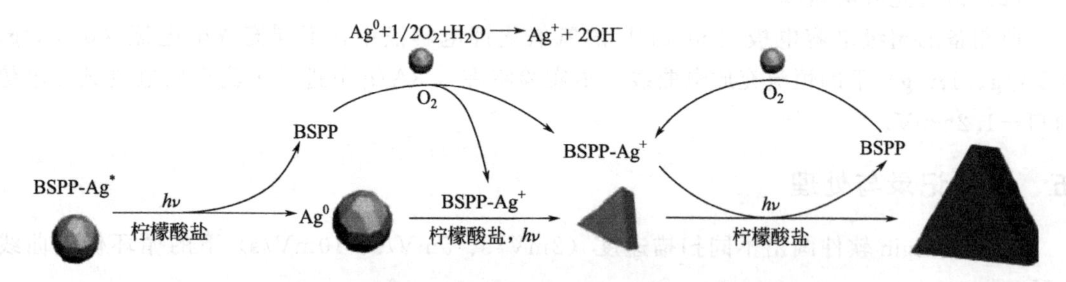

图 12.1 球状颗粒向三角形银纳米片转变的过程示意图

本实验中用聚苯乙烯磺酸钠（PSSS）作为表面保护剂，柠檬酸钠和抗坏血酸共同还原硝酸银得到银纳米颗粒。将银纳米颗粒作为晶种，再次加入硝酸银的溶液中，再用硼氢化钠继续还原，以先制备的颗粒作为种子，可以得到具有窄尺寸分布的三角形银纳米柱。得到的三角银单分散性好，可以精确调控三角银纳米柱的厚度。

（2）不同尺寸的银纳米晶具有不同的等离子共振吸收峰位，表现出多种颜色

表面等离子体（Surface Plasmons，SPs）是指在金属表面存在的自由振动的电子与光子相互作用产生的沿着金属表面传播的电子疏密波。对于金属纳米颗粒，表面等离子体波将被局域在金属纳米颗粒的边界附近，形成局域化的表面等离子体振荡（localized surface plasmon resonance）。空间局域化后，由于不确定原理得知，波矢匹配的条件很容易满足（空间不确定度很小，波矢不确定度很大，表面等离子体的色散关系曲线近似于平行 x 轴的直线），局域化的表面等离子体振荡因而可以很容易被远场辐射过来的光波激发。这种局域化的表面等离子体振荡的能量可以从金属纳米颗粒的吸收/散射光谱上的共振峰位置读出来。

金属的表面等离子体共振峰位置和强度受到很多因素的影响，如金属表面介质的介电常数，金属颗粒的形状、尺寸、分布等。在本实验中，通过两步法能够可控调节银纳米颗粒的形状及尺寸，因此可以观察到与此相对应的表面等离子共振峰位的变化。从直观上看即溶液的颜色发生变化。

三、实验设备与材料

① 设备：加热磁力搅拌器、分析天平、微量移液器、玻璃仪器烘干器、称量纸、药匙、5mL 量筒、50mL 量筒、100mL 烧杯、50mL 烧杯、100mL 锥形瓶、50mL 试样瓶、玻璃滴管、搅拌磁子、玻璃搅拌棒、针管（带针头）、三角瓶刷、试管刷。

② 试剂：柠檬酸钠、聚苯乙烯磺酸钠（PSSS）、硼氢化钠、硝酸银、抗坏血酸（2,3,4,5,6-五羟基-2-己烯酸-4-内酯）。

四、实验流程

实验流程

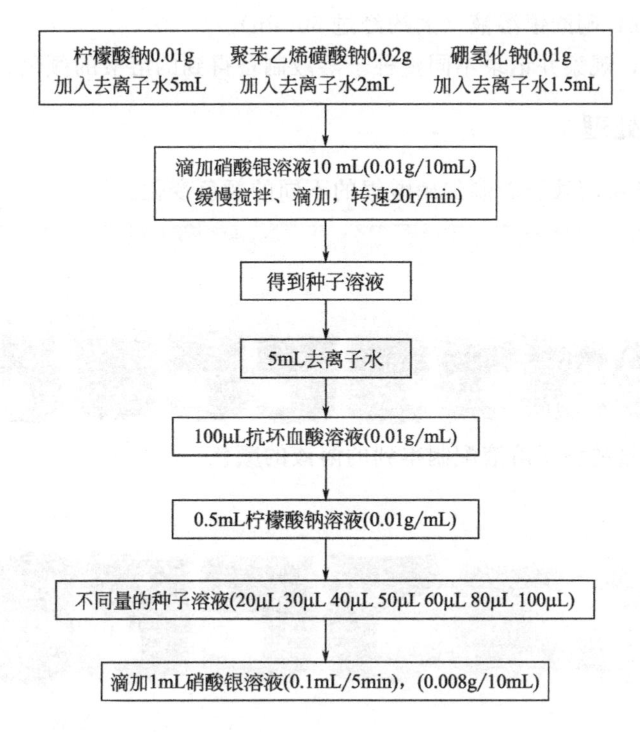

五、实验步骤与方法

第一步、种子的制备。

(1) 称量及配制

称量并配制各种药品的水溶液：柠檬酸钠（0.01g，5mL），聚苯乙烯磺酸钠（0.02g，2mL），硼氢化钠（0.01g，1.5mL），硝酸银（0.01g，10mL）。其中，硝酸银提供银源，硼氢化钠作为还原剂（强），柠檬酸钠作为还原剂（弱），聚苯乙烯磺酸钠作为表面活性剂。

(2) 制备过程

① 分别将配制好的柠檬酸钠，聚苯乙烯磺酸钠，硼氢化钠水溶液倒入锥形瓶中（锥形瓶中放好磁子），缓慢搅拌（磁力搅拌器转速为 20rpm）。

② 将硝酸银通过滴管缓慢、匀速滴入锥形瓶中。

③ 待硝酸银滴加完毕，反应 10min 左右至溶液颜色不再变化。种子溶液颜色为黄色。

第二步、银纳米片的制备。

(1) 称量及配制

称量并配制各种药品的水溶液：抗坏血酸（0.01g，1mL），柠檬酸钠（0.01g，1mL），硝酸银（0.008g，10mL），上一步中配置好的种子溶液。

(2) 制备过程

① 先在样品瓶中倒入5mL去离子水，加入100μL抗坏血酸（0.01g，1mL）、0.5mL柠檬酸钠（0.01g，mL）。

② 将样品瓶放在磁力搅拌器上缓慢搅拌（比种子溶液的搅拌速度慢，转速15r/min）。

③ 加入（实验变量）不同量的种子溶液（20μL、30μL、40μL、50μL、60μL、80μL、100μL）。

④ 用针管每3min一次性滴加0.1mL硝酸银溶液。观察并记录溶液的颜色变化。

⑤ 一共滴加1mL硝酸银溶液（大约经过30min）。

⑥ 反应结束后，观察并记录不同量种子溶液制备得到的溶液的颜色。

六、数据记录与处理

① 20μL的种子层溶液随着滴加硝酸银的不同的颜色变化。

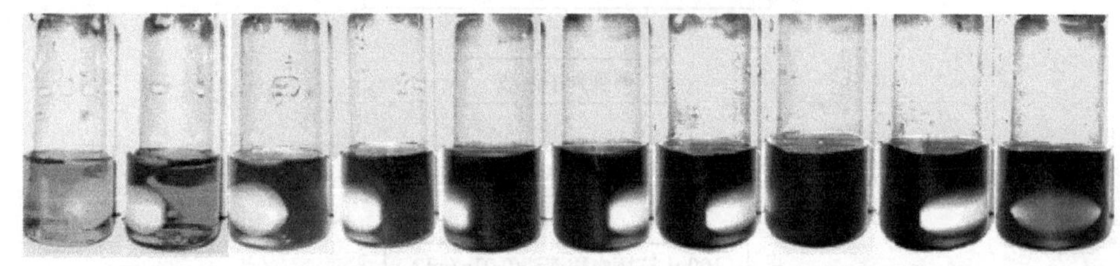

② 种子及不同量的种子溶液配制得到的溶液的颜色。

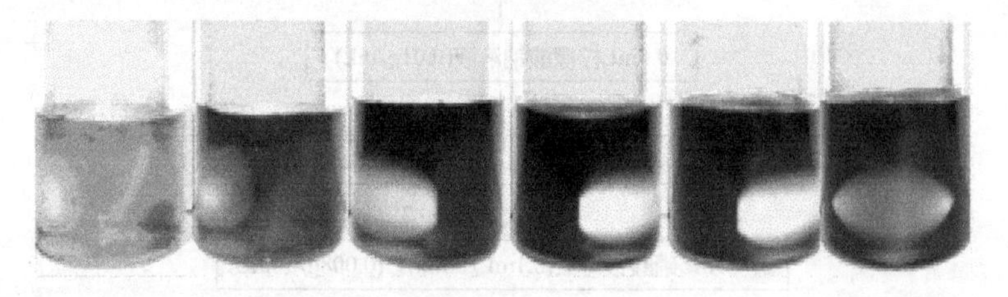

七、注意事项

① 硝酸银见光分解，因此在称量、配置的过程中，需要注意避光。可用锡纸将称量、配置容器包覆起来。并且要最后一个称量。

② 需要严格控制反应速度，反应过快，将导致在低种子液浓度下也产生大尺寸颗粒，使溶液颜色的辨识度下降。

③ 注意实验室防火、防止触电、不要让皮肤接触到药品。玻璃仪器要小心轻拿。

八、思考题

按照种子量的不同，最终的产物尺寸应该发生怎样的变化？对应的吸收峰位应该怎样变化？最终的溶液颜色应该是怎样的？

参 考 文 献

[1] 栾健．银纳米粒子表面等离子共振特性研究［D］．长春理工大学硕士学位论文，2013.

[2] 周吉. 银纳米材料可控合成及其在表面增强光谱中的应用研究 [D]. 吉林大学博士学位论文，2009.

实验 13　锂离子电池正极材料钴酸锂的制备和结构表征

一、实验目的

① 掌握制备钴酸锂正极材料所使用的高温固相合成方法。

② 利用 X 射线衍射方法测定钴酸锂的物相结构，会使用 Origin 和 Jade 软件进行数据处理、分析。

③ 了解层状钴酸锂正极材料的结构特征。

二、实验原理

锂离子电池具有性能稳定、高比容量、环保、便于携带等优点，在便携电子产品中（如手机、笔记本电脑、数码相机、MP3 等）得到广泛应用。

锂离子电池充放电过程仅是通过正、负极材料的拓扑反应（如图 13.1 所示），即在电池内部，充放电过程中电极材料仅发生锂离子的嵌入和脱出反应，并不产生新相，保持自己的结构不变；当反应逆向进行时，又恢复原状，因此也称为“摇椅式电池”。充电时，加在电池电极的电势迫使正极材料（如钴酸锂）释放出锂离子，嵌入负极碳的片层中。放电时，锂离子从片层结构的碳中析出重新和正极的化合物结合。锂离子的流动产生了电流。其充、放电电极反应为：

正极反应：$LiCoO_2 = Li_{1-x}CoO_2 + xLi^+ + xe^-$

（充电）：$Li_{1-x}CoO_2 + xLi^+ + xe^- = LiCoO_2$（放电）

负极反应：$6C + xLi^+ + xe^- = Li_xC_6$（充电）　　$Li_xC_6 = 6C + xLi^+ + xe^-$（放电）

电池的总反应：$6C + LiCoO_2 = Li_{1-x}CoO_2 + Li_xC_6$

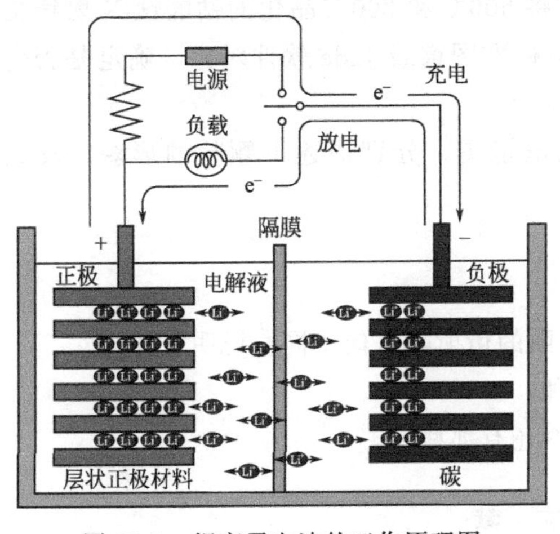

图 13.1　锂离子电池的工作原理图

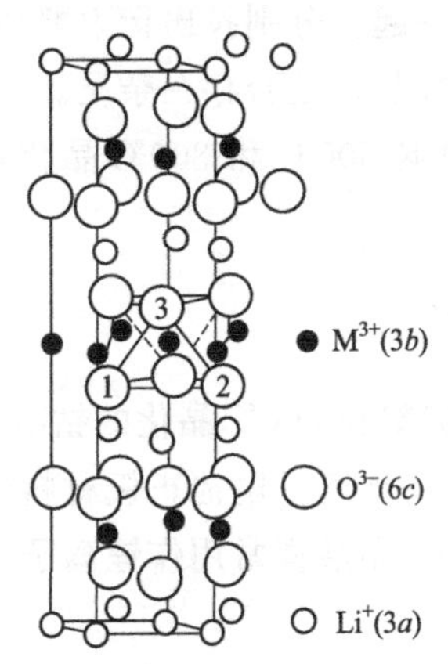

图 13.2　典型的层状 $LiMO_2$ 正极材料的晶胞结构示意图

正极材料钴酸锂有两种晶体结构：层状结构和尖晶石结构。常被用作锂离子电池正极材料的钴酸锂为层状结构（如图 13.2 所示），属 R3m 空间群，氧原子构成立方密堆积序列，钴和锂分别占据立方密堆积的八面体 $3a$ 与 $3b$ 位置，晶格常数 $a=0.2817\text{nm}$，$b=1.415\text{nm}$。层状钴酸锂的合成方法一般为高温固相合成。在固相反应中，一定温度下反应离子和原子会通过反应物、中间体发生迁移从而逐渐生成热力学稳定的固相粉末。

本实验中采用碳酸钴和碳酸锂作为原材料，通过常用的高温固相反应制备层状钴酸锂粉体。反应方程式如下：$4CoCO_3+2Li_2CO_3+O_2 \xlongequal{} 4LiCoO_2+6CO_2$

通过 X 射线粉末衍射测定材料的物相，经 Jade 软件计算确定所得样品的晶体结构和晶胞参数，并与理论值相比较。

三、实验设备与材料

① 设备：研钵，马弗炉，坩埚，电子天平，X 射线衍射，扫描电镜。

② 试剂：碳酸锂，碳酸钴。

四、实验步骤与方法

(1) 前驱体的制备

按化学计量比 Li∶Co=1∶1 称取碳酸锂（0.01mol，0.739g）和碳酸钴（0.02mol，2.379g）放入研钵中，不断地研磨混合均匀，最后将研磨所得蓬松的前驱体收集到坩埚中，待用。

(2) 样品的高温合成

在空气气氛下，将含有前驱体的坩埚放入马弗炉并于 500℃下，加热分解 6h，冷却至室温并再次充分研磨；接着将样品于 800℃下晶化 12h，自然冷却至室温收集所得样品。

(3) 样品的粉末 X 射线衍射和扫描电镜测定

观察样品的颜色，利用 X 射线衍射仪测定样品的物相并进行结构分析。

五、数据记录与处理

① 将 X 射线衍射数据导入 Origin 软件中，将 500℃和 800℃晶化的钴酸锂 X 射线衍射图叠加到一起。分别找出衍射峰的特征峰，并与标准图谱或 Jade 软件对比，确定是否合成了预期的样品，是否存在杂质。

② 根据 500℃和 800℃晶化的钴酸锂扫描电镜图，分别描述下颗粒的形貌，及大小尺寸。

六、思考题

① 500℃和 800℃晶化的钴酸锂 X 射线衍射图的衍射峰有何不同？说明了什么？

② 制备锂离子电池正极材料的方法有哪几种？

③ 除了钴酸锂常用作锂离子电池的正极材料还有那些？

参 考 文 献

[1] 李华成，张发明，曾文明，等．不同预烧温度制备钴酸锂及其性能研究 [J]. 矿冶工程，2010，30 (6)：90-92.

[2] 熊学，唐朝辉，朱贤，徐涂文．固相法制备快充高电压 $LiCoO_2$ [J]. 电池，2016，46 (5)：278-280.

[3] 吕文广，高结晶度钴酸锂制备及微结构表征 [J]. 中国材料进展，2004，23 (12)：30-33.

实验 14　球状氧化亚铜的制备及吸附性能

一、实验目的

① 掌握测定氧化亚铜吸附性能的方法。

② 了解掌握球状氧化亚铜的制备方法。

二、实验原理

氧化亚铜是一种非常重要的金属缺位的 p 型半导体，禁带宽度为 2.0eV，可以被 400～800nm 的可见光激发，在太阳光的照射下能有效地产生光生载流子，其光电转换效率可达到 18%，而且储存量广，无毒价廉，因此被认为是用于太阳能电池的有希望的物质。纳米氧化亚铜因其优越的光催化性能，在环境污染治理中受到了环境研究者重视，被应用于废水处理。而且大量的实验表明，多晶态的氧化亚铜不像单晶氧化亚铜，可反复使用而不会被还原成 Cu(0) 或是氧化成 Cu(Ⅱ)，稳定性很好。

偶氮染料作为最大的一类合成染料，大多数有“三致”（致癌、致突变、致畸）作用，且含有偶氮染料的废水具有污染物浓度大、色度深、化学性质稳定、难生物降解、抗光解、抗氧化性强的特点，是一种难降解的环境有毒物质，对水体环境危害大，因此必须对其进行净化处理。吸附法脱色技术具有操作简单、成本低等优点，具有广泛的应用前景。多孔氧化亚铜小球是一种很好的吸附材料，其制备方法简单、成本低廉、吸附脱色效果好。

本实验以醋酸铜为铜源，以盐酸羟胺为还原剂，明胶为表面活性剂，采用沉淀法制备了氧化亚铜，研究了它对偶氮类染料甲基橙的吸附性能。

三、实验设备与材料

① 设备：恒温水浴，离心机，磁力搅拌器，扫描电镜，X 射线衍射仪，紫外-可见分光光度计，真空干燥箱。

② 试剂：醋酸铜，氢氧化钠，聚乙烯吡咯烷酮，无水葡萄糖，甲基橙，乙醇。

四、实验步骤与方法

（1）球状氧化亚铜的制备

取 10mmol $Cu(CH_3COO)_2 \cdot H_2O$（醋酸铜）和 0.4mmol PVP（聚乙烯吡咯烷酮）溶于 80mL 乙醇/水溶液（体积比为 1∶1）中，超声溶解得 Cu(Ⅱ)-PVP 溶液，再加入 70mmol 氢氧化钠超声溶解，最后加入 10mmol 葡萄糖（$C_6H_{12}O_6$），超声反应 30min 得红色氧化亚铜颗粒。制备的 Cu_2O 颗粒于 10000r/min 的速率离心 5min，用去离子水离心洗涤 2 次后，用乙醇洗涤多次，于 60℃真空干燥 6h，可得球状氧化亚铜。

（2）吸附实验

于 250mL 烧杯中，加入 100mL 浓度为 20mg/L 的甲基橙溶液，再向其混合液中加入 0.5g 球状氧化亚铜，恒速搅拌，每隔 10min 取 8mL 混合液于 10000r/min 的速率离心

5min，再以蒸馏水为参比，取上清液测其吸光度值。

五、数据记录与处理

① 根据 X 射线衍射测试结果，制备的氧化亚铜特征衍射峰对应的 2θ 衍射角为：______。

② 根据扫描电镜测试结果，制备的氧化亚铜的形貌为______。

③ 吸附性能测定结果，见表 14.1。

表 14.1　吸附性能测定结果

测定内容 \ 时间/min	10	20	30	40	50	60
吸光度						
吸附率						

六、思考题

为什么测吸光度前要将氧化亚铜离心下来？

参　考　文　献

[1] 王文清，刘林．多孔球状氧化亚铜的制备及其吸附性能研究［J］．武汉轻工大学学报，2010，29（4）：33-35.

[2] 宋继梅，张小霞，焦剑，等．立方状和球状氧化亚铜的制备及其光催化性质［J］．应用化学，2010，27（11）：1328-1333.

实验 15　纳米二氧化钛的制备及光催化性能

一、实验目的

① 掌握二氧化钛的溶胶-凝胶的制备方法。

② 了解二氧化钛光催化降解污染物的原理。

③ 熟悉测定光催化性能的方法。

二、实验原理

（1）溶胶-凝胶法制备二氧化钛

溶胶-凝胶法是 20 世纪 80 年代兴起的一种制备纳米粉体的湿化学方法，具有分散性好、煅烧温度低、反应易控制等优点。制备溶胶所用的原料为钛酸丁酯［$Ti(O\text{-}C_4H_9)_4$］、水、无水乙醇以及盐酸（或者醋酸、硝酸等）。反应物为钛酸丁酯和水，分散介质为乙醇，盐酸用来调节体系的酸度防止钛离子水解过速，使钛酸丁酯在乙醇中水解生成钛酸 $Ti(OH)_4$，钛酸脱水后即可获得二氧化钛。水解反应方程式如下。

$$Ti(O\text{-}C_4H_9)_4 + 4H_2O \longrightarrow Ti(OH)_4 + 4C_4H_9OH$$

$$Ti(OH)_4 + Ti(OH)_4 \longrightarrow 2TiO_2 + 4H_2O$$

在后续的热处理过程中，只要控制适当的温度条件和反应时间，就可以获得不同晶型的二氧化钛。

（2）二氧化钛光催化降解污染物

二氧化钛作为光催化剂的代表，在太阳能光解水，污水处理等方面有着重要的应用前景。二氧化钛有三种晶型，四方晶系的锐钛矿型、金红石型和斜方晶系的板钛型。此外，还存在着非晶型二氧化钛。其中板钛型不稳定；金红石型禁带宽度为 3.0eV，表现出最高的光敏性，但因为表面电子-空穴对重新结合的较快，几乎没有光催化活性；锐钛矿禁带宽度稍大一些，为 3.2eV。$E_g=3.2\text{eV}$，对应的最大吸收波长 $\lambda=hC/E_g=387.5\text{nm}$，在一定波长范围的紫外光辐照下能被激发，产生电子和空穴，且二者能发生分离，另外它的表面对氧气的吸附能力较强，具有较高的光催化活性。当它受到波长小于或等于 387.5nm 的光（紫外光）照射时，价带的电子就会获得光子的能量而跃迁至导带，形成光生电子（e^-）；而价带中则相应地形成光生空穴（h^+），如图 15.1 所示。如果把分散在溶液中的每一颗二氧化钛粒子近似看成是小型短路的光电化学电池，则光电效应产生的光生电子和空穴在电场的作用下分别迁移到二氧化钛表面不同的位置。二氧化钛表面的光生电子 e^- 易被水中溶解氧等氧化性物质所捕获，而空穴 h^+ 则可以将吸附于二氧化钛表面的 OH^- 和 H_2O 分子氧化成·OH 羟基自由基，·OH 自由基的氧化能力非常强，能氧化水中绝大部分的有机物及无机污染物，将其矿化为无机小分子、二氧化碳和水等无害物质。

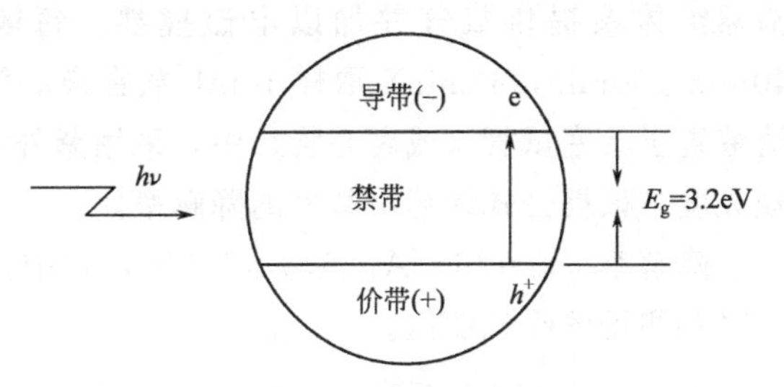

图 15.1　TiO_2 光电效应示意图

三、实验设备与材料

① 设备：磁力搅拌器、干燥箱、马弗炉、紫外-可见分光光度计、离心机、超声波清洗器、光化学反应仪、鼓泡器。

② 试剂：钛酸丁酯、无水乙醇、盐酸、甲基橙、去离子水。

四、实验步骤与方法

（1）纳米二氧化钛的制备

本实验以钛酸四丁酯为二氧化钛的前驱体，乙醇为溶剂，盐酸为抑制剂制备二氧化钛。溶胶过程均在室温下进行，步骤如下。

① 取二氧化钛的前驱体钛酸丁酯为 0.01mol，根据钛酸丁酯：乙醇：水：盐酸＝1：20：1：0.1 的摩尔比计算各试剂用量，见下表。

原料	摩尔数	摩尔质量	密度/g/mL	所需质量/g	所需体积/mL
钛酸丁酯	0.01	340.36	1.0		
乙醇	0.2	46.07	0.79		
水	0.01	18	1.0		
盐酸	0.001	36.5	1.18		

② 按照工艺流程图制备二氧化钛溶胶：取 2/3 份乙醇置于烧杯，将钛酸丁酯倒入其中

并磁力搅拌15min形成钛酸丁酯的乙醇溶液；再将剩余的1/3份乙醇和水、盐酸混合，然后慢慢滴加，磁力搅拌1h后可形成透明的浅黄色溶胶。

③ 将溶胶在室温下陈化约为24h即可转变为透明凝胶。

④ 将凝胶置于干燥箱中以100℃干燥12h。取出后用玛瑙研钵研碎。

⑤ 将粉末放入坩埚并置于电炉中，在500℃，保温2h，取出后冷却即可得到二氧化钛纳米粉末。

(2) 光催化性能测试

配置5mg/L的甲基橙溶液，量取100mL甲基橙溶液置于放有0.5g纳米二氧化钛的200mL石英试管中，超声分散15～20min，然后用300W紫外灯为光源照射溶液，同时用鼓泡器给体系提供氧气并加以电磁搅拌。每隔10min（即0min，10min，20min，30min，40min，50min，60min）取样10mL放在离心管中，在离心机上离心分离，用移液枪吸取上清液置于具塞试管（或离心管）中，采用紫外-可见分光光度计测甲基橙溶液在465nm处的吸光度，根据公式计算甲基橙的降解率。

降解率$\eta\%=(1-A_t/A_0)\times100\%$，式中，$A_t$、$A_0$分别为反应初始（$t=0$分钟）和某一时刻测得的吸光度值。

五、数据记录与处理

用origin软件画出不同反应时间下的$A\sim\lambda$图和降解率$\eta\sim t$图，并完成表15.1。

表15.1 光催化性能测定结果

测定内容 \ 时间/min	0	10	20	30	40	50	60
吸光度							
降解率/%							

六、思考题

为什么离心时一定要将二氧化钛纳米粉末分离干净？

参 考 文 献

[1] 杜锦阁，姚朝宗．纳米二氧化钛的制备及其光催化性能［J］．化学研究，2012，23（4）：78-80.

[2] 梁德荣．纳米TiO_2的制备及其光催化性能的研究［J］．山西化工，2008，28（3）：17-19.

实验16 锂离子电池锰酸锂正极材料的制备及电化学性能

一、实验目的

① 掌握锂离子电池结构及工作原理。

② 掌握高温固相合成法合成锰酸锂锂电正极材料。

③ 了解锂离子电池组装工艺路线。

④ 了解锰酸锂正极材料物理及电化学性能的测定方法及原理。

二、实验原理

锂离子电池是指分别用两个能可逆地嵌入与脱出 Li^+ 的化合物作为正负极构成的二次电池。人们将这种靠 Li^+ 在正负极之间的来回地嵌入和脱出来完成充放电工作形象地称为“摇椅式电池”，俗称“锂电”。图 16.1 为它的结构及工作原理示意图，以钴酸锂为例，电池充电时，Li^+ 从正极中脱出，在负极中嵌入，放电时反之。常用的正极材料有钴酸锂、镍酸锂、磷酸铁锂、锰酸锂；负极材料一般为石墨、中间相碳微球、金属锂、锡和硅材料等。

尖晶石锰酸锂的（Mn_2O_4）骨架是四面体与八面体共面的三维网络，其结构如图 16.2 所示。锰酸锂属于 Fd3m 空间群，Li 占据四面体 $8a$ 位置，Mn 占据八面体 $16d$ 位置，O 占据面心立方 $32e$ 位置。由于尖晶石结构的晶胞边长是普通面心立方结构晶胞边长的两倍，因此可以认为尖晶石结构是一个复杂的立方结构，包含了 8 个普通的面心立方晶胞。所以在一个尖晶石晶胞中有 32 个氧原子，16 个锰原子将占据 32 个八面体间隙位的一半（$16d$），另一半八面体（$16c$）则空着，8 个锂占据 64 个四面体间隙位（$8a$）的 1/8。由此可知，锂原子是通过空着的相邻四面体和八面体的间隙沿着 $8a \rightarrow 16c \rightarrow 8a$ 的通道在 Mn_2O_4 的三维网络中脱嵌。锰酸锂具有放电电压平台高、热稳定性好、耐过充性能好、合成工艺简单、原料成本低等优点。理论容量为 148mA·h/g，实际容量可达 120～130mA·h/g，是有希望得到广泛应用的正极材料之一。高温固相合成法是产业化生产粉体材料最常用的方法，原材料为固体粉末，混合均匀后，选择合适的温度控制化学反应过程的固体粉末的制备方法。为了保证化学反应产物的均一性，一般需要机械粉碎和充分的物理混合。其合成工艺简单，不存在液相法中的添加溶剂以及溶剂回收等问题，生产成本较低，副反应较少，产率很高，非常适合大规模化工业生产。

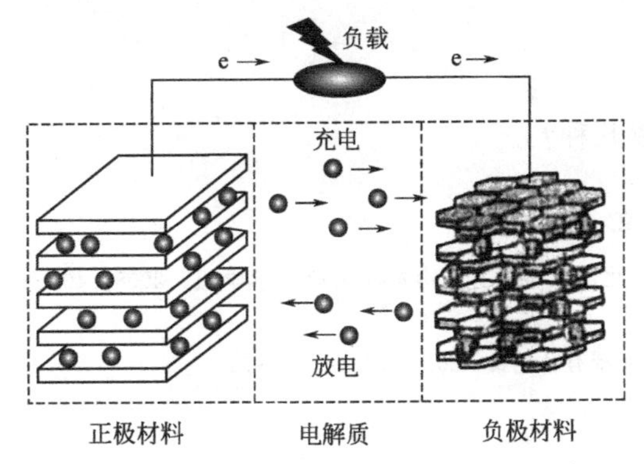

图 16.1　锂离子电池结构及工作原理示意

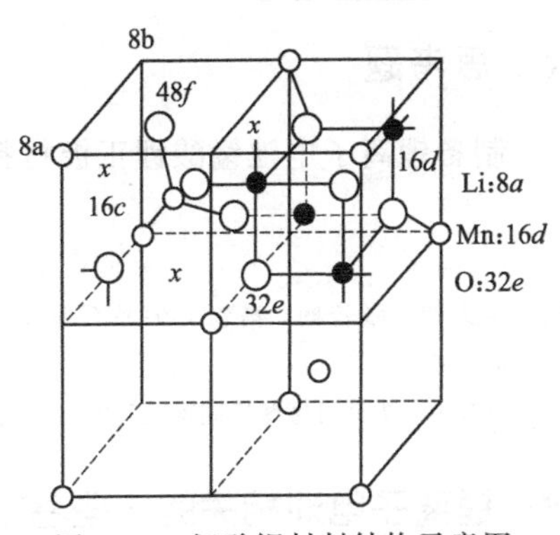

图 16.2　锰酸锂材料结构示意图

三、实验设备与材料

① 设备：分析天平，箱式马弗炉，真空干燥箱，自动涂膜烘干机，立式自动精密轧机，纽扣电池切片机，注液器，液压纽扣电池封装机，八通道电池分析仪。

② 试剂：碳酸锂，二氧化锰。

四、实验步骤与方法

（1）样品的制备

本实验以碳酸锂为锂源、二氧化锰为锰源，采用高温固相合成法制备锰酸锂。称取0.0156mol碳酸锂（由于高温下锂的挥发，碳酸锂过量4%）和0.06mol二氧化锰，研磨充分后，倒入干净的坩埚中，在马弗炉中以3～5℃/min的速率升到850℃煅烧10h，自然冷却至室温后取出，研磨得到产物，备用。

（2）电池组装路线

以制备的粉末为正极活性物质，炭黑为导电剂，聚偏氟乙烯为黏结剂，将三者按质量比为80∶10∶10的比例混合，以*N*-甲基吡咯烷酮为溶剂，经电动搅拌1h至混合均匀，得到浆料。使用自动涂敷机将混合均匀的浆料涂覆在集流体铝箔上，放入真空干燥箱中，在120℃下先常压烘干2h，而后真空干燥12h。随后用电动对辊压机滚压铝箔三次左右，再用手动压力机切片，得到正极片。在氩气气氛的手套箱中，将锂片（负极）、隔膜、电解液和正极片组装成扣式电池。

（3）样品表征与电性能测试

用X射线粉末衍射仪对锰酸锂的物相和结构进行表征。用LAND测试系统测试电化学性能。本实验采用恒流充放电制度对电性能进行测试研究。具体的充放电条件是：充放电电压范围2.5～4.3V，充放电电流为20mA/g，测试温度为室温。通过测试考察了材料的充放电比容量、库伦效率等参数。

五、数据记录与处理

① 所得到的锰酸锂的质量为：______，产率为：______。

② X射线粉末衍射表征结果中，特征衍射峰对应的2θ衍射角为：________。

③ 电化学测试中，首次充电比容量是：__________，放电比容量是：________，库伦效率是：__________。

六、思考题

制备锂离子电池锰酸锂正极材料的方法有哪几种？

参 考 文 献

[1] 顾大明，张若楠，高农．尖晶石型锰酸锂制备及其电化学性能［J］．哈尔滨工业大学学报，2008，40（4）：607-610.

[2] 李薛勇．尖晶石锰酸锂制备及其电化学性能的研究［J］．新疆有色金属，2011，34（4）：50-51.

附：锂离子电池相关的一些基本概念

① 二次电池：可反复进行循环，充放电的电池才称为二次电池。一次电池是指一次性的，不能进行充电的电池。举例，锂离子电池为二次电池，干电池为一次电池。

② 正负极：放电时，电子将从外电路流入电位较高的电极，称之为正极，由于发生还原反应，也称之为“阴极”。放电时从外电路流出电子的电位较低的电极则为负极，由于发生氧化反应也称为“阳极”。

③ 充电/放电容量：电池充电/放电时充入/释放出来的电荷量，一般用电流与时间的乘

积表示，单位为 mA·h。第一次充放电容量即为首次充放电容量。

④ 充电/放电比容量：单位质量或单位体积的充电/放电容量，单位为 mA·h/g，mA·h/cm^3。

⑤ 库仑效率：在一定的充放电条件下，放电比容量与同循环过程中充电比容量的百分比。

⑥ 循环性能：电池在反复的充放电过程中保持其放电容量的能力，容量损失少，就说明该材料循环性能优异，通常以容量保持率来定量。

⑦ 充放电倍率：电池在一定时间内放出其额定容量所输出的电流值可表示为 $I=C/t$，其中 C 为电池容量，t 为放电时间，I 为放电电流。例如一个容量为 1A·h 的电池以 10h 放电，则称放电倍率为 0.1C。

⑧ 不可逆容量：在一定的充放电条件下，电池的库伦效率低于 100%，即充电比容量是大于放电比容量的，不可逆容量即为它们之间的差值。

实验 17　半导体照明发光材料铈掺杂钇铝石榴石的制备表征与发光二极管性能测试

一、实验目的

① 通过稀土离子掺杂的钇铝石榴石（YAG：Ce）发光材料，了解光学和发光学术语，熟悉无机发光材料的制备工艺和光谱测试方法。

② YAG：Ce 发光材料和 InGaN 半导体蓝光芯片构筑白光 LED 器件，熟悉白光品质的测试评价方法；了解 LED 白光器件的白光组合原理，掌握 LED 白光器件的结构。

二、实验原理

（1）LED 结构与基本术语

可见光光谱（visible spectrum）：指人眼可以感知的波长大约在 380～780nm 之间的电磁波谱。

发光二极管（LED＝light emitting diode）：一种能够将电能转化为可见光的固态的半导体器件，即电致发光（electroluminescence，简称 EL）或称为电场发光，通过加在两电极的电压产生电场，被电场激发的电子碰击发光中心，而致电子能级的跃进、变化、复合导致发光的一种物理现象，见图 17.1。

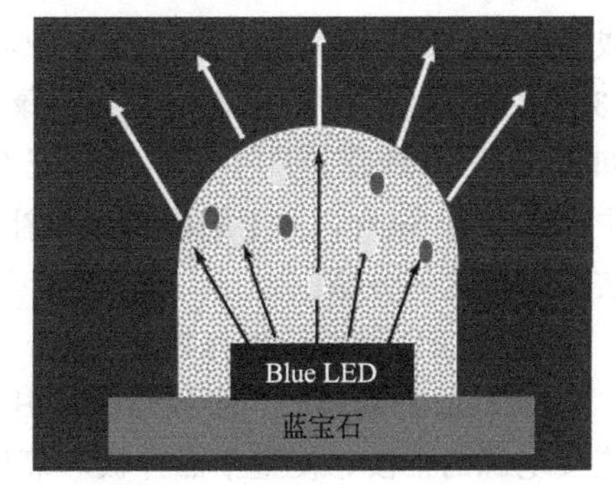

图 17.1　发光二极管构造图

光致发光（photoluminescence，简称 PL）：物体依赖外界光源进行照射，从而获得能量，产生激发导致发光的现象，它大致经过吸收（到激发态）、能量传递及光发射（跃迁至基态）三个主要阶段。X 光、紫外光、可见光及近红外光均可引起光致发光。由短波长的光激发产生长波长的发光，叫下转换（down conversion）发光，反之，叫上转换（up conversion）

发光。

LED外延片：在一块加热至适当温度的衬底基片（主要有蓝宝石、Si、SiC）上，气态物质InGaAlP有控制的输送到衬底表面，生长出特定单晶薄膜。目前主要采用有机金属化学气相沉积（metal-organic chemical vapor deposition，简称MOCVD）方法生长LED的InGaN外延片。

LED芯片是一种固态的半导体器件，它可以直接把电转化为光。LED的心脏是一个半导体的晶片，晶片的一端附在一个支架上，一端是负极，另一端连接电源的正极，使整个晶片被环氧树脂封装起来。

稀土发光：是由稀土4f电子在不同能级间跃出而产生的稀土发光，稀土发光材料具有吸收能力强，转换效率高，可发射从紫外线到红外光的光谱，特别在可见光区有很强的发射能力等优点。

激发（excitation）与发射（emission）波长：激发发射器内，光在两个端面之间来回反射，当入射光与反射光同相位时，就会产生自激震荡，由于反射端面间的距离不可调，因此只有调整波长，当产生自激震荡所需波长即是激发波长，实际产生激光波长为发射波长。

半高宽又称为半峰宽，是指吸收谱带高度最大处高度为一半时谱带的全宽。

量子效率（quantum efficiency，简称QE）：在光电效应中在某特定波长上每秒钟产生光子数与入射量子数之比称量子效率。控制正向驱动电流使发光二极管保持额定的光通量和特定的色温。

色坐标：就是颜色的坐标，它精确地表示了颜色。

流明效率（luminous efficiency）：定义是$n=AL/I$，A是器件的有效面积；L是器件的发光亮度；I是发光器件发光亮度为L时的工作电流。色温是表示光源光谱质量最通用的指标。一般用T_c表示。

色温（color temperature）：是按绝对黑体来定义的，光源的辐射在可见区和绝对黑体的辐射完全相同时，此时黑体的温度就称此光源的色温。

显色指数（rendering index，简称CRI）：光源对物体的显色能力称为显色性，是通过与同色温的参考或基准光源（白炽灯）下物体外观颜色的比较。

（2）YAG：Ce^{3+}荧光体制备

YAG：Ce^{3+}荧光体的形式可以是微米和纳米大小的粉末、单晶或者是多晶透明陶瓷，基质相是立方晶格的石榴石结构的$Y_3Al_5O_{12}$（YAG），容易伴生的杂质相是单斜晶系的$Y_4Al_2O_9$（YAM）和斜方和六方点阵结构的$YAlO_3$（称为钇铝钙钛矿或YAP），需要在合成中消除。Ce^{3+}稀土离子是发光中心，用约450nm波长的蓝光照射YAG，可以发出约530nm波长的黄绿光，蓝光加上黄绿光合成白光，Ce^{4+}不发光，通常需要弱还原气氛（比如N_2＋5～8体积％H_2，CO等）把Ce^{4+}还原成Ce^{3+}。在特殊情况下，比如往YAG基质中配入少量SiO_2，由于结构的电荷补偿、缺陷原因，在空气中灼烧也能得到部分Ce^{3+}，本实验采用这一方法。

（3）LED器件结构与封装

LED的心脏是一个半导体的晶片，晶片的一端附在一个支架上，一端是负极，另一端连接电源的正极，使整个晶片被环氧树脂封装起来。半导体晶片由两部分组成，一部分是P型半导体，在它里面空穴占主导地位，另一端是N型半导体，在这边主要是电子。但这两种半导体连接起来的时候，它们之间就形成一个“P-N 结”。当电流通过导线作用于这个晶片的时候，电子就会被推向 P 区，在 P 区里电子跟空穴复合，然后就会以光子的形式发出能量，这就是 LED 发光的原理；而光的波长决定光的颜色，是由形成 P-N 结材料决定的；LED 是冷光源，但是 P-N 结并不冷，产生的热量必须要通过高导热材料和散热结构导出，确保发光性能稳定并延长寿命。

三、实验设备与材料

① 设备：马弗炉，真空管式炉，高温微波炉，高温真空碳管炉，球磨机，筛分机，压片机，直流电源、光电色综合测试仪，F-4600。

② 试剂：纳米二氧化硅，氧化钇 Y_2O_3（分析纯），硝酸 HNO_3（分析纯），硝酸亚铈 $Ce(NO_3)_3 \cdot 6H_2O$（分析纯），硝酸铝 $Al(NO)_3 \cdot 9H_2O$（分析纯），柠檬酸（分析纯），氨水 $NH_3 \cdot H_2O$（分析纯）。

③ 辅助材料与元器件：半导体芯片，光学环氧树脂、光学硅胶。

四、实验步骤与方法

将高纯氧化钇粉末溶于热的稀硝酸中，形成硝酸钇溶液。取适量硝酸铝与硝酸亚铈分别用去离子水溶解，按 $Y_3\text{-}XAl_5O_{12}$ ：CeX^{3+} 化学计量配比向硝酸钇溶液中加入硝酸亚铈和硝酸铝溶液，混合均匀。取一定量的柠檬酸作为螯合剂加入上述溶液中，用氨水调节溶液 pH 值至 7～8。将混合溶液置于 70℃水浴中，用磁力搅拌机充分搅拌、蒸发，直至得到溶胶。将溶胶放到恒温干燥箱中在 120℃下干燥两个小时成为淡黄色干凝胶。干凝胶经研磨后置于高温炉中高温焙烧，得到淡黄色粉末。

取制备好的荧光粉，用 AlInGaN 芯片/YAG：Ce^{3+} 封装 LED 与性能测试。采用 AlInGaN 蓝光芯片与已经制备好的 YAG 粉体与环氧树脂或者硅胶混合封装小功率 LED 白光元件。利用光电色综合测试仪测试单颗白光 LED 的色坐标、色温、显色指数、流明效率等参数。

五、数据记录与处理

① 制备 YAG：Ce^{3+} 样品的 X 射线衍射分析。

② 制备的 YAG：Ce^{3+} 样品的光谱性质。

③ 封装的白光 LED 的光电性质。

六、思考题

通过浏览网页（www.ledchips.cn/），查阅图书馆资料（http：//lib.tjut.edu.cn/），丰富和深化试验报告内容，并讨论：

① YAG：Ce^{3+} 的发光性能及其光谱调控机理。

② LED 白光发射的组合原理。

参考文献

[1] 张凯，刘河洲，仵亚婷，胡文彬．共沉淀法制备纳米铈掺杂钇铝石榴石荧光粉及其荧光特性 [J]. 机械工程材料，

2007，31 (1)：53-56.
[2] 周俊，雷小敏，王晓，等．弱碱溶液后处理对固相合成铈掺杂钇铝石榴石荧光粉发光性能的改进 [J]. 应用化学，2014，31 (5)：577-580.

实验 18　球形纳米四氧化三铁的制备及超级电容性能研究

一、实验目的

① 掌握超级电容器的基本原理和特点。
② 掌握超电容的测试及数据处理方法。

二、实验原理

详见实验 7 的实验原理部分。

三、实验设备与材料

① 设备：电子天平，真空干燥箱，水热反应釜，CHI 电化学工作站，压片机，马弗炉。
② 试剂：硫酸亚铁，聚乙二醇，氨水，双氧水，亚硫酸钠，去离子水。

四、实验步骤与方法

(1) 样品的制备

称取 0.009mol 的硫酸亚铁，置于 10mL 浓度为 50g/L 的聚乙二醇 20000 溶液和 60mL 去离子水混合溶液的烧杯中，于 30℃恒温水浴，不断搅拌同时滴加稀氨水溶液。至溶液 pH 值为 11，此时溶液呈现墨绿色。充分搅拌后再滴加 0.27mL 双氧水，此时溶液呈现黑色，继续搅拌 20min，将其移入高压反应釜中，160℃下恒温 5h。将所得产物先后用去离子水、乙醇离心洗涤，再置于真空干燥箱中干燥。

(2) 超电容测试

将四氧化三铁、乙炔黑充分混合研磨均匀，再加入聚四氟乙烯乳液进一步混合（金属氧化物、乙炔黑及聚四氟乙烯三者质量比为 75∶20∶5）。将混合后的物质均匀地涂在不锈钢网上，在 15MPa 的压力下压制成 $(1\times1)cm^2$ 电极。电化学测试在 CHI 电化学工作站上进行，铂电极为对电极，饱和甘汞电极作为参比电极，采用三电极体系在 $1mo\cdot L^{-1}$ 的亚硫酸钠溶液中对样品采用循环伏安法和计时电位法测定循环伏安曲线和恒电流充放电曲线。循环伏安法的电位窗口范围是 0～0.6V。超电容在 0～0.5V 进行充放电测试。所有的电化学测试是在室温下进行。

五、数据记录与处理

① 用 Origin 软件画出不同扫描速度（2mV/s，5mV/s，10mV/s）下的循环伏安曲线。
② 用 Origin 软件画出电极在不同放电电流下的 V-T 曲线图，并完成表 18.1。

表 18.1 电极超电容性能测定结果

编号＼测试项目	放电电流/(A/g)	比电容 C_m/(F/g)
1		
2		
3		

六、思考题

① 超级电容器与传统电容器的区别有哪些?

② 影响超级电容器性能的因素有哪些?

参 考 文 献

[1] 陈洁，黄可龙，刘素琴．球形纳米 Fe_3O_4 的制备及超级电容性能研究 [J]. 无机化学学报，2008，24 (4)：621-626.

[2] 朱脉勇，陈齐，童文杰，等．四氧化三铁纳米材料的制备与应用 [J]. 化学进展，2017，11：1366-1394.

实验 19 真空蒸镀法制备金属薄膜研究

一、实验目的

① 了解几种薄膜制备方法。

② 学习真空蒸镀法的基本原理。

③ 掌握真空蒸镀金属薄膜的基本过程。

二、实验原理

薄膜是指厚度在 1μm 以下的二维形态的物质。具有很多常规块状物质不具备的特性。薄膜工艺在许多领域得到应用，包括微处理器、存储芯片、人工大脑、传感器、太阳能电池、发光二极管、微机械、平板显示等领域。制备薄膜的方法包括气相方法和液相方法两大类。气相方法又可细分为化学方法和物理方法。其中气相的化学方法又叫化学气相沉积法(即 CVD)，是一类常见的制备薄膜以及粉体的技术。化学气相沉积法方法具有诸多优点，包括成本低、薄膜绕射性好、均匀性好，纯度高等。但同时化学气相沉积法也有一些缺点，包括需要高温加热、尾气处理复杂、薄膜厚度难以精确控制等。

制备薄膜的气相物理方法又叫物理气相沉积法（PVD）可分为三大类，分别是真空蒸镀法、溅射镀膜法以及离子镀膜法。溅射镀膜相对于真空蒸镀法有一定的优点和缺点。优点包括：蒸镀材料选择范围广、薄膜致密、附着性好等。缺点包括：生成的薄膜包含杂质、对基底材料本身有损伤、难以原位测量薄膜性质等。溅射镀膜一般多用于蒸镀合金、金属、氧化物等无机物薄膜的制备。

真空蒸发沉积薄膜具有简单便利、操作容易、成膜速度快、效率高等特点，是薄膜制备中最为广泛使用的技术，本实验中实用的机器的构造如图 19.1 所示。真空蒸镀技术需要一个真空环境。在真空环境下，给待蒸镀物提供足够的热量以获得所必需的蒸气压（通常为0.1Pa）。在适当的温度下，蒸发粒子在基片上凝结，这样即可实现真空蒸镀薄膜沉积。这一技术的缺点是形成的薄膜与基片结合较差。通常可以通过加热基底来改善。

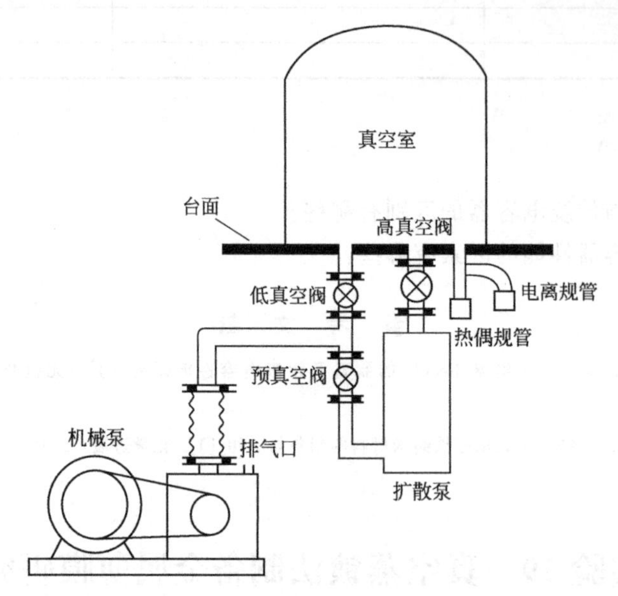

图 19.1　扩散泵型真空镀膜机构造图

真空蒸镀根据加热途径的不同，可分为电阻加热、电子束加热以及电磁感应加热三种类型。本实验用到的是钨螺旋产生的焦耳热进行电阻加热蒸镀。为了提高薄膜的均匀程度，通常将基底放置在球形的基底架上。同时，旋转基底架进一步提高膜厚的均匀性。通常利用石英晶振片在镀膜过程中进行膜厚检测。其测得的厚度与参数物质的密度成反比。

本实验涉及的是电阻加热法真空蒸镀。在真空蒸镀前，基底的前处理对于提高薄膜的附着强度以及提高外延生长有至关重要的作用。通常的基底前处理包括超声清洗、臭氧处理、酸洗、碱洗以及离子轰击等。

本实验用到的是离子轰击。离子轰击方法利用的是在1～100Pa的真空度下的高压辉光放电产生的等离子体（本实验中为氧正离子）对处于阴极的基板的碰撞。这些离子的能量对阴极的碰撞不但将阴极表面吸附的杂质原子和分子轰走，同时将处于基板表面的有机物分子链轰开，将其氧化成小分子的二氧化碳和水，被真空泵抽走，从而起到表面清洗的作用。在蒸镀过程中，基板的温度对于薄膜的形态有至关重要的影响。在较高温度下生成的薄膜通常具有较高的结晶度和基板附着力。这是由于在高温下分子运动剧烈，产生更多的有效碰撞，可以更快地填满晶粒间隙。同时由于分子热运动加剧，基板分子和薄膜物质分子之间的作用加强，从而附着力加强。

在本实验中，我们将在玻璃基底上蒸镀一层金属铝薄膜，并在蒸镀之前对玻璃基底进行离子轰击处理，在蒸镀金属铝的同时，利用位于基底架上方的灯丝对玻璃基底进行加热。通过本实验，初步认识真空蒸镀这一经典镀膜技术。

三、实验设备与材料

① 设备：DM-450 镀膜机两台（分子泵和扩散泵各一台）。

② 试剂：抛光的铝丝，载玻片，钨螺旋，丙酮，抽纸，镊子，一次性手套，玻璃刀，超声清洗机，去离子水，乙醇，耐高温导热双面胶，铝箔等。

四、实验步骤与方法

(1) 粘玻璃基片（此段实验约 20min）

① 将载玻片切割成 (1.5×2.5)cm^2 小块（事先做好）；

② 用铝箔包住腔体内部的大部分部件（事先做好）；

③ 开总电源，开磁力充气阀，对钟罩充气，完毕，升钟罩，取下基底架；

④ 在玻璃的一面用玻璃刀刻上标志，用抽纸蘸乙醇擦洗玻璃基片的表面至无明显油污或颗粒，待干燥后，用导热双面胶将其粘贴到基底架上的铝箔上。

(2) 离子轰击（此段实验约 10 分钟）

① 装上基底架；

② 开循环水，扣下钟罩、开机械泵；

③ 开预抽阀抽腔体到 1.3Pa（电阻规 2）；

④ 接通轰击电路，开工件旋转，调节预抽阀保持在 20～80Pa（电阻规 2）。调节右调压器，进行离子轰击，观察窗口内的辉光，约 1 分钟后，将调压器调回‘0’，关闭预抽阀。

(3) 抽高真空（此段实验约 30 分钟）

① 开预抽阀抽腔体，抽到 3×10^0Pa（电阻规 2），关闭预抽阀；

② 打开前级阀抽分子泵，抽到 3×10^0Pa（电阻规 1）；

③ 打开“机械泵-分子泵”旋钮；

④ 摁下“面板启停”，等分子泵运转到 500Hz，约 8min；

⑤ 开预抽阀再抽一次腔体，至 3Pa，关预抽阀，此时分子泵对腔体进行抽气；

⑥ 打开侧面内部的高阀，抽至 4×10^{-3}Pa 以下，约 20min。

(4) 蒸镀（此段实验约 15min）

① 将电流分配塞插入，接通“蒸发-烘烤”，调节右调压器逐渐加大电流，开始预熔，用挡板挡住蒸发源，避免初熔时杂质蒸到工件上；

② 观察温度指示器，通过左调压器调节烘烤电流，使温度控制在 80℃左右；

③ 打开挡板，打开膜厚检测仪，加大电流至约 0.4～0.5A（显示示数为 40～50）开始蒸发；

④ 控制电压（即电流）使蒸发速率在 0.5～5Å/s；

⑤ 至 15nm（即 150Å）后，关闭挡板；

⑥ 降低烘烤和蒸发电压至零，关闭蒸发旋钮。

(5) 关闭系统（此段实验约 30min）

① 关闭高阀，摁下“面板启停”关闭分子泵，等频率降到 0Hz，约 6min；

② 打到“机械泵”旋钮，关闭前级阀，关闭机械泵；

③ 摁下“自动”切换到“电阻 2”；

④ 等待 20min，等钨螺旋冷却。

(6) 清洗腔体（此段实验约 20min）

① 开磁力充气阀，对钟罩充气，完毕，升钟罩，取下基底架，取出蒸镀好的镀铝玻璃片；

② 用丙酮将被铝蒸镀到部件进行擦拭；

③ 装回基底架，降钟罩，抽至 10Pa 以下，关闭系统；

④ 关闭循环水，登记使用记录。

五、注意事项

① 蒸镀后必须对腔体进行清洗；

② 绝不允许用分子泵直接抽大气压；

③ 绝不允许用高真空测量仪（离子规）直接测量大气压，尤其是在打开腔体前进行充气操作的时候要注意手动切换；

④ 绝不允许在真空状态升钟罩；

⑤ 未经允许禁止触碰蒸镀装置！

⑥ 等到腔体内部温度降至60℃以下才能开腔体。

六、结果与讨论

① 真空蒸镀之前进行离子轰击的原因是____________________。

② 真空蒸镀过程中进行基底烘烤的原因是____________________。

③ 蒸镀过程中进行基底架旋转的原因是____________________。

④ 本实验中检测用石英片，而设置的参数为银，不考虑几何位置因素，得到的铝膜厚度的实际值大约是多少?（密度：银 $10.5g/cm^3$、铝 $2.7g/cm^3$）。

参 考 文 献

[1] 李艳红，邱新平，刘源．真空蒸镀法制备Sb膜电极及其性能 [J]. 无机材料学报，2012，27（7）：746-750.

[2] 江强，周细应，毛秀娟，李明．柔性基底沉积金属薄膜及其应用 [J]. 热加工工艺，2013，42（8）：18-20.

实验20 废旧电池的回收

一、实验目的

① 了解干电池的反应原理、结构以及工作原理；

② 学习锌化学性质以及回收加工方法；

③ 明确废物分类回收的意义，增强环保意识。

二、实验原理

日常生活中用的干电池为锌锰干电池。其负极是作为电池壳体的锌电极，正极是被二氧化锰（为增强导电能力，填充有炭粉）包围着的石墨电极，电解质是氯化锌及氯化铵的糊状物，其电池反应为

$$Zn+2NH_4Cl+2MnO_2 \longrightarrow Zn(NH_4)_2Cl_2+2MnOOH$$

在使用过程中，锌皮消耗最多，二氧化锰只起氧化作用，氯化铵作为电解质没有消耗。因而回收处理干电池可以获得多种物质，如锌、铜、二氧化锰和炭棒等，实为变废为宝的一种可利用资源。

电池中的锌皮，既是电池的负极，又是电池的壳体。当电池报废后，锌皮一般仍大部分

留存，将其回收利用，既能节约资源，又能减少对环境的污染。

锌是两性金属，能溶于酸或碱，在常温下，锌片和碱的反应极慢，而锌与酸的反应则快得多。因此，本实验采用稀硫酸溶解回收的锌皮以制取硫酸锌。

$$Zn+H_2SO_4 \longrightarrow ZnSO_4+H_2\uparrow$$

此时，锌皮中含有的少量杂质铁也同时溶解，生成硫酸亚铁。

$$Fe+H_2SO_4 \longrightarrow FeSO_4+H_2\uparrow$$

因此，在所得的硫酸锌溶液中，先用过氧化氢将 Fe^{2+} 氧化为 Fe^{3+}。

$$2FeSO_4+H_2O_2+H_2SO_4 \longrightarrow Fe_2(SO_4)_3+2H_2O$$

然后用氢氧化钠调节溶液的 pH=8，使 Zn^{2+}、Fe^{3+} 生成氢氧化物沉淀。

$$ZnSO_4+2NaOH \longrightarrow Zn(OH)_2\downarrow+Na_2SO_4$$

$$Fe_2(SO_4)_3+6NaOH \longrightarrow 2Fe(OH)_3\downarrow+3Na_2SO_4$$

再加入稀硫酸，控制溶液 pH=4，此时氢氧化锌溶解而氢氧化铁不溶解，可过滤除去。最后将滤液酸化、蒸发浓缩、结晶，即得七水硫酸锌晶体。

三、实验设备与材料

① 设备：50mL 烧杯 2 个，剪刀 1 把，玻璃棒 1 支，试管 3 支，酒精灯 1 个，蒸发皿 1 个。

② 试剂：废干电池，2mol·L^{-1} 硫酸，10%氢氧化钠，5%双氧水，2mol·L^{-1} 硝酸，1% 硝酸银，0.5mol·L^{-1} 硫氰化钾。

四、实验步骤与方法

1. 锌皮的回收及处理

拆下废电池内的锌皮（一个大号废电池，铁皮如无严重腐蚀，可供两人实验），锌皮表面可能粘有氯化锌、氯化铵及二氧化锰等杂质，应先用水刷洗除去。锌皮上还可能沾有石蜡、沥青等有机物，用水难以洗净，但它们不溶于酸，可在锌皮溶于酸后过滤除去。将锌皮剪成细条状，备用（以上由学生在实验前准备好）。

2. 锌的溶解

称取处理好的锌皮 5g，加入 2mol·L^{-1} 硫酸（体积由实验前算好），加热，待反应较快时，停止加热。用表面皿盖好，放置过夜或放到下次实验。过滤，滤液盛在 400mL 烧杯中。

3. 氢氧化锌的生成

将滤液加热近沸，加入 3%双氧水溶液 10 滴，在不断搅拌下滴加 2mol·L^{-1} 氢氧化钠溶液，逐渐有大量白色氢氧化锌沉淀生成。当加入氢氧化钠溶液约 20mL 时，加水 150mL，充分搅匀，不断搅拌下，继续滴加氢氧化钠至溶液 pH=8 为止。用布氏漏斗减压抽滤，取后期滤液 2mL，加 2mol·L^{-1} 硝酸溶液 2～3 滴，加 0.1mol·L^{-1} 硝酸银溶液 2～3 滴，振荡试管，观察现象（用蒸馏水代替滤液做对照试验）。如有混浊，说明沉淀中含有可溶性杂质，需用蒸馏水洗涤（淋洗），直至滤液中不含氯离子为止，弃去滤液。

4. 氢氧化锌的溶解及铁的去除

将氢氧化锌沉淀移至烧杯中，另取 2mol·L^{-1} 硫酸溶液约 30mL，滴加到氢氧化锌沉淀中去（不断搅拌），当有溶液出现时，小火加热，并继续滴加硫酸，控制溶液 pH＝4（注意：后期加酸要缓慢。当溶液 pH＝4 时，即使还有少量白色沉淀未溶，也不再加酸，加热、搅拌自会逐渐溶解）。

将溶液加热至沸，促使 Fe^{3+} 水解完全，生成 FeO(OH) 沉淀，趁热过滤，弃去沉淀。

5. 蒸发、结晶

在除铁后的滤液中，滴加 $2mol \cdot L^{-1}$ 硫酸溶液，使溶液 pH＝2，将其转入蒸发皿中，在水浴上蒸发、浓缩至液面上出现晶膜。自然冷却后，用布氏漏斗减压抽滤，将晶体放在两层滤纸间吸干，称量并计算产率。

6. 产品检验

产品质量检验的实验现象与实验室提供的试剂（三级品）“标准”进行对比。

称取制得的 $ZnSO_4 \cdot 7H_2O$ 晶体 1g，加水 10mL 使之溶解，将其均分于两支试管中，进行下述试验：

(1) Cl^- 的检验

在一支试管中，加入 $2mol \cdot L^{-1}$ 硝酸溶液 2 滴和 $0.1mol \cdot L^{-1}$ 硝酸银溶液 2 滴，摇匀，观察现象并与“标准”进行比较。

(2) Fe^{3+} 的检验

在另一支试管中，加入 $2mol \cdot L^{-1}$ 盐酸溶液 5 滴和 $0.5mol \cdot L^{-1}$ 硫氰化钾溶液 2 滴，摇匀，观察现象并与“标准”进行比较。

根据上面检验比较的结果，评定产品中 Cl^{-1}、Fe^{3+} 的含量是否达到三级品试剂标准，见表 20.1。

表 20.1 有关氢氧化物沉淀的 pH 值

氢氧化物	开始沉淀时的 pH 值		沉淀完全时的 pH 值
	初始浓度		
	$1mol \cdot L^{-1}$	$0.01mol \cdot L^{-1}$	
$Fe(OH)_3$	1.5	2.2	4.2
$Zn(OH)_2$	5.5	6.5	8.0
$Fe(OH)_2$	6.5	7.5	9.0

五、数据记录与处理

给出自己的回收废干电池实验过程，并画出工艺流程图。

六、思考题

① 查阅资料给出锂离子废旧电池的工艺流程图。

② 查阅资料给出镍镉废旧电池的工艺流程图。

参 考 文 献

[1] 任鸣鸣．刘运转废旧电池回收模式研究 [J]．工业技术经济，2007，26 (9)：16-18.

[2] 程建良，高小威，秦旭阳，张祥功．废电池回收制备锰锌铁氧体 [J]．中国锰业，2004，22 (1)：37-40.

实验 21　Pt/C 催化剂对乙醇氧化的电催化行为

一、实验目的

① 了解和掌握乙醇燃料电池的基本工作原理；
② 掌握燃料电池催化剂制备的基本方法；
③ 掌握催化剂影响燃料电池电催化行为的主要因素。

二、实验原理

燃料电池是一种不经过燃烧直接以电化学反应方式将燃料的化学能转变为电能的高效发电装置。燃料电池由于具有能量转换效率高、环境污染小、无噪音、比能量大、可靠性高、灵活性大、建设周期短等优点越来越受到人们的重视，基于上述优点，燃料电池被称之为“21 世纪的清洁能源”，是继水力、火力和核能发电之后的第四类发电技术，具体优点如下。

① 高的能量特化率。燃料电池是一种直接将化学能转化为电能的装置，它不通过热机过程，不受卡诺循环的限制，因此能量转化效率可提高至 40%，它可与燃气轮机和蒸汽轮机联合循环发电，燃料总利用率高达 80%以上。

② 低的环境污染。日前伴随着工业的快速发展，环境污染问题也日益严重，燃料电池最突出的优点之一就是环境污染小，几乎无 NO_x 和 SO_x 的排放。CO_2 的排放也比常规火电厂减少 40%以上。

③ 低的噪声污染。由于燃料电池系统中几乎没有移动的部件，因此噪声小。

④ 安全可靠。燃料电池是由单个电池串联而成，维修时只修基本单元，安全可靠。

⑤ 不随负荷大小而变化的发电效率。当燃料电池低负荷运行时，效率还略有升高，效率基本上与负载无关。而现在的水力和火力发电装置在低负荷下，发电效率很低，因而要使用各种方法在低负荷时储存能量。

⑥ 适宜于分散式的发电装置。燃料电池具有积木化的特点，可根据输出功率的要求，选择电池单体的数量的组合方式，既可大功率集中供电，也可小功率分散或移动供电，灵活性大。

⑦ 比能量高、操作简便。同样重量的液氢电池含有的电化学能量是镍镉电池的 800 倍，同样体积的甲醇电池是锂电池的 10 倍以上。燃料电池的结构简单、辅助设备少，操作简便。

按照所使用的燃料种类，燃料电池也可以分为三类，第一类是直接式燃料电池，即直接用氢气作为燃料；第二类是间接式燃料电池，其燃料不是直接用氢气，而是通过某种方法（如蒸汽转化或催化重整）把甲烷、甲醇或其他烃类化合物转变成氢（或含氢混合气）后再供应给燃料电池来发电；第三类是再生式燃料电池，它是指把燃料电池反应生成的水，经某种方法分解成氢和氧，再将氢和氧重新输入燃料电池中发电。

燃料电池的基本结构和工作原理见图 21.1，主要由阴极、阳极、电解质以及通气管道组成，电极材料为聚四氟乙烯并在其表面涂有 200～300 微米厚的碳，其上有孔，允许燃料和氧化剂气体通过小孔进行扩散和水的通过。碳层用于收集电子，并为其通过提供通路。在电极和膜之同有一个很薄的催化层，由非常精细的铂粒和碳粒组成。电解质的作用是将燃料和氧化剂分开，允许离子通过，不允许电子通过。燃料电池工作时，燃料和氧化剂分别被输送到电池两极，分别发生氧化和还原反应，通过外电路输出电能。

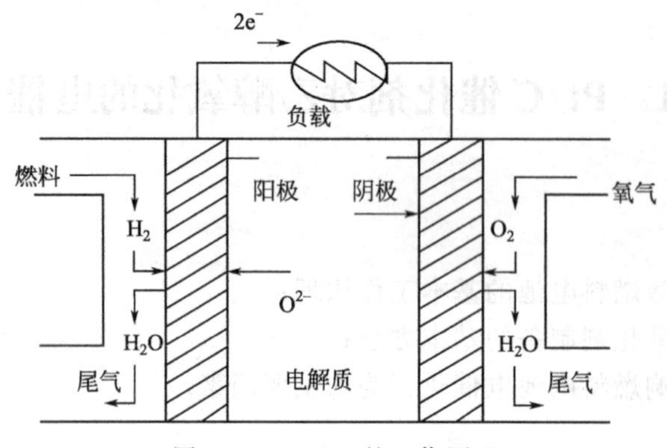

图 21.1　SOFC 的工作原理

其结构原理如下。

（一）燃料/阳极‖电解质‖阴极/氧化剂（十）

电极提供电子转移的场所，导电离子在将阴阳极分开的电解质内迁移，电子通过外电路做功并构成电回路。

以氢-氧燃料电池为例，在酸性电解质中某电极反应为：

负极：　$H_2+2H_2O \longrightarrow 2H_3O^{+}+2e$

正极：　$1/2O_2+2H_3O^{+}+2e \longrightarrow 3H_2O$

在碱性电解质中，其电极反应为：

负极：　$H_2+2OH^{-} \longrightarrow 2H_2O+2e$

正极：　$1/2O_2+H_2O+2e \longrightarrow 2OH^{-}$

因此，无论采用酸性电解质还是碱性电解质，氢氧燃料电池的总反应可表示为：$H_2+1/2O_2 \rightarrow H_2O$

目前，DMFC 是世界上许多国家研究和开发的热点，已取得了可喜的成绩，但甲醇有相当高的毒性，刺激人视神经，过量导致失明，对此，要想实现低温燃料电池在诸如手机、笔记本电脑以及电动车等可移动电源领域的应用，很有必要探索以其他的液体燃料来代替高毒性甲醇，从 20 世纪 50 年代以来，研究发现，低碳烷醇，特别是 C1～C5 的伯醇可在 Pt/C 及 PtRu/C 电极上直接氧化，其中人们最感兴趣的是乙醇，因为从结构上看，它是链醇中最简单的有机小分子，同时，它能够通过农作物发酵大量生产，也可以从生物质中制得，来源广泛，是可再生能源。因此研究直接乙醇固体电解质燃料电池不仅有理论上的意义，而且一旦研制成功，实际应用潜力十分广阔，直接乙醇燃料电池以乙醇水溶液作为燃料，乙醇完全电氧化生成二氧化碳和水是一个 12 电子转移过程，并须断开 C—C 键，与甲醇完全电氧化的 6 电子转移过程相比，反应更困难，过程复杂，中间产物多，因此目前对于乙醇燃料电池的研究尚处于机理阶段。

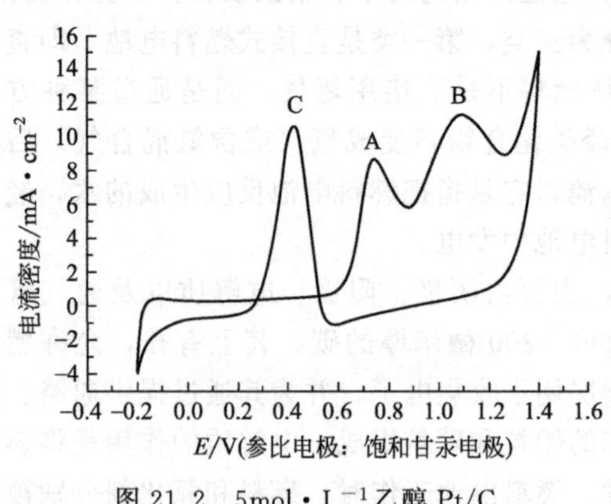

图 21.2　5mol·L⁻¹乙醇 Pt/C 电极上的循环伏安图

图 21.2 为乙醇在 Pt/C 电极上的循环伏

安图。图中可以观察到在电位正扫方向上出现了两个氧化峰，峰电位分别位于0.74V和1.08V在负扫方向上出现一个位于0.4V的氧化峰。在最初的乙醇的电催化氧化机理研究中，人们认为在酸性水溶液中，在电位正扫方向出现的二个氧化峰，它们分别对应于下列反应。

A峰：电位正扫在0.74V（vs. SCE）左右的氧化峰。Pt电极表面不可逆吸附了CH_3CHOH自由基，与此同时，在0.48～0.66V（vs/SCE）的电位范围内，水在电极表面解离出OHads，吸附上去的CH_3CHOH自由基和在此电位下与OHads发生化学反应生成乙醛，机理表示如下

$$CH_3CH_2OH + Pt \longrightarrow \underset{\displaystyle |\atop \displaystyle Pt}{CH_3CHOH} + H^+ + e \tag{21.1}$$

$$H_2O \overset{Pt}{\rightleftharpoons} OH_{ads} + H^+ + e \tag{21.2}$$

$$\underset{\displaystyle |\atop \displaystyle Pt}{CH_3CHOH} + OH_{ads} \longrightarrow CH_3CHO + H_2O + Pt \tag{21.3}$$

反应式(21.2)与溶液的pH有关，所以pH对A峰有很大的影响。由于伴随着每一个乙醛分子的产生。Pt电极表面重新更新一次。因此反应得以连续进行。

当电位大于0.66V时H_2O与OHads之间的转变不可逆，随着不可逆形式的自由基浓度的增加，反应式(21.3)受到抑制，纯Pt电极表面不能再生，因此电流下降。

B峰：电位正扫时在1.08V（vs/SCE）左右的氧化峰。

由于B峰出现的电位区内，Pt能氧化成PtO。因此在这一电位区推断出的氧化机制如下：

$$CH_3CH_2OH \overset{Pt}{\rightleftharpoons} CH_3CH_2OH_{ads} \tag{21.4}$$

$$Pt + H_2O \longrightarrow PtO + 2H^+ + 2e \tag{21.5}$$

$$CH_3CH_2OH_{ads} + PtO \longrightarrow CH_3CHO + H_2O + Pt \tag{21.6}$$

由此B峰，仅仅是由于反应式(21.6)生成的纯Pt的再氧化而产生的，随着电势的增加，由于乙醇吸附随之减少，或者氧化物的结构趋于低活性而造成电流降低。

C峰：电位负扫时的氧化峰。

$$CH_3CH_2OH \overset{Pt}{\rightleftharpoons} CH_3CH_2OH_{ads} \tag{21.7}$$

$$CH_3CH_2OH_{ads} \longrightarrow CH_3CHO + 2H^+ + 2e \tag{21.8}$$

因此，这种机理认为乙醇中氧化的最终产物为乙醛。然而，随着现场红外光谱，高能液相色谱和微分电化学质谱的建立与运用，人们发现乙醇在Pt电极上的电催化氧化机理包括平行反应和连续反应机理，其氧化的最终产物大部分为乙酸。同时，还包括CH_3CHO、CH_4、CO_2、CO等产物。因此，其氧化机理可能如下：

$$CH_3CH_2OH + H_2O \longrightarrow CH_3COOH + 4H^+ + e^- \tag{21.9}$$

$$CH_3CH_2OH \longrightarrow CH_3CHO + 2H^+ + 2e^- \tag{21.10}$$

$$Pt + H_2O \longrightarrow Pt\text{-}OH_{ads} + H^+ + e^- \tag{21.11}$$

$$CH_3CHO + Pt\text{-}OH_{ads} \longrightarrow CH_3COOH + H^+ + e^- + Pt \tag{21.12}$$

$$Pt+CH_3CHO \longrightarrow Pt\text{-}(CO\text{-}CH_3)_{ads}+H^++e^- \qquad (21.13)$$

$$Pt+Pt\text{-}(CO\text{-}CH_3)_{ads} \longrightarrow Pt\text{-}(CO)_{ads}+Pt\text{-}(CH_3)_{ads} \qquad (21.14)$$

$$2Pt+H_2O \longrightarrow Pt\text{-}OH_{ads}+Pt\text{-}H_{ads} \qquad (21.15)$$

$$Pt-(CH_3)_{ads}+Pt\text{-}H_{ads} \longrightarrow CH_4+2Pt \qquad (21.16)$$

$$Pt-(CO)_{ads}+Pt\text{-}OH_{ads} \longrightarrow CO_2+2Pt+H^++e^- \qquad (21.17)$$

反正式(21.9) 发生在较高的电极电位区（$E>0.8$V/RHE）在这一电位区，水分子被活化形成氧化物种，乙醇氧化生成乙酸，而反应式(21.10)，主要发生在较低电极电位区（$E<0.6$V/RHE），在中间电势区（$0.6<E<0.8$V/RHE），发生水的解离吸附反应式(21.11)，产生 Pt-OHads 并使 CH_3CHO 氧化为乙酸。CO 和 CO_2、CH_4 的出现由反应式(21.13)～(21.17) 解释。

影响催化剂催化性能的因素如下。

(1) 催化剂粒子大小对催化剂性能的影响

从理论上讲，在指定反应物和催化物种的情况下，为了提高表现电流密度，必须增加催化剂的比表面积，即要减小 Pt 粒子的大小，以前的研究认为粒子越小，催化剂表面积越大，催化剂拥有更多的活性中心，应该对乙醇的电催化氧化有力。但是后来人们利用 X 射线光电子能谱的研究发现，当 Pt 粒子越小时，Pt 粒子越不稳定，越易氧化。由此可以推断，催化剂粒子对于乙醇的氧化也存在着一个最优化的范围。

(2) 催化剂的表面形貌对催化剂性能的影响

最直接有效地的降低 Pt 载量、提高催化剂活性的方法，除了通过减小 Pt 的粒径、提高金属的分散度来增加金属比表面积外，还可以通过增加粗糙程度来增加催化剂的比活性中心数目。表面形貌越粗糙，表面缺陷越多，催化剂颗粒的棱、角、边及缺陷点也相应增多。处在这些位置的原子往往比一般的表面原子具有更强的解离吸附的能力，能极大地提高催化剂的催化活性。

三、实验设备与材料

① 设备：CHI600（电化学分析仪和常规的三电极体系的电化学池）。

② 试剂：H_2PtCl_6，为分析纯。Cabot 公司 VILllcanXC-72R 活性炭，Aldrioh 公司 5% Nafion 溶液。所有溶液均用三次蒸馏水配制。

四、实验步骤与方法

1. Pt/C 催化剂的制备

(1) 固相反应制备 Pt/C 催化剂

称取一定量 Vulcan XC-72 活性炭粉，加入适量 H_2PtCl_6 和氢氧化钠溶液，混合均匀，真空干燥至溶剂完全脱除，冷却至室温后，分次少量加入固相还原剂聚甲醛，充分研磨后，过滤，三次蒸馏水洗至洗出液中无 Cl^-，90℃真空干燥，制得 Pt 含量为 20% 的 Pt/C 催化剂。

(2) 液相反应制备 Pt/C 催化剂（Brown 法）

Vulcan XC-72 活性炭粉与无水乙醇、H_2PtCl_6 溶液混合，在室温下缓缓滴加适量硼氢化钠水溶液，最后加入 6mol/L 的盐酸溶液以分解过量的硼氢化钠，过滤，三次蒸馏水洗至洗出液中无 Cl^-，90℃真空干燥，制得 Pt 含量为 20% Pt/C 催化剂。

2. 电化学性能测试

在电化学池中，对电极为铂片电极，参比电极为饱和甘汞电极（SCE），文中所引用的电位均相对于SCE的，工作电极的制备用4mm直径的玻碳电极（表观面积为0.13cm^2）依次用5#金相砂纸，0.3μm和0.05μm的Al_2O_3粉末磨至镜面，将Pt/C催化剂配成2mg/mL的水相悬浮液。超声波分散10min，移取8.8μL悬浮液至电极表面，于60℃干燥。电极表面Pt载量为28μg/cm^2，移取4.4μL的5% Nafion溶液至电极表面，于60℃烘干，制得催化层膜的厚度约0.2μm的工作电极，电解液为0.5mol/L硫酸溶液+0.5mol/L乙醇溶液。

电化学测量前向电解液中通15min高纯的氮气以驱除溶液中的氧气，并在实验过程中继续通氮气以保持溶液上方的惰性气氛，实验过程在32℃进行。

循环伏安法设置参数：低电位，−200mV；高电位，1000mV；初始电位，−200mV；扫描速度，50mV/s；取样间隔，2mV；静止时间，1s；扫描次数，1。

五、数据记录与处理

① 对不同方法制备的Pt/C催化剂进行X射线衍射和透射电镜的表征。

② 绘制不同方法制得的Pt/C催化剂在含0.5mol/L乙醇和0.5mol/L硫酸溶液中的循环伏安图。

③ 分别记录固相反应法和液相反应法制备的催化剂进行电催化反应的氧化峰的峰位和对应的峰电流密度，并比较电催化活性的大小。

参 考 文 献

[1] 马国仙，唐亚文，杨辉，等．固相反应制备的Pt/C催化剂对乙醇氧化的电催化活性[J]. 物理化学学报，2003，19（11）：1001-1004.

[2] 尹蕊，邬冰，高颖，等．不同方法制备的Pt/C催化剂对乙醇的电催化氧化[J]. 化学工程师，2006，20（5）：4-6+40.

实验22 甲基丙烯酸甲酯的本体聚合

一、实验目的

① 了解甲基丙烯酸甲酯的自由基聚合原理，掌握本体聚合的方法。

② 熟悉有机玻璃的制备及成型方法。

③ 掌握减压蒸馏等化学基本操作的原理及操作过程。

④ 了解聚合温度对产品质量的影响。

二、实验原理

甲基丙烯酸甲酯在过氧化苯甲酰引发剂存在下进行自由基聚合反应。自由基加聚的工艺方法主要有四种：本体聚合、溶液聚合、悬浮聚合及乳液聚合。本体聚合由于反应组成少，只是单体或单体加引发剂，所以产物较纯，但散热难控制；溶液聚合过程易控制，散热较快，不过产物中含溶剂（污染环境），后处理比较困难；悬浮聚合以水作溶剂，水无污染，散热好，易除去，但要求单体不溶于水，故在应用上受限制；乳液聚合反应机理不同，可以同时提高聚合速度、聚合度，散热好，易操作。

甲基丙烯酸甲酯在BPO引发下自由基聚合：

$$nCH_2{=}\underset{}{\overset{CH_3}{\overset{|}{C}}}{-}COOCH_3 \longrightarrow {+}CH_2{-}\underset{\underset{COOCH_3}{|}}{\overset{\overset{CH_3}{|}}{C}}{+}_n$$

自由基聚合属连锁反应，一般有三个基元反应：链引发，链增长，链终止（有时还会出现链转移）反应。

链引发：R・＋MM ⟶ RM・

链增长：RM・＋M ⟶ RMM・＋M ⟶ RMMMM・＋M→…→ ～M・

链终止：～M・＋～M・⟶"死"聚合物

本实验采用本体聚合，当反应到一定程度时黏度增大，大分子链自由基活性降低，阻碍了链自由基的相互结合，使链终止速率减慢，而小分子单体却依然可以自由与链结合，链增长速率不会受到影响，从而导致自动加速效应，内部温度急剧上升，又继续加剧反应，如此循环，而黏度又屏蔽热量，使局部温度过高，严重影响聚合物的性质，这是我们不想看到的。聚合热不易排出，故造成局部过热，使聚合物分子量分布宽，产品变黄并产生气泡。在灌模聚合中若控温不好，体积收缩不均，还有使聚合物光折射率不均匀和产生局部皱纹之弊。因此，本体聚合要求严格控制不同阶段的反应温度，随时排出反应热是十分重要的。

工业生产中在反应配方和工艺选择上必须是引发剂浓度要低，反应温度不宜过高，聚合分段进行，反应条件随不同阶段而异。

图 22.1 为聚合反应的变化规律，图中曲线表明：聚合反应开始前有一段诱导期，聚合速率为零，体系无黏度变化。在转化率超过 20%以后，聚合速率显著增加，出现自动加速效应。而转化率达到 80%以后，聚合速率显著减小，最后几乎停止聚合，需要升高温度才能使聚合反应完全。为避免出现自动加速效应，可通过冷却降温与控制黏度的方法，在预聚时控制黏度，并控制温度在 80～90℃时（引发剂的半衰期适当），以适应在较低温度下聚合。

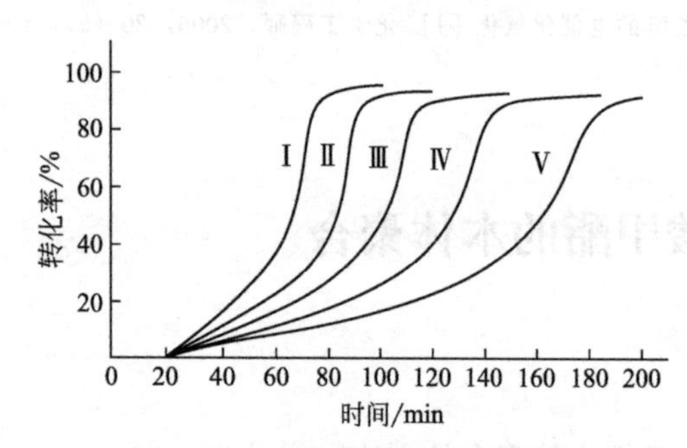

图 22.1　聚合物反应的变化规律

为纯化甲基丙烯酸甲酯，我们用减压蒸馏的方法。高分子化学中经常会用到蒸馏的场合是单体的精制、溶剂的纯化和干燥以及聚合物溶液的浓缩、根据待蒸馏物的沸点和实验的需要可使用不同的蒸馏方法。

1. 普通蒸馏（常压蒸馏）

蒸馏装置由烧瓶、蒸馏头、温度计、冷凝管和收集瓶组成。为了防止液体爆沸，需加入少量沸石。磁力搅拌也可起相同效果。

2. 减压蒸馏

（1）原理

沸点的定义是：液体的蒸气压增大到与外界施于液面的总压力（通常是大气压力）相等时，此时液体就会有大量气泡冒出至液体沸腾，这时液体的温度就是液体的沸点。普通的蒸馏是蒸馏瓶与外界保持相通，所以是在常压下进行的。由于液体的沸点与外界压力的大小有关。

水的沸点 100℃，是指在 760mmHg（一个大气压）液体沸腾时的温度。而水在 640mmHg 时，水在 95℃就沸腾了，所以说液体沸腾的温度是随外界施于液面的压力的降低而降低，因而如果在蒸馏装置上接上真空泵，使液表面上的压力降低，即可降低液体的沸点，这时在较低压力下进行蒸馏的操作就称为减压蒸馏。

减压蒸馏时物质的沸点与压力有关，有些物理化学常数表中或文献中可查到减压蒸馏所选择的压力相对应的沸点范围，但如果查不到时，通常的实验方式是：外压减少一半，沸点大约降低 15℃。如：某化合物在标准压力（760mmHg），沸点是 180℃，则在 380mmHg 时，沸点则是 165℃，而在 190mmHg 时，沸点为 150℃等。

（2）装置介绍

整个系统分为蒸馏、抽气（减压）以及在它们之间的保护和测压装置 3 个部分。

① 蒸馏部分。采用圆底烧瓶和克氏蒸馏头的目的是避免减压蒸馏时瓶内蒸馏物由于沸腾而进入冷凝管中，其中一颈插温度计，另一颈上插毛细管，毛细管距瓶底约 1～2mm；毛细管的作用是为了便于平稳蒸馏，避免液体过热而产生暴沸溅跳现象，毛细管上端带有螺旋夹的橡皮管是调节进入的空气量，使有少量空气进入液体呈微沸小气泡冒出，作为液体沸腾的气化中心。

② 抽气部分。见图 22.2。实验室通常用水泵或油泵进行减压，如果我们减压要求的真空度不高，就可直接使用水泵，一般水泵可抽至 14～25mmHg，若要求较低的压力，就须使用油泵。通常油泵的效能决定于油泵的机械结构及油的好坏，好的油泵能抽至 0.1mmHg，油泵使用时一定要注意保护，所以通常在油泵前加了保护装置，以防止溶剂、水进入油泵，影响真空度。如果有挥发性的有机溶剂蒸气进入油泵，就会被油吸收，从而增加了油的蒸气压，影响真空效能。如果有酸性蒸气就会腐蚀油泵；如果是水蒸气就会使油形成乳浊液，破坏了油泵的正常操作。

③ 保护及测压装置部分。保护系统中装有安全瓶、冷阱、酸、水吸收塔，安全瓶是用调节系统压力及放气之用；冷阱则是将可能的挥发性溶剂气体吸收；碱性吸收塔是用来吸收酸性蒸气的；氯化钙吸收塔是用来吸收经碱性吸收塔后还未除净的残余水蒸气；测压计的作用是指示减压蒸馏系统内的压力，称为水银测压计，有两种，一种是封闭式，另一种是开口式；我们用的是封闭式，减压泵工作时，A 管汞柱下降，B 管汞柱上升，待稳定后，移动滑动标尺，将零点调整在 B 管的水银平面外，两者之差，表示系统内的压力。

图 22.2 和图 22.3 分别为减压蒸馏的示意简图和全图。

（3）操作步骤如下。

① 装好仪器，并检查系统能否达到所要求的压力；检查方法：关闭安全瓶上的活塞及毛细管上夹子旋紧，然后抽气，观察能否达到所要求的压力。

② 旋紧毛细管上的螺旋夹，打开安全瓶活塞；开泵抽气，逐渐关闭活塞，从压力计观察真空度，调到所需压力。

③ 加料至蒸馏瓶中，不超过容积的 1/2，再关好安全瓶活塞，开动油泵。

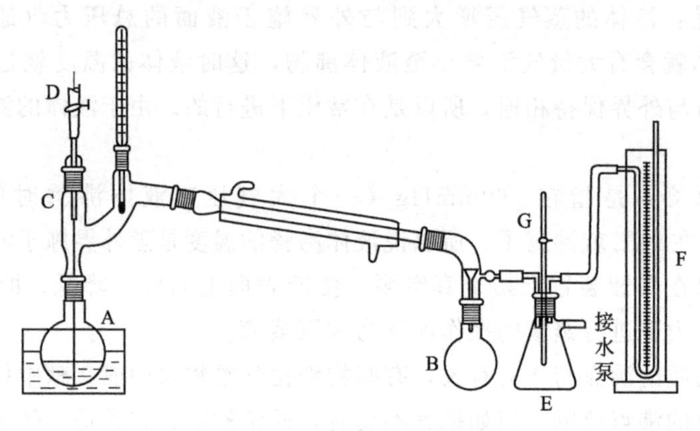

图 22.2　减压蒸馏示意简图

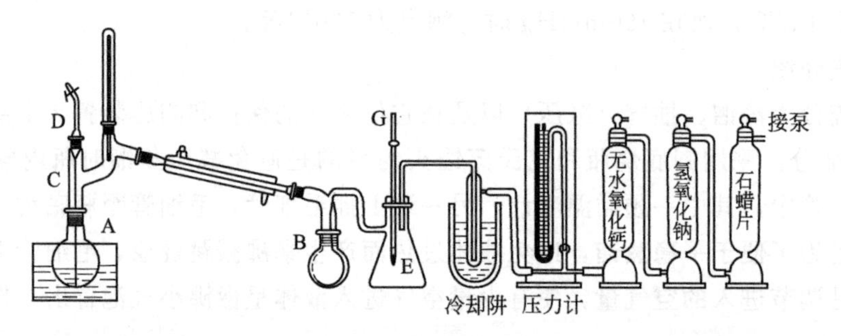

图 22.3　减压蒸馏示意全图（包含蒸馏部分、抽气部分、保护及测压装置部分）

④ 调节毛细管上的螺旋管至液体油平稳气泡发生。

⑤ 压力稳定后再进行加热；此时应注意压力的变化，如果不符，应注意调节；蒸馏速度以 0.5～1 滴/秒为宜。

⑥ 蒸馏完毕，除去热源，打开活塞，平衡内外压力，待水银柱缓慢恢复原状，然后关闭抽气泵。

三、实验设备与材料

① 设备：试管，烧杯，减压蒸馏套装，冷凝管，玻璃棒，量筒，恒温水浴，搅拌器，精密天平，电热鼓风烘箱，循环水泵，药匙，玻璃纸。

② 药品：过氧化二苯甲酰（BPO）精制、新蒸馏的甲基丙烯酸甲酯（MMA）、邻苯二甲酸二丁酯（单体体积量的 1/10）。

(1) 甲基丙烯酸甲酯

CAS 号 80-62-6，Methyl methacrylate（MMA），无色易挥发液体，并具有强辣味，微溶于水，溶于乙醇等，分子量 100.12，蒸汽压 5.33kPa/25℃，闪点，10℃；沸点，101℃。

主要用途是有机玻璃单体。用于制造其他树脂、塑料、涂料、黏合剂、润滑剂、木材和软木的浸润剂、电机线圈的浸透剂、纸张上光剂、印染助剂和绝缘灌注材料。

人对本品气味感觉阈浓度为 85mg/m^3，刺激作用阈浓度（暴露 1min）为 285mg/m^3。中毒表现为乏力、恶心、反复呕吐、头痛、头晕、胸闷、伴有短暂的意识消失、中性白细胞增多症。慢性中毒：神经系统受损的综合症状占主要地位，个别可发生中毒性脑病。可引起轻度皮炎和结膜炎。接触时间长可致麻醉作用。

危险特性：遇明火、高热或与氧化剂接触，有引起燃烧爆炸的危险。若遇高热，可能发生聚合反应，出现大量放热现象，引起容器破裂和爆炸事故。其蒸气比空气重，能在较低处扩散到相当远的地方，遇明火会引着回燃。

(2) 甲基丙烯酸甲酯的提纯

在250mL分液漏斗中加入100mL甲基丙烯酸甲酯单体，用20mL 5%～10%氢氧化钠溶液洗涤数次，直到无色（每次用量约30mL），再用蒸馏水洗涤至中性，用无水硫酸钠干燥一周，最后减压蒸馏得到产物。

准备实验所用试剂：氢氧化钠，无水硫酸钠，蒸馏水，氯化钠，pH试纸，氯仿，甲醇。

准备实验所用玻璃仪器：1L分液漏斗1个，1L烧杯1个，1L/24mm圆底烧瓶1个，1L/24mm×3三口瓶2个，24mm接收瓶2个，搅拌器1个，温度计1支，直形冷凝管(24mm×2) 1个，三股尾接管 (24mm×4) 1个，乳胶管，真空泵1个，克氏蒸馏头(24mm×2) 1个，水浴1套。

(3) 过氧化苯甲酰的重结晶

室温下在10mL烧杯中加入5g BPO和20mL氯仿，慢慢搅拌使之溶解，过滤，滤液直接滴入50mL用冰盐冷却的甲醇中，有白色针状结晶析出。用布氏漏斗过滤，再用冷的甲醇洗涤三次，每次用甲醇5mL，抽干。反复重结晶二次后，将半固体结晶物置于真空干燥器中干燥，称重。产品放在棕色瓶中，保存于干燥器中备用。

四、实验流程（如图22.4所示）

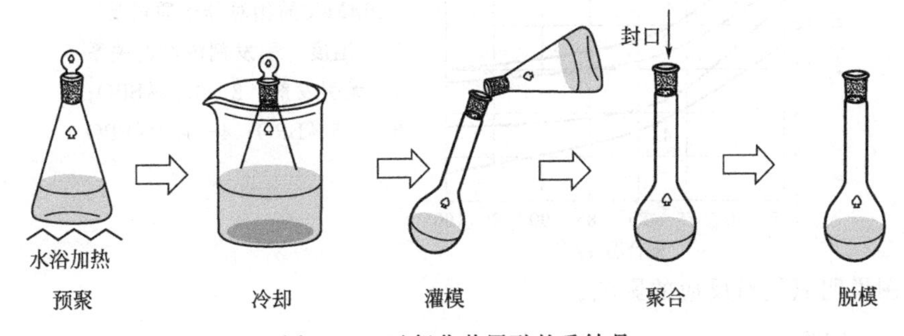

图22.4 过氧化苯甲酰的重结晶

五、实验步骤与方法

① 预聚　洗净并干燥玻璃仪器，加热水浴锅到80～90℃。用玻璃纸准确称取0.05g引发剂BPO［0.1%～0.3%（质量百分数）］放入带磨口的小锥形瓶中，再加入15mL单体MMA。在水浴锅中加热锥形瓶，盖上塞子（不要老是摇动），当瓶内的预聚物黏度与甘油（或新鲜蜂蜜）黏度相近时，立即停止加热，冷却至室温。

② 灌模　取一干燥洁净的试管（可适当地加些许装饰物），为避免有气泡产生，将预聚物缓慢、呈细流线状倒入试管中，注意切勿完全灌满，应预留一定空间以防胀裂。由于甲基丙烯酸甲酯单体密度只有0.94g/cm^3，而聚合物密度为1.17g/cm^3，故有较大的体积收缩。若浇注时放入花鸟之类，则为市售之“人工琥珀”。

③ 聚合　将试管封口，放在40～50℃的烘箱中聚合24h，直至硬化。最后在100℃情况下处理0.5～1h，使反应趋于完全。

④ 脱模　敲碎试管，得聚合物有机玻璃。

六、实验结果

最后得无色透明的有机玻璃。

七、注意事项

① 预聚物在灌模时，应骤然降温到40℃以下以终止反应。

② 本实验所用过氧化物类引发剂受到撞击、强烈研磨，极易燃烧、爆炸。取用时，盛引发剂的容器要轻拿、轻放，每次用量少，取用时洒落的，要及时收拾干净。

八、思考题

① 制备有机玻璃时，为什么需要首先制成具有一定黏度的预聚物？

② 在本体聚合反应过程中，为什么必须严格控制不同阶段的反应温度？

③ 凝胶效应进行完毕后，提高反应温度的目的何在？

④ 甲基丙烯酸甲酯在聚合时产生爆聚的原因？

⑤ 看图说明温度、引发剂对聚合及聚合物分子量的影响？

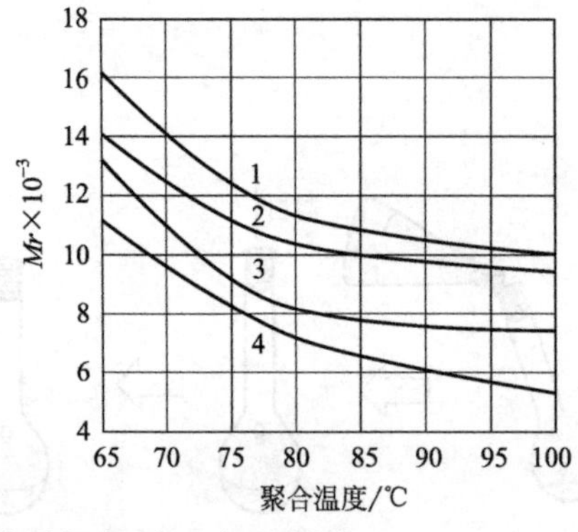

PMMA的相对分子质量与反应温度、引发剂浓度的关系

1—无引发剂；2—0.1%BPO；3—0.5%BPO；4—1.0%BPO

⑥ 看图说明氧气对反应的影响。

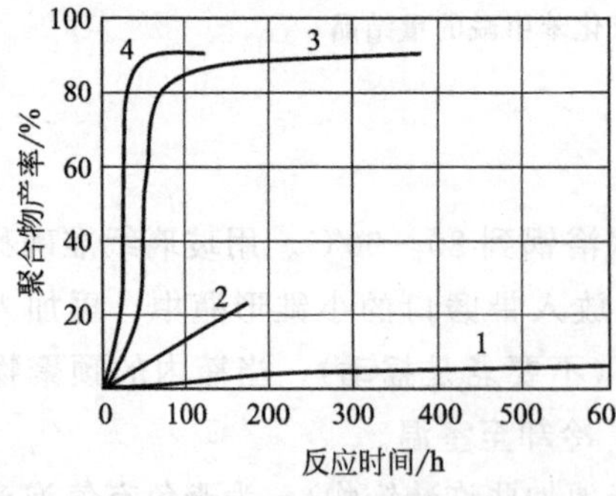

氧对PMMA聚合的影响

（反应温度：65℃，无光线）

1—氧气10.13kPa；2—氧气1.013kPa；3—氧气0.1013kPa；4—无氧

⑦ 单体纯度对聚合及产物性能有什么影响？

参考文献

[1] 单国荣，Gilles Fevotte，Yann Le Gorrec. 甲基丙烯酸甲酯聚合动力学和分子量模型及仿真 [J]. 高等学校化学学

报，2002，23 (11)：2182-2187.

[2] 覃利琴，曾玉凤，陶萍芳，罗志辉．甲基丙烯酸甲酯本体聚合实验装置的改进 [J]. 广州化工，2015 (13)：212-213.

实验 23　半导体二氧化钛溶胶观察工艺实验

一、实验目的

① 掌握二氧化钛的晶体结构与光学性质。

② 掌握溶胶凝胶法制备二氧化钛工艺及其原理。

③ 了解二氧化钛的应用领域。

二、实验原理

二氧化钛俗称钛白，廉价、无毒、性质稳定，是常用的氧化物半导体。二氧化钛在自然界常态下存在三种晶型：金红石 (Rutile)、锐钛矿 (Anatase) 和板钛矿 (Brookite)，如表23.1所示。板钛矿相二氧化钛由于其不够稳定，在自然界中很少存在，实用价值不高。锐钛矿相二氧化钛是被广泛研究的一种晶型，其禁带宽度为3.2eV，氧化性强。锐钛矿晶型二氧化钛表现出良好的光催化活性，能够直接利用太阳光中的紫外光进行光催化降解，而且不会引起二次污染，因此锐钛矿相二氧化钛是常用来处理环境污染方面问题的光催化材料。金红石相是二氧化钛的高温相，呈淡黄色，其禁带宽度为3.0eV，是常用的白色涂料和防紫外线材料，对紫外线有非常强的屏蔽作用，具有较强的抗光腐蚀性，因此在工业涂料和化妆品方面有着广泛的应用。金红石相结构是热力学上最稳定的晶相，板钛矿相结构的二氧化钛是最不稳定的。锐钛矿和板钛矿是二氧化钛的低温相，金红石是 TiO_2 的高温相。在高温下，板钛矿相和锐钛矿相结构都会不可逆地转变为金红石相结构，而金红石不能向锐钛矿或板钛矿转化。二氧化钛纳米材料已被广泛应用于抗菌除臭、污水处理、净化空气、染料敏化太阳能电池、介敏材料、电致变色器件等方面，具有重要的商业价值。随着二氧化钛产品功能性应用多样化和生产工业化的日趋发展，其在环境、能源、材料、信息、医疗与卫生等众多领域的技术革命中将起到不可低估的作用。

表 23.1　二氧化钛不同晶型结构的参数

晶相结构	金红石	锐钛矿	板钛矿
晶系	四方	四方	斜方
空间群	$D_{4h}^{14}=P4_2/mnm$	$C_{4h}^{19}=14_1/amd$	$D_{2h}^{15}=Pbca$
Z	2	4	8
a	0.459	0.378	0.546
晶胞参数：*b*	0.459	0.378	0.918
c	0.296	0.951	0.514

溶胶-凝胶法是制备纳米粒子及薄膜最常用也是最有效的手段和方法之一，具有纯度高、均匀性好、合成温度低、化学计量比及反应条件易于控制等优点，特别是制备工艺过程相对简单，无须特殊贵重的仪器。溶胶-凝胶法可用于制备薄膜、超细或球型粉体、陶瓷光纤、

多微孔无机膜、单集成电路陶瓷或玻璃、多孔气凝胶材料、复合功能材料、纤维及高熔点玻璃等。溶胶-凝胶法是用含高化学活性组分的化合物作前驱体，在液相下将这些原料均匀混合，并进行水解、缩合化学反应，在溶液中形成稳定的透明溶胶体系，溶胶经陈化胶粒间缓慢聚合，形成三维空间网络结构的凝胶，凝胶网络间充满了失去流动性的溶剂，形成凝胶。凝胶经过干燥、烧结固化制备出分子乃至纳米亚结构的材料。溶胶是具有液体特征的胶体体系，分散的粒子是固体或者大分子，分散的粒子大小在1～1000nm之间。凝胶具有固体特征的胶体体系，被分散的物质形成连续的网状骨架，骨架空隙中充有液体或气体，凝胶中分散相含量很低，一般在1%～3%之间。

溶胶-凝胶技术制备 TiO_2 常用含钛的前驱体主要是钛醇盐，如钛酸四丁酯 $Ti(O\text{-}Bu)_4$、$TiCl_4$、$TiCl_3$ 和 $Ti(SO_4)_2$ 等，催化剂常用无机酸，如硝酸、盐酸。先将钛酸四丁酯与有机溶剂如异丙醇或乙醇等混合均匀，在不断搅拌下将混合溶液滴加到含适量酸的水中，形成透明的 TiO_2 的胶体，其反应过程如表达式(23.1～23.3) 所示。

水解：$n\mathrm{M(OR)_4} + 4n\mathrm{H_2O} \longrightarrow n\mathrm{M(OH)_4} + 4n\mathrm{ROH}$ (23.1)

缩合：$n\mathrm{M(OH)_4} \longrightarrow n\mathrm{MO_2} + 2n\mathrm{H_2O}$ (23.2)

总反应：$n\mathrm{M(OR)_4} + 2n\mathrm{H_2O} \longrightarrow n\mathrm{MO_2} + 4n\mathrm{ROH}$ (23.3)

本实验中制备溶胶前驱体以钛酸四丁酯为原料，无水乙醇为溶剂，并加入一定量的去离子水，加入冰醋酸作催化剂。首先钛醇盐水解，通过羟基缩合，发生交联、陈化完成溶胶凝胶化。溶剂在整个溶胶形成反应中起着分散有机钛源和溶液的作用，使得钛醇盐溶解；溶剂加入量对凝胶形成时间、水解反应进程以及醇盐的浓度都有一定影响。过多溶剂的加入会增加凝胶形成时间、降低醇盐浓度、抑制水解反应正常进行；过少溶剂的加入会减弱对水解的抑制程度。对溶剂量的把握需要根据实验工艺各参数进行调整。适当的水加入有利于水解反应的进行，一定时间内能形成稳定凝胶。加水量过多，就会使前驱体浓度稀释，凝胶形成时间延迟。因此，在配制 TiO_2 溶胶过程中所使用的玻璃仪器尽可能地保持在干燥的条件下使用，以避免水的加入。需加入酸碱催化剂调整溶胶的形成过程，在钛醇盐的溶胶-凝胶化过程中，溶液pH值是影响水解和缩合速率的重要参数。形成均匀有序的溶胶结构需要水解反应快，聚合反应慢，在一定的时间内形成稳定均匀的溶胶。高的聚合反应速率不利于胶体分子的晶化，容易导致无定型和亚稳态粒子生成。加入催化剂正是对水解速率起了关键性的调整作用。实验中多加入硝酸、盐酸、冰醋酸、氨水等。

三、实验设备与材料

① 设备：恒温磁力搅拌器，搅拌子，烧杯，烧瓶，量筒，玻璃棒，洗瓶，滴管，手套，口罩，洗涤剂，超声波清洗器等。

② 试剂：钛酸正四丁酯（分析纯），无水乙醇（高纯），冰醋酸（分析纯），蒸馏水。

四、实验步骤与方法

① 前驱体A的制备。室温下量取5mL钛酸丁酯，缓慢滴入10mL无水乙醇中，超声振荡混合均匀，形成黄色澄清溶液A。

② 水解溶液B的制备。另外取一个烧杯，量取10mL无水乙醇倒入，再滴入一定量醋酸，搅拌下滴加一定量蒸馏水，得到溶液B。对照实验一组：水的量改变分别为1～5mL五组；对照实验二组：醋酸的量改变分别为1mL、2mL、4mL、6mL、8mL五组。

③ 室温搅拌形成溶胶。搅拌下将溶液B缓慢滴入溶液A中，分别观察溶液B滴入多少量时使其变成无色透明溶液，以及加入多少量加速反应使其获得白色果冻状透明凝胶，加入多少量使其成为白色沉淀。

④ 将上述实验观察结果以表格形式记录在实验纸上，并描述实验现象。

五、实验结果与讨论

① 请比较 TiO_2 三种晶型的晶体结构与性质？

② 为什么玻璃仪器都需要保持干燥？

③ 制备过程中钛酸丁酯、乙醇、醋酸、水各个组成成分的作用？

参 考 文 献

[1] 周耀，陈永英，迟玉兰，等．溶胶-凝胶法制备的 SiO_2 膜的结构与性质 [J]. 无机材料学报，1994，9 (4)：429-436.

[2] 沈伟韧，赵文宽，贺飞，等．TiO_2 光催化反应及其在废水处理中的应用 [J]. 化学进展，1998，10 (4)：349-361.

[3] 杨小林，黄一波．溶胶-凝胶法制备纳米二氧化钛的工艺条件研究 [J]. 化工时刊，2008，22 (9)：26-27.

实验 24　不同形貌氧化锌的制备与发光性能的测量

一、实验目的

① 掌握热溶液法制备微纳米氧化锌的实验过程。

② 了解表面活性剂调控氧化锌形貌的原理。

③ 了解纳米材料常用的表征方法。

二、实验原理

氧化锌的制备方法很多，主要可分为固相法。液相法包括沉淀法、溶胶-凝胶法、溶剂热合成法、微波和超声波合成法、喷雾热分解法、微乳液法以及水热合成法等。气象法主要包括化学气相氧化法、气相反应合成法以及激光诱导 CVD 法等。在液相法中可以通过改变浓度、pH 值、反应温度等参数控制调节氧化锌的形貌。另外，最常用的是通过表面活性剂来调控形貌。氧化锌是极性化合物，在生长过程中可以通过控制极性面和非极性面的生长速度来调控氧化锌的形貌。

表面活性剂是指加入少量能使其溶液体系的界面状态发生明显变化的物质。具有固定的亲水亲油基团，在溶液的表面能定向排列。表面活性剂的分子结构具有两亲性：一端为亲水基团，另一端为疏水基团。表面活性剂分为离子型表面活性剂（包括阳离子表面活性剂与阴离子表面活性剂)、非离子型表面活性剂、两性表面活性剂、复配表面活性剂、其他表面活性剂等。

原理：通过分子中不同部分分别对于两相的亲和，使两相均将其看作本相的成分，分子排列在两相之间，使两相的表面相当于转入分子内部。从而降低表面张力。由于两相都将其看作本相的一个组分，就相当于两个相与表面活性剂分子都没有形成界面，就相当于通过这种方式部分的消灭了两个相的界面，就降低了表面张力和表面自由能。

应用：表面活性剂由于具有润湿或抗黏、乳化或破乳、起泡或消泡以及增溶、分散、洗涤、防腐、抗静电等一系列物理化学作用及相应的实际应用，成为一类灵活多样、用途广泛的精细化工产品。表面活性剂除了在日常生活中作为洗涤剂，其他应用几乎可以覆盖所有的精细化工领域。

作用：①增溶；②乳化作用；③润湿作用；④助悬作用；⑤起泡和消泡作用；⑥消毒、杀菌；⑦抗硬水性；⑧增黏性及增泡性；⑨去垢、洗涤作用。

通过不同表面活性剂的选择和溶液环境的改变了解表面活性剂对氧化锌形貌的控制。

纳米材料的表征方法包括：①形貌分析，扫描电镜、透射电镜、扫描探针显微镜和原子力显微镜等；②成分分析，包括体材料分析方法和表面与微区成分分析方法，体相材料分析方法有原子吸收光谱法，电感耦合等离子体发射法，X射线荧光光谱分析法。表面与微区成分分析方法包括电子能谱分析法、电子探针分析方法、电镜-能谱分析方法和二次离子质谱分析方法等；③结构分析，X射线衍射，电子衍射等；④界面与表面分析，X射线光电子能谱分析，俄歇电子能谱仪等。

三、实验设备与材料

① 设备：玻璃器皿（烧杯、漏斗、三角烧瓶），称量纸、乳胶管、标签纸、活性炭口罩、一次性滴管、一次性乳胶手套、滤纸，磁力搅拌器，电热恒温鼓风干燥箱。

② 试剂：醋酸锌，六次甲基四胺，乙二醇，聚乙烯吡咯烷酮，三羟甲基氨基甲烷，去离子水。

四、实验步骤与方法

通过加入聚乙烯吡咯烷酮或乙二醇来调节氧化锌的形貌。

① 按照摩尔比醋酸锌∶六次甲基四氨＝1∶1 称取，醋酸锌（0.01mol）加入 100mL 去离子水，搅拌使其完全溶解。

② 加入表面活性剂，并继续搅拌。

③ 在 80℃水浴并继续搅拌，慢慢出现白色沉淀。

④ 过滤、洗涤、干燥得到样品。

实验号	聚乙烯吡咯烷酮	三羟甲基氨基甲烷	乙二醇∶去离子水
1	0	0	0∶100mL
2	1g	0	0∶100mL
3	0	0.001mol	0∶100mL
4	0	0.001mol	25∶75mL
5	0	0.001mol	50∶50mL
6	0	0.001mol	75∶25mL

⑤ 得到的样品通过晶体结构，形貌和光致发光性能表征。

参考文献

[1] 盛楠．一维 ZnO 纳米材料压电电子学效应及其应用基础［D］．北京科技大学，2017.

[2] 刘荣．基于ZnO和TiO_2纳米结构敏化太阳能电池的光电化学性能［D］．湖北大学，2016.
[3] 涂盛辉，吴佩凡，巫辉，等．水热法制备不同形貌纳米ZnO阵列及光学性能的研究［J］．功能材料，2012，43(24)：3417-3419.

实验25 导电墨水中纳米铜的制备及性能测量

一、实验目的

① 了解导电墨水的发展现状。

② 掌握还原法制备纳米铜的原理。

③ 了解纳米材料常用的表征方法。

④ 会使用激光粒度仪对纳米粒子的粒径进行表征。

⑤ 学会微控四点探针测试仪对纳米铜制备的薄膜进行电阻测试。

二、实验原理

硼氢化钾（KBH_4）是一种强还原剂，已被用于分析化学、造纸工业、含汞废水的处理及合成纤维素甲等。KBH_4只在碱性条件下稳定存在，需用KOH溶解KBH_4，作为还原体系。

$CuSO_4\cdot5H_2O$与KBH_4混合后的反应方程式为：

$$4CuSO_4+KBH_4+8KOH = 4Cu+4K_2SO_4+KBO_2+6H_2O \quad (25.1)$$

此反应中各反应物的摩尔比为$CuSO_4\cdot5H_2O$：KBH_4：KOH＝4：1：8，为保证反应中$CuSO_4$能被充分还原，取$CuSO_4\cdot5H_2O$：$KBH_4\leqslant4:1$。

在反应体系中生成的纳米铜与二价的铜离子可能会发生反应：

$$Cu^{2+}+Cu = Cu^{+} \quad (25.2)$$

如果这个反应不可逆地向右进行，被还原出来的铜就不能稳定地存在，此反应的平衡常数，$K=\frac{[Cu^{2+}]}{[Cu^{+}]}=1.2\times10^{6}$这个值很大，因此$Cu^{+}$较不稳定，可以形成稳定的铜粉。

EDTA在加入KBH_4与KOH的混合液时，首先反应生成$EDTA^{4-}$，即

$$4OH^{-}+2EDTA^{4-} = 2H_2O+EDTA^{4-} \quad (25.3)$$

$EDTA^{4-}$会参与反应式(25.1)的反应过程，发生以下反应形成$[Cu(EDTA)_2]^{6-}$络合离子：

$$Cu^{2+}+2EDTA^{4-} = [Cu(EDTA)_2]^{6-} \quad (25.4)$$

所以，加入EDTA可以使溶液中的$[Cu^{2+}]$下降，一方面有利于抑制反应式(25.2)向右进行，减少杂质，另外抑制$Cu^{2+}+2OH^{-} = Cu(OH)_2$的发生，$Cu(OH)_2$不稳定，容易分解成$Cu_2O$和水。

本实验所使用分散剂PVP（聚乙烯吡咯烷酮)，是一种水溶性高分子聚合物。其分子内含有极性的内酰胺基和非极性的亚甲基。PVP大分子可通过氮原子和氧原子与纳米铜粒子表面的原子配位，形成较紧密的吸附层，而其C—H长链伸向四周，形成立体屏障，阻止纳米铜离子的团聚。

PVP具有一个乙烯聚合物的骨架结构，带有极性集团，此极性集团是由N，O的孤对电子与Cu^{2+}形成交联产生的复杂络合体。当PVP用作纳米铜粒子的稳定剂时［如式(25.1)所示］，第一步是PVP与Cu^{2+}-PVP的络合体；当Cu^{2+}被还原成Cu时这种络合物就能起到组织纳米颗粒子团聚的作用［如式(25.2)所示］。Cu^{2+}与PVP之间可能的键合结构：

$$3\left(\text{-[}H_2C\text{—}CH\text{]-}\ (\text{N-pyrrolidone})\right) + 2Cu^{2+} \longrightarrow \text{-[}CH_2\text{—}CH\text{]-}(N\text{:}\cdot Cu^{2+}\cdot\ddot{O}) + \text{-[}CH_2\text{—}CH\text{]-}(N\ldots O\text{:}Cu^{2+}\text{:}O\ldots N)\text{-[}H_2C\text{—}CH\text{]-} \tag{25.5}$$

$$\text{-[}CH_2\text{—}CH\text{]-}(N\text{:}\cdot Cu^{2+}\ \ddot{O}) + \text{-[}CH_2\text{—}CH\text{]-}(N\ldots O\text{:}Cu^{2+}\text{:}O\ldots N)\text{-[}CH_2\text{—}CH\text{]-} + 4e^- \longrightarrow \text{-[}CH_2\text{—}CH\text{]-}(N\text{:}\cdot Cu\ \ddot{O}) + \text{-[}CH_2\text{—}CH\text{]-}(N\ldots O\text{:}Cu\text{:}O\ldots N)\text{-[}CH_2\text{—}CH\text{]-} \tag{25.6}$$

三、实验设备与材料

① 设备：磁力搅拌器、天平、水浴锅、粒径分析仪、烧杯、磁子、量筒、钥匙、载玻片、四通比色皿、离心机、激光粒度仪、烘箱、微控四点探针测试仪。

② 试剂：聚乙烯基吡咯烷酮、五水硫酸铜、EDTA-2Na、氢氧化钾、硼氢化钾、去离子水。

四、实验步骤与方法（见表25.1）

表25.1 实验试剂用量

A溶液		B溶液	
试剂名称	用量	试剂名称	用量
分散剂PVP	0.35g	KOH	0.57g
$CuSO_4 \cdot 5H_2O$	0.63g	KBH_4	0.1g
EDTA-2Na	0.38g	EDTA-2Na	0.38g
去离子水	10mL	去离子水	10mL

① 准备好实验仪器，并用去离子水清洗。

② 分别用量筒量取10mL去离子水加入两个50mL的烧杯中，分别标记A，B。

③ 称量药品加入烧杯中。

A烧杯中按照：PVP ⟶ $CuSO_4 \cdot 5H_2O$ ⟶ EDTA-2Na顺序加入。

B烧杯中按照：KOH ⟶ KBH_4 ⟶ EDTA-2Na顺序加入。

然后用磁子搅拌至完全溶解。

④ 用滴管快速将A溶液加入B溶液，加速搅拌，至少反应15min，观察现象。

⑤ 粒径测试。将制备好的铜纳米粒子取少量用水稀释后置于四通的比色皿中，进行粒径测试。

⑥ 薄膜的制备。将制备好的纳米铜离心浓缩后滴在载玻片上，晾干后在90℃烘箱中烧结15min后进行电阻测试。

五、数据记录与处理

① 对样品进行粒径分析，将粒径结果用 Origin 软件作图。

② 用微控四点探针测试仪对纳米铜制备的薄膜进行电阻测试，数据记录在下表，并以表面电阻率为纵坐标，温度为横坐标进行作图。

温度/℃	20	40	60	80	100	120	140	160	180
表面电阻/Ω									

六、思考题

① 哪些因素会影响纳米铜的粒径分布？

② 其他制备纳米铜的方法有哪些？与本方法相比有什么优缺点？

七、注意事项

① PVP 加入水中后溶解较慢，需要搅拌较长时间才能完全溶解。

② A 溶液和 B 溶液必须分别溶解澄清后才能混合在一起，注意观察记录实验现象。

参 考 文 献

[1] 陈明伟，吕春雷，印仁和，等．纳米铜导电墨水的制备及研究［J］．材料导报，2009，23（20）：93-97.

[2] 孟昭，祁王伟，曾德勇．导电墨水用纳米铜的制备及表征［J］．湿法冶金，2012，31（2）：129-132.

实验 26　无机高分子复合光电薄膜材料的制备及其光谱特性

一、实验目的

① 了解高分子的溶解过程的特点。

② 掌握溶液的旋涂工艺并制备高分子复合功能薄膜。

③ 了解光电薄膜材料常用的表征方法。

二、实验原理

高容量和高速度的信息发展使得电子学（electronics）和微电子学（microelectronics）由光子学所取代是发展的必然趋势，它会使信息技术的发展产生突破。目前，信息的探测、转输、存储、显示、运算和处理已由光子和电子共同参与来完成，产生的光电子学技术（optoelectronics）应用在信息领域。

掺杂了某些非线性基元的电光聚合物复合薄膜材料具有许多独特的优点，例如低的介电常数、快的响应速度、易于与其他电子器件集成等，可以用来制作大容量、易连通、抗电磁及无线电干扰等的电光波导开关和调制解调器件。为了应用于实际器件，电光聚合物复合材料还必须具有大的分子光学非线性、良好的通信波段透过率、适宜的薄膜波导厚度以及较好的热稳定性和化学稳定性等等。表征电光薄膜材料可实用化的关键性能参数是电光优值 F_m ($F_m = n^3\gamma/\varepsilon$，$n$ 为折射率，γ 为电光系数，ε 为介电常数）和传输损耗。电光优值越大，传输损耗越小。这就要求薄膜材料具有大的折射率 n，大的电光系数 γ，低的介电常数 ε 以及尽可能小的传输损耗。因此，准确全面地表征电光聚合物复合材料的这些性能具有十分重要的意义，不仅可以改进和指导对材料的设计和制备方法，还可以为器件的设计和制作提供可靠的依据。

有机/无机染料与聚合物混合，形成客-主掺杂型聚合物复合体系。作为客体的生色团分子溶于良溶剂中、易于与聚合物复合且具有较大的光致各向异性。作为主体的高分子材料如：聚甲基丙烯酸甲酯（PMMA）是一种常用的聚合物复合薄膜的基质材料，有较高的透过率，较低的玻璃化温度（T_g，约 105℃），且具有制备简单、易于成膜、与客体非线性有机分子相容性好等优点，一般情况下与非线性有机分子无强相互作用。

本实验选用亚甲基蓝作为客体生色团分子，以 PMMA 作为主体高分子，利用旋涂工艺制备高分子复合薄膜并探讨其光学性质。

三、实验设备与材料

① 设备：玻璃刀、SC-1 型匀胶机、PR-650 光谱光度扫描仪、UV-5500 紫外可见分光光度计、磁力搅拌器、电热恒温鼓风干燥箱、高温电阻加热炉、超声波清洗机、玻璃器皿（载玻片、烧杯）、称量纸、标签纸、活性炭口罩、一次性滴管、一次性乳胶手套、铁方台、注射器、0.45μm 针孔过滤器。

② 试剂：见下表。

组分	聚甲基丙烯酸甲酯(PMMA)	1,2-二氯乙烷($C_2H_4Cl_2$)	亚甲基蓝($C_{16}H_{18}ClN_3S$)	水(H_2O)	乙醇(C_2H_6O)	丙酮(C_3H_6O)
分子量	30000	98.97	373.9	18	46.07	58.08

四、实验步骤与方法

(1) 溶液配制

① 配制质量分数分别为 5%、10%、20%和 40%的亚甲基蓝 1,2-二氯乙烷溶液。

② 将 PMMA 溶解在 1,2-二氯乙烷中（PMMA 溶解过程较慢）。

③ 待步骤①和②中溶液制备完成后，将亚甲基蓝溶液与 PMMA 溶液混合，并不断搅拌，然后用超声分散使亚甲基蓝均匀分布到 PMMA 中，利用 0.45μm 针孔过滤器过滤混合溶液以除去溶液中不溶物和杂质待用。

(2) 复合薄膜的制备

① 利用玻璃刀对载玻片进行切割，切割后的玻璃基片宽度约为 20mm。

② 利用匀胶机将前面配好的亚甲基蓝和 PMMA 溶液，在玻璃基片上进行旋涂制备亚甲基蓝/PMMA 复合光电薄膜。旋涂时应注意调节基片的旋转速度，如低速：1000r/min、高速：4000r/min，应尽可能地保证甩膜的均匀性。而后将旋涂后的基片在红外干燥箱内进行 15min 热处理以除去薄膜中残留的溶剂。处理后的玻璃基片上将会覆盖一层亚甲基蓝/PMMA 复合材料薄膜。通过 UV-5500 紫外可见分光光度计测量得到的薄膜的吸收光谱。

五、数据记录与处理（见下表）

数据记录表

姓名	样品编号	质量比	最大吸收峰位置/nm	吸收强度	薄膜厚度
	1	5%			
	2	10%			
	3	20%			
	4	40%			

六、思考题

① 为什么聚甲基丙烯酸甲酯（PMMA）溶解过程较缓慢，采取哪些措施可以加快其溶解速度?

② 影响复合薄膜紫外吸收强度的因素有哪些?

七、注意事项

① PMMA 加入溶剂中后溶解较慢，需要搅拌较长时间才能完全溶解。

② 亚甲基蓝溶液和 PMMA 溶液必须分别溶解澄清后才能进行混合。

③ 甩膜过程中应尽可能地保证甩膜的均匀性。

④ 注意实验室防火、防止触电，不要让皮肤接触到药品。玻璃仪器要小心轻拿。

参 考 文 献

[1] 艾丽梅．无机-高分子复合膜的制备及光致变色性能的研究［D］．大连海事大学硕士学位论文，2007.

第二篇 功能材料表征实验

实验 27　X 射线衍射原理与材料物相分析

一、实验目的

① 学习了解 X 射线衍射仪的结构和工作原理。

② 掌握 X 射线衍射物相定性分析的方法和步骤。

③ 学会用 PDF（ASTM）卡片及索引以及 JADE 软件对多相物质进行物相分析。

二、实验原理

每一种结晶物质都有各自独特的化学组成和晶体结构。没有任何两种物质，它们的晶胞大小、质点种类及其在晶胞中的排列方式是完全一致的。因此，当 X 射线被晶体衍射时，每一种结晶物质都有自己独特的衍射花样，它们的特征可以用各个衍射晶面间距 d 和衍射线的相对强度 I/I_1 来表征。其中晶面间距 d 与晶胞的形状和大小有关，相对强度则与质点的种类及其在晶胞中的位置有关。所以任何一种结晶物质的衍射数据 d 和 I/I_1 是其晶体结构的必然反映，因而可以根据它们来鉴别结晶物质的物相。

根据晶体对 X 射线衍射峰的位置、强度及数量来鉴定结晶物质之物相的方法，就是 X 射线物相分析法。

本实验使用的仪器是日本理学 D/max-2500 X 射线衍射仪。X 射线衍射仪主要由 X 射线发生器（X 射线管）、测角仪、X 射线探测器、计算机控制处理系统等组成。

X 射线管主要分密闭式和可拆卸式两种。广泛使用的是密闭式，由阴极灯丝、阳极、聚焦罩等组成，功率 1～2kW；可拆卸式 X 射线管又称旋转阳极靶，其功率比密闭式大许多倍，一般为 12～60kW。常用的 X 射线靶材有 W、Ag、Mo、Ni、Co、Fe、Cr、Cu 等。X 射线管线焦点为 $(1\times10)\mathrm{mm}^2$，取出角为 $3°\sim6°$。

选择阳极靶的基本要求：尽可能避免靶材产生的特征 X 射线激发样品的荧光辐射，以降低衍射花样的背底，使图样清晰。

（1）测角仪

测角仪是粉末，X 射线衍射仪的核心部件，主要由索拉光阑、发散狭缝、接收狭缝、防散射狭缝、样品座及闪烁探测器等组成。

衍射仪一般利用线焦点作为 X 射线源 S，从 S 发射的 X 射线，其水平方向的发散角被第一个狭缝限制之后照射试样，这个狭缝称为发散狭缝（DS）。从试样上衍射的 X 射线束，在 F 处聚焦，放在这个位置的第二个狭缝，称为接收狭缝（RS）。第三个狭缝是防止空气散射等非试样散射，X 射线进入计数管，称为防散射狭缝（SS）。SS 和 DS 配对，生产厂供给与发散狭缝的发射角相同的防散射狭缝。S_1、S_2 称为索拉狭缝，是由一组等间距相互平行的薄金属片组成，它限制入射 X 射线和衍射线的垂直方向发散。索拉狭缝装在叫作索拉狭缝盒的框架里。这个框架兼作其他狭缝插座用，即插入 DS、RS 和 SS。

（2）X 射线探测记录装置

衍射仪中常用的探测器是闪烁计数器（SC），它是利用 X 射线能在某些固体物质（磷光体）中产生的波长在可见光范围内的荧光，这种荧光再转换为能够测量的电流。由于输出的电流和计数器吸收的 X 光子能量成正比，因此可以用来测量衍射线的强度。

闪烁计数管的发光体一般是用微量铊活化的碘化钠（NaI）单晶体。这种晶体经 X 射线激发后发出蓝紫色的光。将这种微弱的光用光电倍增管来放大，发光体的蓝紫色光激发光电倍增管的光电面（光阴极）而发出光电子（一次电子），光电倍增管电极由 10 个左右的联极构成，由于一次电子在联极表面上激发二次电子，经联极放大后电子数目按几何级数剧增，最后输出几个毫伏的脉冲。

（3）计算机控制、处理装置

衍射仪主要操作都由计算机控制自动完成，扫描操作完成后，衍射原始数据自动存入计算机硬盘中供数据分析处理。数据分析处理包括平滑点的选择、背底扣除、自动寻峰、d 值计算，衍射峰强度计算等。

三、样品制备

X 射线衍射分析的样品主要有粉末样品、块状样品、薄膜样品、纤维样品等。样品不同，则样品制备方法也不同。

1. 粉末样品

粉末样品应有一定的粒度要求，通常将试样研细后使用，可用玛瑙研钵研细。定性分析时粒度应小于 44μm（350 目），定量分析时应将试样研细至 10μm 左右。较方便地确定 10μm 粒度的方法是，用拇指和中指捏住少量粉末，并碾动，两手指间没有颗粒感觉的粒度大致为 10μm。根据粉末的数量可压在玻璃制的通框或浅框中。压制时一般不加黏结剂，所加压力以使粉末样品粘牢为限，压力过大可能导致颗粒的择优取向。当粉末数量很少时，可在玻璃片上抹上一层凡士林，再将粉末均匀撒上。

2. 块状样品

先将块状样品表面研磨抛光，然后用橡皮泥将样品粘在铝样品支架上，要求样品表面与铝样品支架表面平齐。

（1）微量样品

取微量样品放入玛瑙研钵中将其研细，然后将研细的样品放在单晶硅样品支架上（切割单晶硅样品支架时使其表面不满足衍射条件），滴数滴无水乙醇使微量样品在单晶硅片上分散均匀，待乙醇完全挥发后即可测试。

(2) 薄膜样品

将薄膜样品剪成合适大小，用胶带纸粘在玻璃样品支架上即可。

四、样品测试

(1) 开机前的准备和检查

将制备好的试样插入衍射仪样品台，盖上顶盖关闭防护罩；开启水龙头，使冷却水流通；X 光管窗口应关闭，管电流管电压表指示应在最小位置；接通总电源，接通稳压电源。

(2) 开机操作

开启衍射仪总电源，启动循环水泵；待数分钟后，接通 X 光管电源。缓慢升高管电压、管电流至需要值。打开计算机 X 射线衍射仪应用软件，设置合适的衍射条件及参数，开始样品测试。

(3) 停机操作

测量完毕，缓慢降低管电流、管电压至最小值，关闭 X 光管电源；取出试样；15min 后关闭循环水泵，关闭水源；关闭衍射仪总电源、稳压电源及线路总电源。

(4) 数据处理

测试完毕后，可将样品测试数据存入磁盘供随时调出处理。原始数据需经过曲线平滑、Ka2 扣除、寻峰等数据处理步骤，最后打印出待分析试样衍射曲线和 d 值、2θ、强度、衍射峰宽等数据供分析鉴定。

五、物相定性分析方法

X 射线衍射物相定性分析方法有以下几种。

(1) 三强线法

① 从前反射区（$2\theta<900°$）中选取强度最大的三根线，并使其 d 值按强度递减的次序排列。

② 在数字索引中找到对应的 d_1（最强线的面间距）组。

③ 按次强线的面间距 d_2 找到接近的几列。

④ 检查这几列数据中的第三个 d 值是否与待测样的数据对应，再查看第四至第八强线数据并进行对照，最后从中找出最可能的物相。

⑤ 找出可能的标准卡片，将实验所得 d 及 I/I_1 跟卡片上的数据详细对照，如果完全符合，物相鉴定即完成。

如果待测样品的数据与标准数据不符，则须重新排列组合并重复②～⑤的检索手续。如为多相物质，当找出第一物相之后，可将其线条剔出，并将留下线条的强度重新归一化，再按过程①～⑤进行检索，直到得出正确答案。

(2) 特征峰法

对于经常使用的样品，其衍射谱图应该充分了解掌握，可根据其谱图特征进行初步判断。例如在 26.50 左右有一强峰，在 680 左右有五指峰出现，则可初步判定样品含二氧化硅。

(3) 利用 Jade 软件

把测试结果导入到 Jade 软件中，通过其自动识别功能可以在电脑上更便捷地获知所测样品的物相。

六、实验报告与要求

① 实验课前必须预习实验讲义和教材，掌握实验原理等必需知识。

② 实验报告内容包括：实验目的，实验原理，样品制备、样品物相鉴定结果分析等。鉴定结果要求写出样品名称（中英文）、卡片号，实验数据和标准数据三强线的 d 值、相对强度等。

参考文献

[1] 吴建鹏，杨长安，贺海燕 . X 射线衍射物相定量分析 [J]. 西安：陕西科技大学学报，2005，23 (5)：55-58.

[2] 徐勇 . X 射线衍射测试分析基础教程 [M]. 北京：化学工业出版社，2014.

实验 28　扫描电镜在材料表面形貌观察及成分分析中的应用

一、实验目的

① 了解扫描电镜的基本结构和工作原理，掌握扫描电镜的功能和用途。

② 了解能谱仪的基本结构、原理和用途。

③ 了解扫描电镜对样品的要求以及如何制备样品。

二、实验原理

（一）扫描电镜的工作原理和结构

1. 扫描电镜的工作原理

工作原理：扫描电子显微镜利用聚焦得非常细的高能电子束在试样上扫描，与样品相互作用产生各种物理信号（如二次电子，背散射电子、俄歇电子、X 射线电子等），这些信号经检测器接收、放大并转换成调制信号，最后在荧光屏上显示反映样品表面各种特征的图像。

由电子枪发射的最高可达 30keV 的电子束经过电磁透镜缩小、聚焦形成具有一定能量和斑点直径的电子束（1～10nm）。在扫描线圈的磁场作用下，电子束在样品表面作光栅式逐步扫描（光点成像的顺序是从左上方开始到右下方，直到最后一行右下方的像元扫描完毕就算完成一帧图像，这种扫描方式叫作光栅扫描）。入射电子与样品物质相互作用产生二次电子，背反射电子，X 样品射线等信号。二次电子收集极可将向各方向发射的二次电子汇集起来，再经加速极加速射到闪烁体上转变成光信号，经过光导管到达光电倍增管，使光信号转变为电信号。这个电信号又经视频放大器放大，并将其输出送至电脑显示器，从而在电脑屏幕上呈现一幅亮暗程度不同的反映样品表面形貌的二次电子图像。

2. 电子束与样品的相互作用

具有高能量的入射电子束轰击样品表面时，入射电子束和样品间发生相互作用，将有 99%以上的入射电子能量转变成热能，而余下的 1%的入射电子束能量将从样品中激发多种物理信号。

（1）二次电子：被入射电子轰击出来的核外电子

原子核和外层价电子间的结合能很小，当原子的核外电子从入射电子获得了大于相应的结合能的能量后，可脱离原子成为自由电子，即二次电子，这种散射过程发生在样品表面10nm左右深度范围内。二次电子产额随原子序数的变化不大，它对试样表面状态非常敏感，能有效地显示试样表面的微观形貌。

（2）背散射电子

被样品原子反射回来的一部分入射电子，其中包括弹性背反射电子和非弹性背反射电子，其能量接近入射电子。一般从距样品表面100nm～1μm深度范围内发出。

弹性背反射电子是指被样品中原子反弹回来的，散射角大于90°的那些入射电子，其能量基本上没有变化；非弹性背反射电子是入射电子和核外电子撞击后产生非弹性散射，不仅能量变化，而且方向也发生变化。从数量上看，弹性背反射电子远比非弹性背反射电子所占的份额多。背反射电子的产额随原子序数的增加而增加，所以，利用背反射电子作为成像信号不仅能分析形貌特征，也可以用来显示原子序数衬度。

（3）特征X射线

是原子的内层电子受到激发以后在能级跃迁过程中直接释放具有特征能量和波长的一种电磁波辐射。X射线一般在试样的500nm～5μm深处发出。

（4）俄歇电子

如果原子内层电子能级跃迁过程中释放出来的能量不是以X射线的形式释放而是用该能量将核外另一电子打出，脱离原子变为二次电子，这种二次电子叫作俄歇电子。一般从距样品表面几埃深度范围内发射。

3. 扫描电镜的结构

扫描电镜由电子光学系统、信号收集及显示系统、真空系统及电源系统组成。

（1）电子光学系统

电子光学系统由电子枪、电磁透镜、扫描线圈和样品室等部件组成。其作用是用来获得扫描电子束，作为产生物理信号的激发源。

① 电子枪　其作用是利用阴极与阳极灯丝间的高压产生高能量的电子束。传统的扫描电镜采用钨灯丝，高级扫描电镜采用六硼化镧（LaB_6）或场发射电子枪，使二次电子像的分辨率达到1nm。

② 电磁透镜　其作用主要是把电子枪的束斑逐渐缩小成数纳米的细小束斑。一般有三个聚光镜，前两个透镜是强透镜，用来缩小电子束光斑尺寸。第三个聚光镜是弱透镜，具有较长的焦距，在该透镜下方放置样品可避免磁场对二次电子轨迹的干扰。

③ 扫描线圈　其作用是提供入射电子束在样品表面上以及阴极射线管内电子束在荧光屏上的同步扫描信号。改变入射电子束在样品表面扫描振幅，以获得所需放大倍率的扫描像。扫描线圈是扫描电镜的一个重要组件，它一般放在最后二透镜之间，也有的放在末级透镜的空间内。

④ 样品室　样品室中主要部件是样品台。它能进行三维空间的移动，还能倾斜和转动。

（2）信号收集及显示系统

其作用是检测样品在入射电子作用下产生的物理信号，然后经视频放大作为显像系统的调制信号。不同的物理信号需要不同类型的检测系统，扫描电镜中使用的是电子检测器，它由闪烁体，光导管和光电倍增器所组成。当信号电子进入闪烁体时将引起电离；当离子与自由电子复合时产生可见光。光子沿着没有吸收的光导管传送到光电倍增器进行放大并转变成电流信号输出，电流信号经视频放大器放大后就成为调制信号。由于镜筒中的电子束和显像管中的电子束是同步扫描，荧光屏上的亮度是根据样品上被激发出来的信号强度来调制的，而由检测器接收的信号强度随样品表面状况不同而变化，那么由信号监测系统输出的反映样品表面状态的调制信号在图像显示和记录系统中就转换成一幅与样品表面特征一致的放大的扫描像。

(3) 真空系统及电源系统

从电子枪到样品表面之间的整个电子路径都必须保持真空状态，这样电子才不会与空气分子碰撞，并被吸收。真空系统的作用是为保证电子光学系统正常工作，防止样品污染提供高的真空度。

(二) 能谱仪的工作原理和结构

能量色散谱仪简称能谱仪（EDS），为扫描电镜或透射电镜普遍应用的附件。它与主机共用电子光学系统，在观察分析样品的表面形貌或内部结构的同时，可以探测到某微区的化学成分。

(1) 原理

能谱仪是利用 X 光量子有不同的能量，由探测器接收后给出电脉冲讯号，经放大器放大整形后送入多道脉冲分析器，然后在显像管上把脉冲数——脉冲高度曲线显示出来，这就是 X 光电子的能谱曲线。

(2) 能谱仪结构：半导体探头、多道脉冲高度分析器（MCA）

探头是能谱仪中最关键的部件，它决定了该能谱仪分析元素的范围和精度。目前大多使用的是锂漂移硅探测器，它能把接收的 X 射线光子变成电脉冲信号。由于锂在室温下很容易扩散，因此这种探测器不仅在液氮温度下使用，而且要一直放在液氮中保存，这给操作者带来了很大的负担。现在市面上推出了一些不需要液氮维护的探测器。

不同元素的 X 光量子经探头接收，信号转换和放大后，其电压脉冲的幅值大小也不一样。多道脉冲高度分析器（MCA）的作用在于将主放大器输出的，具有不同幅值的电压脉冲（对应于不同的 X 光子能量）按其能量大小进行分类和统计，将结果送入存储器或输出给计算机。

(3) 缺点

① Si(Li) 探测器目前大多还需长期连续保持在液氮的低温下工作和运行。

② 能谱仪的分辨本领差，经常有谱线重叠现象，特别在低能部分。

③ 定量分析尚存在一些问题，当含量大于 20% 又无谱线重叠时，分析误差小于 5%；在低含量时，分析准确度很差。

(三) 样品要求与制备

(1) 样品要求

① 样品可以为粉体、薄膜、片状、块状等。

② 有磁性的样品可能会对仪器有所损害，而且图像质量不佳，一般情况下对强磁性的样品不给予测试。

③ 样品测试前一定要充分干燥，不能含有有机溶剂和水等杂质。

④ 不能导电的样品最好镀金以防止放电产生和得到虚假的图像。

(2) 样品制备

扫描电镜的优点之一是样品制备简单，对于新鲜的金属断口样品不需要做任何处理，可以直接进行观察。但在有些情况下需对样品进行必要的处理。

① 样品表面附着有灰尘和油污，可用有机溶剂（乙醇或丙酮）在超声波清洗器中清洗。

② 样品表面锈蚀或严重氧化，采用化学清洗或电解的方法处理。清洗时可能会失去一些表面形貌特征的细节，操作过程中应该注意。

③ 对于不导电的样品，观察前需在表面喷镀一层导电金属如铂或金，镀膜厚度控制在5～10nm为宜。

（四）扫描电镜和能谱仪的功能和用途

各种固体材料（如金属，陶瓷，聚合物，半导体等）的表面形貌分析，微区成分分析。

三、实验设备与材料

① 设备：JEOL JSM-6700F 场发射扫描电子显微镜，OXFORD EDS-7401 能谱仪。

② 样品：无机材料如氧化锌、二氧化钛等。

四、实验步骤与方法

① 样品制备。

② 将样品送入电镜样品室，抽真空。

③ 观察样品的形貌，并进行成分分析。

④ 测试完毕，保存数据，取出样品。

五、数据记录与处理

① 扫描电镜和能谱仪的基本工作原理。

② 扫描电镜和能谱仪的功能。

③ 对两个样品的扫描电镜图和能谱图和测试结果进行分析。

六、思考题

① 简述扫描电镜的基本结构和特点。

② 举例说明扫描电镜表明形貌衬度和原子序数衬度的应用。

参 考 文 献

[1] 曾毅，吴伟．高建华扫描电镜和电子探针的基础及应用［M］．上海科学技术出版社，2009.

实验29　透射电镜在材料形貌观察及结构分析中的应用

一、实验目的

① 了解透射电镜的结构、特点和工作原理，并通过现场看实物加深对透射电镜的认识。

② 掌握透射电镜的特点和用途以及样品的制备方法。

③ 选用合适的样品，通过对其选区形貌和电子衍射的观察，确定样品的微观形貌和晶格分布情况。

二、实验原理

1. 透射电镜的基本结构

透射电子显微镜是以波长很短的电子束做照明源，用电磁透镜聚焦成像的一种具有高分辨本领，高放大倍数的电子光学仪器。透射电镜由电子光学系统、真空系统及电源与控制系统三部分组成。电子光学系统是透射电镜的核心，而其他两个系统为电子光学系统顺利工作提供支持。

(1) 电子光学系统

电子光学系统通常称镜筒，在光路结构上与光学显微镜有很大的相似之处，只不过用高能电子束代替可见光源，以电磁透镜代替光学透镜，获得了更高的分辨率（分辨率 0.1nm）。整个镜筒自上而下依次排列着电子枪、双聚光镜、样品室、物镜、中间镜、投影镜、观察室、荧光屏及照相室等。电子光学系统主要有三部分所构成：①光源，即电子枪；②成像系统，主要包括聚光镜、物镜、中间镜和投影镜；③图像观察和记录系统。此外，还包括一些附加的仪器和部件如能谱仪等。

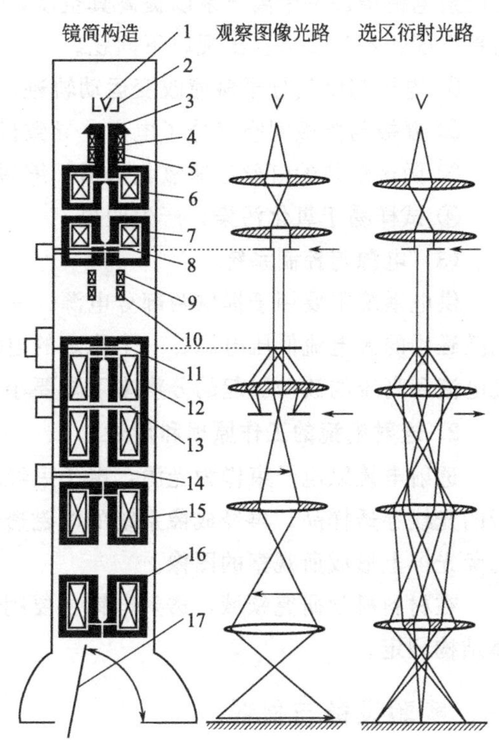

图 29.1　TEM 的结构示意图

1—灯丝；2—栅极；3—阳极；4—枪倾斜；5—枪平衡；6—一级聚光镜；7—二级聚光镜；8—聚光镜光阑；9—光倾斜；10—光平移；11—试样台；12—物镜；13—物镜光阑；14—选区光阑；15—中间镜；16—投影镜；17—荧光屏

图 29.1 是现代 TEM 的结构示意图和成像及衍射工作模式的光路图。

① 电子枪　电子枪的作用在于产生足够的电子，形成一定亮度以上的束斑，从而满足观察的需要。透射电子显微镜的电子枪主要有三种类型：钨丝枪，六硼化镧枪（LaB_6），场发射枪。

钨丝就是我们日常生活中使用的白炽灯的发光灯丝，价格极为低廉，但寿命极短，连续使用时只有数十小时。而且钨灯丝发出的电子束的单色性很差，亮度也很低。近一二十年来的透射电镜中已经基本不再使用钨灯丝了。LaB_6 灯丝的寿命大大长于钨灯丝，达半年以上，甚至可以使用数年。LaB_6 灯丝的单色性和亮度也都大大地优于钨灯丝，是现在透射电镜中最为常用的灯丝。近几年来，场发射枪透射电镜有了逐步普及的趋势。场发射枪的灯丝寿命更可长达一至两年之久，其单色性及亮度均非钨灯丝或 LaB_6 灯丝所可比拟，因此是一种极好的电子光源。

② 成像系统　聚光镜、物镜、中间镜、投影镜和样品室构成成像系统，作用在于将电子束会聚到样品上，然后将从样品上透射出来的电子束进行多次放大、成像。透镜组的作用完全与光学显微镜中的透镜一样。现代透射电镜基本上都是使用磁透镜，只要适当调整磁场强度，就可以得到不同的工作模式。现在透射电镜最常见的工作模式有两种，即成像模式和衍射模式。在成像模式下，可以得到样品的形貌、结构等信息，而在衍射模式下，我们可以对样品进行物相分析。新一代透射电镜还具备一些新的工作模式，如会聚束电子衍射模式和微区电子衍射模式。

③ 图像观察和记录系统　观察和记录装置包括荧光屏、照相机（底片记录）、TV 相机和慢扫描 CCD。

（2）真空系统

为保证电镜正常工作，要求电子光学系统应处于真空状态下。电镜的真空度一般应保持在 10^{-5} Torr（1Torr＝133.322Pa），这需要机械泵和油扩散泵两级串联才能得到保证。目前的透射电镜增加一个离子泵以提高真空度，真空度可高达 1.33×10^{-6} Pa 或更高。如果电镜的真空度达不到要求会出现以下问题。

① 电子与空气分子碰撞改变运动轨迹，影响成像质量。

② 栅极与阳极间空气分子电离，导致极间放电。

③ 阴极炽热的灯丝迅速氧化烧损，缩短使用寿命甚至无法正常工作。

④ 试样易于氧化污染，产生假象。

（3）电源与控制系统

供电系统主要用于提供两部分电源：一是电子枪加速电子用的小电流高压电源；二是透镜激磁用的大电流低压电源。一个稳定的电源对透射电镜非常重要，对电源的要求为最大透镜电流和高压的波动引起的分辨率下降要小于物镜的极限分辨本领。

2. 透射电镜的工作原理和用途

透射电镜以电子束作为光源，电子束经由聚光镜系统的电磁透镜将其聚焦成一束近似平行的光线穿透样品，再经成像系统的电磁透镜成像和放大，然后电子束投射到主镜筒最下方的荧光屏上形成所观察的图像。

在材料科学研究领域，透射电镜主要用于材料微区的组织形貌观察、晶体缺陷分析和晶体结构测定。

三、实验设备与材料

① 实验设备：日本电子 JEOL JEM-2100 透射电镜，加速电压 200kV，LaB_6 灯丝，点分辨率 1.94Å。

② 样品：由于透射电镜自身的特点，使得在样品的制备过程中要求比较高。

a. 样品的厚度最好不要超过 100nm，如果超过该尺寸需要进行离子减薄。

b. 对于纳米粉体材料的观察，需要把样品分散到酒精里进行超声，最后用铜网捞一些分散的样品进行观察。

四、实验步骤与方法

如观察材料的生长方向，一般主要选择具有较好结晶性的样品。观察时要求在同一试样上把物相的形貌观察与结构分析结合起来。下面用一个实例说明材料生长方向的观察。

图 29.2 是铋和锑的合金纳米线生长方向的透射电镜照片，从选区电子衍射可看出合金纳米线有很好的结晶性，并根据衍射斑点可以判断纳米线的晶体结构。图 29.2(b) 是它的高分辨照片，可以看出它的晶格条纹，结合图 29.2(a) 的衍射斑点可确定纳米线的生长方向。

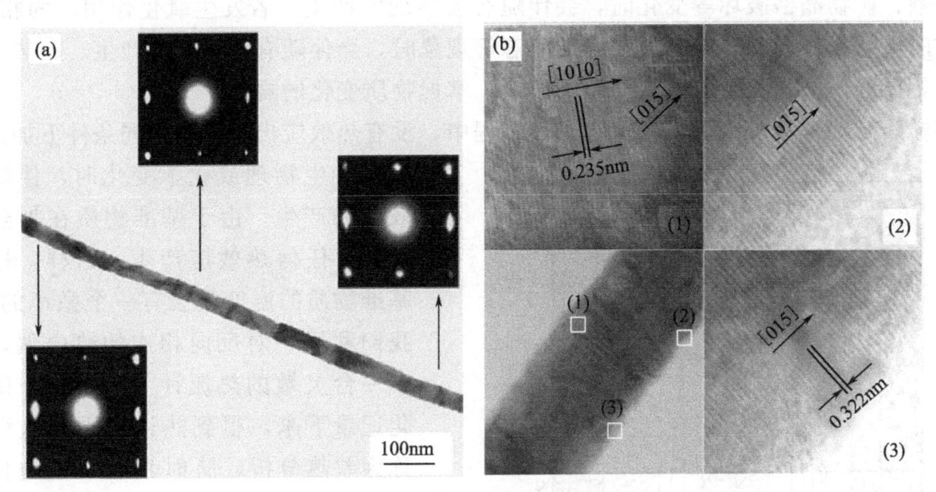

图 29.2　铋和锑合金纳米线的生长方向的表征

五、数据记录与处理

① 实验目的。

② 样品的制备方法。

③ 简述透射电镜的基本结构及工作原理。

④ 根据透射电镜对样品的测试结果（形貌图，高分辨图和电子衍射图），分析样品的形貌和结构。

六、思考题

① 对于透射电镜，在设备运行过程中为什么要保持很高的真空度呢？

② 对于粉末样品，在样品制备过程中为什么一般选择乙醇作为溶剂进行超声分散？

参　考　文　献

[1]　李炎．材料现代微观分析技术：基本原理及应用 [M]．北京：化学工业出版社，2011.

实验 30　热分析仪在材料热稳定性及相转变分析中的应用

一、实验目的

① 了解差热、失重分析的原理和方法。

② 利用差热分析方法研究某些物质在加热过程中的物理化学方面的变化。

二、实验原理及方法

(1) 差热分析的原理及方法

对某一物质进行加热或冷却过程中，如发生沸腾、蒸发、升华、多晶转变、还原、分解、熔融、矿物晶格破坏等变化时，会伴随有吸热现象产生。若发生氧化作用、固相反应、玻璃质的重结晶作用、非晶态过渡为结晶态等现象时，会伴随有放热现象产生。差热分析的目的就是要准确测量发生这些变化时的温度，掌握物质变化的规律。

将样品与一种基准物质（要求在加热过程中，没有热效应出现）在相同条件下加热，当样品发生物理或化学变化时，伴随着热效应的产生。由于基准物质在加热过程中没有任何热效应产生，这样，样品与基准物质的温度就会有一个微小的差别，我们利用一对反向相连的热电偶，连接于一台灵敏的热流计上，把这个微小变化记录下来，得到热谱图形，这种方法称为差热分析，简称 DTA。热电偶测温示意图如图 30.1 所示。

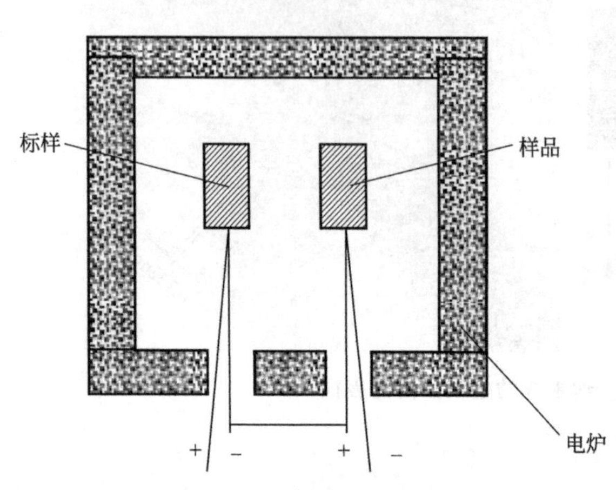

图 30.1 热电偶测温示意图

实验时，将样品和标样在相同条件下加热，如样品没有发生变化，样品和标样的温度是一致的。若样品发生变化，则伴随产生的热效应会引起样品和标样的温度差别，差热曲线便出现转折。在吸热效应发生时，样品的温度低于标样的温度；当放热效应发生时，样品的温度稍高于标样的温度。当样品反应结束时，两者的温度差经过热的平衡过程，温度趋向一致，温差就消失了，差热曲线即恢复原状，因此，若以温差（ΔT）对炉温作图就会得到一条曲线。ΔT 由零变到某一极值后又回到零，用曲线表示如图 30.2 所示。

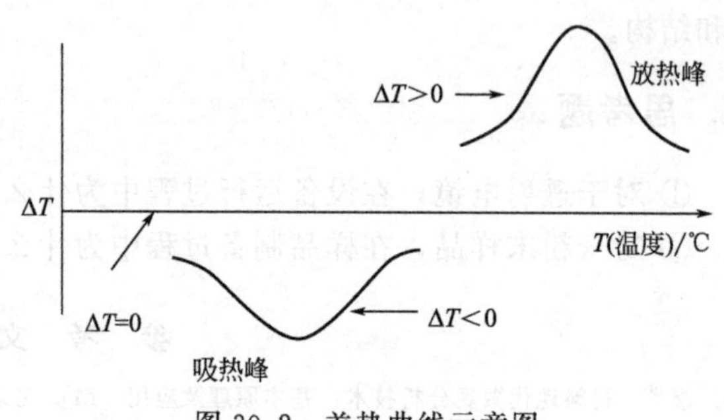

图 30.2 差热曲线示意图

这种图形为差热曲线，曲线开始转折的温度为称为反应开始的温度，曲线的极点温度称为反应终了温度。但应注意，这个温度并不能准确地代表开始反应的温度，而往往总是偏高一些，偏差的程度与升温速度，样品与标样的传热情况，炉子保温效果等因素有关。

(2) 失重分析的原理及方法

物质在加热过程中产生热效应的同时，往往伴随着重量的变化和体积变化。因此欲准确判断热效应出现的原因，必须对伴随产生的重量与体积变化加以联系考虑。失重分析就是物料在加热过程中，从重量变化来估计脱水、有机物的烧损、碳酸盐等各种盐类分解的快慢等。

根据物料在加热过程中重量损失的情况记录下来并对温度绘成曲线（简称 TG 曲线），从而求得验证物质分解或失水等变化的温度和损失率。

三、实验设备与材料

① 设备：热分析仪。

② 药品：草酸钙。

四、实验步骤与方法

(1) 样品的制备

要求试样与标样（α-三氧化二铝）的细度和含水量一致，将两者放在（102±5)℃的烘箱中干燥，然后放于干燥器内冷却备用。

(2) 装样品

将标样装入基准坩埚内，将样品装入样品坩埚内，二者装的松紧程度要基本一致，中间不得留有间隙，盖好电炉。

(3) 插上电源后，按热分析仪使用方法操作仪器。

五、数据记录与处理

① 根据差热分析的原理，将所测得的差热分析法曲线进行分析处理，标出吸热或放热的起始温度，并给予适当说明。

② 以失重%为纵坐标，温度为横坐标，绘制出失重曲线；从失重曲线上找出该试样的失重规律性，并初步估计分析试样中的组成和所进行的固相反应（脱水、熔融、相变等）。

六、注意事项

① 试验用坩埚不得直接用手拿，应用镊子夹起。

② 标样可重复使用，不必更换。

③ 取、放试样坩埚时，一定要轻拿轻放，不要碰坏差热电偶。

七、思考题

① 影响差热曲线的因素有哪些？

② 如何求算热效应（放热峰、吸热谷）的起始温度？

参 考 文 献

[1] 李炎．材料现代微观分析技术：基本原理及应用［M］．北京：化学工业出版社，2011.

实验 31 化学法鉴定有机官能团

一、实验目的

① 了解鉴别有机物官能团的几种快速简易方法。

② 学习几种有机官能团的化学性质之间的区别。

③ 掌握鉴别几种常见官能团的简单的化学方法。

二、实验原理

通过化学反应鉴别有机化合物只需要简单的试剂，不用借助昂贵的仪器设备就可以得到被检测化合物组成成分的信息。由于不可能将数目众多的有机化合物编排到一个简明的图表中，所以有机化合物的鉴别没有一个像无机定性分析中那样的严格成型的分析步骤可以依赖。

分析开始时首先要搞清楚分析的对象是纯物质还是混合物，这个测试最好借助色谱法实施，如薄层色谱法。对于一个混合物，要先尝试用物理方法（分流、结晶）进行分离。前面提到的色谱法在制备上也可以用来分离混合物。尽管如此，也应该尝试化学法分离，尤其是当这一方法不需要很高消耗就可以实现的时候。

纯物质在特殊情况下混合物也可以做光谱分析。光谱分析结合本次实验要涉及的初步试验就基本给出了有关化合物结构特征的重要信息，在理想情况下依靠这些信息就可以绘出化合物的结构。

通过目的明确的反应来鉴别未知物与其他实验不同，由于其多种多样的组合可能性，可以培养化学理念和有关化合物的知识，从而增强有机化学合成方面的能力。在这一分析程序中首先要鉴别未知分子的官能团，然后用合适的试剂将其转化成晶体衍生物，可以水解的化合物在分析前先分解成要分析的组分。

(1) 初步试验

初步物理性质的测定，包括颜色、气味、熔点、沸点、折射率、热失重、溶解度等。具体讨论如下。

许多纯的化合物没有颜色。对于有颜色的试样要注意观察其颜色在重结晶或者蒸馏后是否保持不变，如果有变化说明这个颜色来自杂质。下列重要的化合物有颜色：硝基化合物和亚硝基化合物（只有单体）、叠氮化合物、醌。芳胺和苯酚，尤其是功能化了的，大多数因氧化而表现为黄色至棕色。不过这并不妨碍要进行的反应，所以不必进行深度纯化。

一些物种有特殊气味：萜烯烃类、环己酮、叔丁醇（萜烯烃类气味）、低级醇；低级脂肪酸（丙酸以上有难闻的汗酸味）；低级酮；醛；卤代烃；酚；芳香性硝基化合物（苦杏仁味）；脂肪醇的酯（果味）；硫醇、硫化物（类似硫化氢的气味）。

溶解度的测定非常重要。因为从中可以得到有关分子极性和官能团的信息。此外，溶解试验还可以显示一个固体化合物如何纯化（重结晶的溶剂）或者一个化合物是否可以以此分离。用下列试剂（按顺序）试验。

① 水—醚。水和醚中溶解度与官能团的关系见表 31.1。

表 31.1 水和醚中溶解度与官能团的关系

类别	Ⅰ	Ⅱ	Ⅲ	Ⅳ
特征	溶于水、不溶于醚	溶于醚、不溶于水	溶于水和醚	不溶于水和醚
特点	极性基团占主要部分	非极性基团占主要部分	极性基团和非极性基团的影响相互平衡	—
类别	盐、多元醇、糖、氨基醇、羟基羧酸、二元和多元酸、低级酰胺、脂肪族氨基酸、磺酸	烃、卤代烃、醚、多于五个碳原子的醇、高级酮和醛、高级肟、中级和高级羧酸、芳香族羧酸、酸酐、内酯、酯、高级腈和酰胺、酚、硫酚、高级胺、醌、偶氮化合物	低级脂肪醇、低级脂肪酮和醛、低级脂肪腈、酰胺和肟、低级环醚（四氢呋喃、1,4-二氧杂环己烷）、低级和中级的羧酸、羟基酸和羰基酸、二羧酸、多元酚、脂肪族胺、吡啶及其同系物、氨基苯酚	高级缩合烃类、高级酰胺、蒽醌、嘌呤衍生物、个别氨基酸（胱氨酸、酪氨酸）、对氨基苯磺酸、高级胺和磺酰胺、大分子化合物

② 5%的苛性钠—5%碳酸氢钠溶液—5%的盐酸。

原则上，Ⅱ和Ⅳ组化合物加入酸或者碱中会因为生成盐变成水溶性的。对于Ⅰ和Ⅲ类化合物，要事先用试纸测一下 pH 值。酸碱溶解度与官能团的关系见表 31.2。

表 31.2 酸碱溶解度与官能团的关系

特征	盐酸可溶	氢氧化钠和碳酸氢钠可溶	只能溶于氢氧化钠	盐酸或氢氧化钠均可溶
物质类别	脂肪族胺、芳香族的胺(三苯基胺等空阻大的胺除外)	强酸性化合物，如羧酸、磺酸和亚磺酸、个别强酸性的酚	苯酚、几种烯醇、酰亚胺、以及脂肪族硝基化合物、氮原子上没有或只有一个取代基的芳基磺酰胺、肟、硫酚、硫醇	氨基酸、氨基酚、氨基磺酸和氨基亚磺酸

③ 醇、甲苯、冰醋酸、石油醚（用于重结晶和分离混合物）。

(2) 官能团的鉴别

通过溶解度等的测试和基本性质的观察已经掌握了许多待分析化合物的信息。要想进一步确定究竟哪一类化合物还要接着光谱分析。另一种可能性是采用能在短时间内完成、有特别变化的反应。所谓的特别变化是指沉淀、变色、生成有特殊气味的化合物或者溶解度变化。

许多有机物可能在同一分子上含有多个官能团，从而使鉴别工作变得困难。尽管如此，在实践中如果能考虑到分子中的所有官能团对特殊鉴定反应的影响，还是有可能将这些化合物识别出来的。常用的特征反应及各自的特点如表 31.3 所示。但不要高估这些特征反应，特别是颜色反应。因为许多情况下存在干扰。

表 31.3 常见官能团的特征反应

化合物	测试方法	现 象	详 解
(易燃)烯、炔	将气体通入或液体加入溴水中	褪色	$R_2C{=\!=}CR_2+Br_2 {=\!=} BrR_2C{-}CR_2Br$ $RC{\equiv}CR+2Br_2 {=\!=} Br_2RC{-}CRBr_2$ R ═ H，烷基或芳基
(易燃)含羟基化合物(醇、酚)	①与几滴乙酰氯混合，测 pH 值，玻璃棒沾上硝酸银水溶液滴上混合溶液(乙酰氯也与水、酚、胺反应) ②Lucas 试剂	①溶液成酸性，玻璃棒上有白色沉淀生成。溶液倒入水中有酯的香味产生 ②叔醇沉淀，仲醇加热 5min 混浊，伯醇加热也不反应	①$R{-}OH+CH_3COCl {=\!=} CH_3COOR+HCl$ $Ag^+_{(aq)}+Cl^-_{(aq)} {=\!=} AgCl_{(s)}$ $CH_3COOH+ROH {=\!=} CH_3COOR+H_2O$ ②$R_3COH+HCl {=\!=} R_3CCl+H_2O$ $R_2CHOH+HCl {=\!=} R_2CHCl+H_2O$ 伯醇不易反应
(有毒)苯酚	滴几滴 $FeCl_3$ 水溶液至苯酚的水溶液	变紫	
羧酸	用水稀释，加入少量碳酸氢钠	产生气泡(能使石灰水产生沉淀)	$RCOOH+NaHCO_3 {=\!=} RCOONa+H_2O+CO_2$
(有毒)酰卤	①加入几滴水(反应剧烈)，测试 pH，用玻璃棒测试硝酸银 ②加入少量乙醇，倒入水中	①显酸性，产生白色沉淀 ②产生酯的香味	①$RCOCl+H_2O {=\!=} RCOOH+HCl$ ②$CH_3CH_2OH+RCOCl {=\!=} RCOOCH_2CH_3+HCl$
脂肪族胺	低级胺易溶于水，刺激性气味，显碱性，与浓盐酸产生烟		

续表

化合物	测试方法	现象	详解
（有毒）芳香族胺	加入少量溶在稀氢氧化钠中的苯酚溶液	产生红棕色-黄色沉淀	生成偶氮染料 $C_6H_5-N=N-C_6H_4-OH$
醛或酮	2,4-二硝基苯肼测试	黄色沉淀	$R_2C—O+(NO_2)_2C_6H_3NHNH_2 \rightarrow (NO_2)_2C_6H_3NHN=CR_2+H_2O$ （R—H，烷基 或 芳基）
醛	土伦试剂	银镜反应	$RCHO+2Ag^++H_2O = RCOOH+2Ag+2H^+$
卤代烷（卤代芳香烃除外）	几滴卤代烷滴入硝酸银的乙醇溶液中，置入热水中；如未反应，滴入几滴氢氧化钠；如有沉淀，滴几滴稀硝酸	生成不溶于硝酸的沉淀	$AgNO_3+RX = RNO_3?+AgX(s)$ 氢氧化钠将卤原子转化为卤离 $RX(aq)+NaOH(aq) = ROH(aq)+NaX(aq)$ 乙醇增加了卤代烷的溶解性

三、实验设备与材料

① 设备：试管，烧杯，加热台，试管架，滴管，玻璃棒，滴瓶，分析天平，防毒面具，一次性手套，通风橱。

② 试剂：硝酸银，氢氧化钠，乙醇，正丙醇，异丙醇，叔丁醇，氯化锌，盐酸，硝酸，溴辛烷，苯酚，去离子水。

四、实验步骤与方法

（1）用卢卡斯试剂处理不同的醇

① 配置卢卡斯试剂：冷却条件下，0.5mol 的 $ZnCl_2$ 溶于 0.5mol 的浓盐酸中（实验前）。

② 向 1mL 待测试样中迅速加 6mL 卢卡斯试剂。

③ 接着将这一混合物充分振荡，放置 5min 观察。

④ 如未明显变化，将试管放入开水中 5min 观察。

（2）用硝酸银醇溶液处理二氯甲烷、氯仿、四氯化碳和溴辛烷

① 配置 2%硝酸银醇溶液（实验前）。

② 向几滴含卤素化合物的水或醇溶液中加入 2mL 2%的硝酸银醇溶液。如果在室温下放置 5min 后仍未出现沉淀，就将其加热至沸腾。

③ 如仍无沉淀，加几滴饱和氢氧化钠溶液（实验前）。

④ 如果有沉淀生成，加 2 滴硝酸后，观察沉淀物继续是否存在。鉴定方法见表 31.4。

表 31.4 硝酸银鉴定卤化物

现象	溶于水，室温下出现沉淀	不溶于水，室温下出现沉淀	不溶于水、加热出现沉淀	不溶于水、无沉淀
推测官能团	胺、氢卤酸的盐、低级脂肪族酰卤	酰卤、叔烷基卤化物、脂肪族胞二卤代烃、α-卤代醚、烯丙基卤、烷基碘	一级和二级烷基卤、邻二溴代烃、二硝基氯苯	卤代芳烃、卤代烯烃、四氯化碳

（3）三氯化铁与苯酚的显色反应

① 加热苯酚，使其融化，取 5 滴管溶于 40mL 水中。

② 滴入几滴三氯化铁水溶液至苯酚的水溶液中。观察颜色。变紫色证明有酚。

五、数据记录与处理

绘制表格，并描述对应的实验现象，并解释原因。

六、思考题

① 简单叙述溶解度与官能团的关系。

② 解释卢卡斯试剂与不同醇反应活性大小产生的原因。

③ 解释为什么测试卤素要用硝酸银的醇溶液，而不是水溶液。

参 考 文 献

[1] 施里纳．有机化合物系统鉴定法[M]．上海：复旦大学出版社，1987.

[2] 王志鹏，邓耿．有机物化学检验法的分析、讨论与应用[J]．化学教育，2017，38（6）：72-77.

实验 32　黏度法测定聚合物的分子量

一、实验目的

① 掌握用乌氏黏度计测定高分子溶液黏度的方法；

② 了解稀释黏度法测定高聚物分子量的基本原理；

③ 学会外推法作图求 $[\eta]$ 并计算黏均分子量 M_η。

二、实验原理

黏度法是测定聚合物分子量的相对方法，此法设备简单，操作简单，且具有较好的精确度。因而在聚合物的生产和研究中得到十分广泛的应用。本实验是采用乌氏黏度计，测试水溶液中聚乙烯醇的分子量。

高聚物的分子量是反映高聚物特性的重要指标，是高分子材料最基本的结构参数之一。其测定方法有：端基测定法、渗透压法、光散射法、超速离心法以及黏度法等。其中黏度法测试仪器比较简单，操作方便，并有较好的精确度，应用普遍。

高分子溶液具有比纯溶剂高得多的黏度，其黏度大小与高聚物分子的大小、形状、溶剂性质以及溶液运动时大分子的取向等因素有关。因此，利用高分子黏度法测定高聚物的分子量基于以下经验式。

Mark 经验式：

$$[\eta]=KM^{\alpha} \tag{32.1}$$

式中，$[\eta]$ 为特性黏数；M 为黏均分子量；K 为比例常数；α 为与分子形状有关的经验参数。

K 和 α 值与温度、聚合物、溶剂性质有关，也和分子量大小有关。K 值受温度的影响较明显，而 α 值主要取决于高分子线团在某温度下，某溶剂中舒展的程度，其数值介于 0.5～1 之间。K 与 α 的数值可通过其他绝对方法确定，它们可以从实验手册中查到。从黏度法只能测定得 $[\eta]$。

黏度除与分子量有密切关系外，对溶液浓度也有很大的依赖性，故实验中首先要消除浓度对黏度的影响，常以如下两个经验公式表达黏度对浓度的依赖关系：

$$\frac{\eta_{sp}}{c}=[\eta]+K[\eta]^2c \tag{32.2}$$

$$\frac{\ln\eta_r}{c}=[\eta]-\beta[\eta]^2c \tag{32.3}$$

式中，η_r 为相对黏度；η_{sp} 为增比黏度；η_{sp}/c 为比浓黏度；c 为溶液浓度；K、β 均为常数

$$\eta_r=\frac{\eta}{\eta_0}=\frac{t}{t_0} \tag{32.4}$$

$$\eta_{sp}=\eta_r-1 \tag{32.5}$$

式中，t 为溶液流出时间；t_0为纯溶剂流出时间

显然

$$[\eta]=\lim_{c\to 0}\frac{\eta_{sp}}{c}=\lim_{c\to 0}\frac{\ln\eta_r}{c} \tag{32.6}$$

$[\eta]$ 即是聚合物溶液的特性黏数，和浓度无关，由此可知，若以 η_{sp}/c 和 $\ln\eta_{sp}/c$ 分别对 c 作图，则它们外推到 $c\to 0$ 的截距应重合于一点，其值等于 $[\eta]$，见图 32.1。

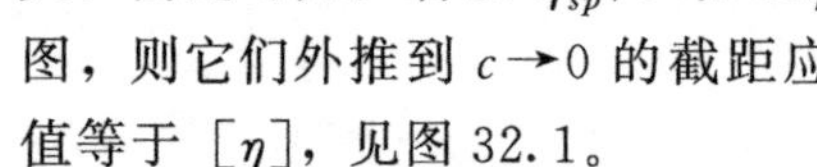

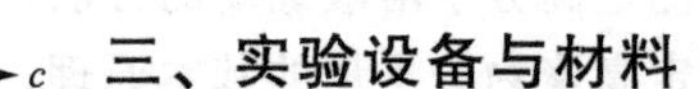

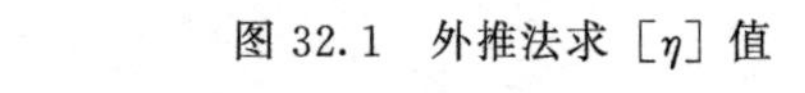

图 32.1 外推法求 $[\eta]$ 值

三、实验设备与材料

① 设备：乌氏黏度计，恒温玻璃水浴一套（包括电加热器、电动搅拌器、温度计、感温元件和温度控制仪），洗耳球，容量瓶。

② 试剂：聚乙烯醇，水。

四、实验步骤与方法

① 玻璃仪器的洗涤。黏度计先用经砂芯漏斗滤过的水洗涤，把黏度计毛细管上端小球存在的中沙粒等杂质冲掉。抽气下，将黏度计吹干，再用新鲜温热的洗液滤入黏度计，满后用小烧杯盖好，防止尘粒落入。浸泡约 2h 后倒出，用自来水（滤过）洗净，经蒸馏水（滤过）冲洗几次，倒挂干燥后待用。其他如容量瓶等也须经无尘洗净干燥。

② 溶液的配制。称取 5g 聚乙烯醇（准确至 0.1mg），在烧杯中用 250mL 水加热使其全部溶解，小心倒入 500mL 容量瓶中，再用水洗涤烧杯三次，洗液一并转入容量瓶中。并用水稀释至刻度线，摇晃均匀。再经砂芯漏斗滤入另一支 500mL 无尘干净的容量瓶中。

③ 温度调节。仪器安装检查无误后，接通电源，并开动搅拌器，加热水浴，使其温度控制在 (30±0.1)℃，为使恒温水槽能有效地控制温度，黏度计要放在离搅拌器较远的地方，这样温度波动对黏度计的影响较小。

④ 测定溶剂流出时间。在黏度计（图 32.2）B、C 管上小心地接上医用橡皮管，用铁夹夹好黏度计（夹住 A 管），放入恒温水槽，使

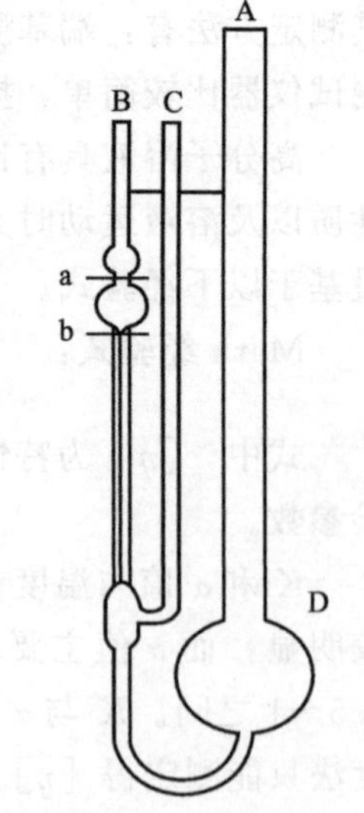

图 32.2 乌氏黏度计

毛细管垂直于水面，使水面浸没 a 线上方的球。用移液管从 A 管注入 10mL 溶剂（滤过）恒温 10min 后，用夹子夹住 C 管橡皮管使它不通气，而将接在 B 管的橡皮管用洗耳球缓慢抽气，使溶剂吸至 a 线上方的球的一半时停止抽气。先取下洗耳球，而后放开 C 管的夹子，空气进入 b 线下面的小球，使毛细管内溶剂和 A 管下端的球分开。这时水平地注视液面的下降，用秒表记下液面流 a 线和 b 线的时间，此即为 t_0。重复 3 次以上，误差不超过 0.2s。取其平均值作为 t_0。

⑤ 溶液流出时间的测定。用移液管吸取 10mL 溶液注入黏度计，黏度测定如前。测得溶液流出时间 t_1。然后再移入 5mL 溶剂，这时黏度计内的溶液浓度是原来的 2/3，将它混合均匀，并把溶液吸至 a 线上方的球一半，洗两次，再用同法测定 t_2。同样操作，再加入 5mL、5mL、5mL 溶剂，分别测定 t_3、t_4、t_5，填入表 32.1。

试样________；溶剂________；浓度________；

黏度计号码________；恒温________

表 32.1 实验数据纪录

$c/g\cdot cm^{-3}$	t_1/s	t_2/s	t_3/s	$t_{平均}/s$	η_r	$\ln\eta_r$	η_{sp}	η_{sp}/c	$\ln\eta_r/c$
c_0									
c_1									
c_2									
c_3									
c_4									
c_5									

五、数据记录与处理

为作图方便，设溶液初始浓度为 c_0，真实浓度 $c=c'c_0$，依次加入 5mL、5mL、5mL、5mL 溶剂稀释后的相对浓度各为 2/3、1/2、2/5、1/3（以 c' 表示）计算 η_r、$\ln\eta_r$、$\ln\eta_r/c'$、η_{sp}、η_{sp}/c' 填入表内。对 $\eta_{sp}/c'-c'$（或 $\ln\eta_r/c'-c'$）作图，外推得到截距 A，那么特性黏数 $[\eta]$=截距 A/初始浓度 c_0

已知 $[\eta]=KM^{\alpha}$，式中 K 和 α 值，查高聚物的特性黏数－分子量关系参数表可得；那么可求出 M_η。

六、注意事项

① 在溶液配制和量取时应尽量减少误差。

② 在把不同溶液放入黏度计之前，应用少量该溶液荡洗 1～2 次。

③ 安装黏度计时，应注意使黏度计保持垂直状态并使水面高过上刻度线 1cm 左右。

④ 实验完毕，整理并洗净仪器，特别是黏度计一定要用溶剂清洗干净，否则毛细管被堵塞，以后实验就无法进行。

七、思考题

① 式(32.1) 中 K，α 在何种条件下是常数？如何求得 K、α 值？

② 测定某一聚合物黏度时，一般挑选黏度计以溶剂流出时间在 100s 左右为宜，为

什么？

③ 外推 [η] 时两条直线的张角与什么有关？

八、附表 32.2

表 32.2 高聚物的特性黏度——分子量 [η]$=KM^{\alpha}$ 参数表（浓度单位：g/100mL）

聚合物	溶剂	温度/℃	$k\times10^{-4}$	α	分子量范围	测量方法
聚乙烯醇	水	25	14	0.60	$13\sim74\times10^3$	超离
聚乙烯醇	水	25	5.95	0.63	$11.6\sim195\times10^3$	沉降
聚乙烯醇	水	30	6.66	0.64	$30\sim120\times10^3$	黏度
聚乙烯醇	水	50	5.9	0.67	$44\sim1100\times10^3$	渗透压
聚乙烯醇	甲苯	25	1.7	0.69	$3\sim1700\times10^3$	渗透压
聚乙烯醇	甲苯	30	1.1	0.73	$33\sim8500\times10^3$	光散

参 考 文 献

[1] 钱人元，张德龢，施良和．黏度法测定高聚物的分子量 [J]．化学通报，1955 (7)，14-27.

[2] 项尚林，余人同，王庭慰，等．黏度法测定高聚物分子量实验的改进 [J]．实验科学与技术，2009，7 (5)：37-38.

实验 33 荧光法测定维生素 B2 的含量

一、实验目的

① 掌握荧光光谱法的基本原理。

② 掌握标准曲线法定量分析维生素 B2 的基本原理。

③ 熟悉 Cary Eclipse 荧光光谱仪的使用方法。

二、实验原理

1. 荧光的发生过程

常温下，处于基态的分子吸收一定的紫外-可见光的辐射能成为激发态分子，激发态分子通过无辐射跃迁至第一激发态的最低振动能级，再以辐射跃迁的形式回到基态，发出比吸收光波长的光而产生荧光。

2. 定性、定量分析的依据

(1) 定性分析依据

任何荧光物质都具有激发光谱和发射光谱，发射波长总是大于激发波长。荧光激发光谱是通过测定荧光体的发光通量随波长变化而获得的光谱，反映不同波长激发光引起荧光的相对效率。荧光发射光谱是当荧光物质在固定的激发光源照射后所产生的分子荧光，是荧光强度对发射波长的关系曲线，表示在所发射的荧光中各种波长相对强度。由于各种不同的荧光物质有它们各自特定的荧光发射波长，可用来进行荧光物质的鉴定。

(2) 定量分析依据

在稀溶液中，荧光定量分析基于公式(33.1)：

$$F=2.303\Phi I\varepsilon bc \tag{33.1}$$

式中，F 为荧光强度；Φ 为物质的荧光量子产率；I 为入射光强度：ε 为摩尔吸光系数；c 为溶液中荧光物质的浓度；b 为光程。

在极稀溶液（$\varepsilon bc \leqslant 0.05$）中，荧光强度 F 和溶液中荧光物质的浓度 c 成正比如式 33.2 所示：

$$F=kc \tag{33.2}$$

（3）定量分析的方法-标准曲线法

用已知量的标准物质经过和试样一样处理后，配制成一系列的标准溶液，在一定的仪器条件下测定这些溶液的荧光强度，做出标准曲线；然后在同样的仪器条件下，测定试样溶液的荧光强度，从标准曲线上查出它们的浓度。

3. Cary Eclipse 荧光光谱仪

荧光仪由以下四个部件组成：激发光源、单色器、样品池以及检测器，荧光仪的结构示意图如图 33.1 所示。

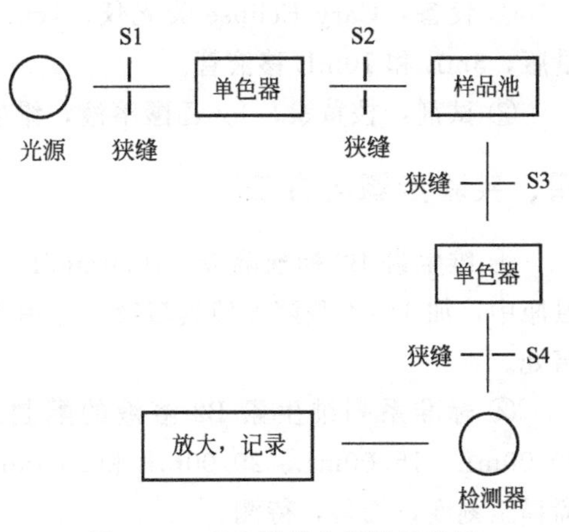

图 33.1　荧光仪基本部件示意图

由光源发出的光经第一单色器得到所需要的激发光，其强度为 I_0，通过样品池后，由于一部分光能被荧光物质吸收，其透射光强度减为 I_t. 荧光物质被激发后，将发射荧光。为了消除入射光和散射光的影响，荧光的测量通常采用垂直测量方式，为了消除可能共存的其他光线的干扰以及为将溶液中杂质所发出的荧光滤去，以获得所需要的荧光，在样品池和检测器之间又设置了第二单色器。荧光作用于检测器上，得到相应的信号，经放大后记录下来。

① 激发光源：在紫外-可见区范围内，Cary Eclipse 使用脉冲氙灯。

② 样品池：荧光分析中使用的样品也需用弱荧光的材料制成，通常用石英，形状以方形和长方形为宜。

③ 单色器：荧光仪采用光栅单色器，有两个：第一单色器用于选择激发波长，第二单色器用于分离荧光发射波长。

④ 检测器：荧光的强度通常比较弱，因此要求检测器具有较高的灵敏度，一般用光电倍增管作检测器，并与激发光成直角。

4. 维生素 B2

维生素 B2 又称核黄素，其化学名称为：7,8-二甲基-10[(2S,3S,4R)-2,3,4,5-四羟基戊基]-3,10-二氢苯并喋啶-2,4-二酮，其结构式为：

分子式：$C_{17}H_{20}N_4O_6$　分子量：376.37

维生素 B2（又叫核黄素，VB2）是橘黄色无臭的针状结晶，易溶于水而不溶于乙醚等有机溶剂，在中性或酸性溶液中稳定，对光敏感，对热稳定。维生素 B2 溶液在蓝光的照射下，发出绿色荧光，其在 pH=6～7 时最强，在 pH=11 时消失。维生素 B2 在碱性溶液中经光线照射会发生分解而转化为光黄素，光黄素的荧光比核黄素的荧光强得多，故测维生素 B2 的荧光时溶液要控制在酸性范围内，避免长时间光照。

维生素 B2 是人体细胞中促进氧化还原的重要物质之一，参与体内糖、蛋白质、脂肪的代谢，并有维持正常视觉机能的作用，人体如果缺乏维生素 B2，就会影响体内生物氧化的进程而发生代谢障碍，继而出现口角炎、眼睑炎、结膜炎、唇炎、舌炎、耳鼻黏膜干燥、皮肤干燥脱屑等。

三、实验设备与材料

① 设备：Cary Eclipse 荧光仪，1cm 石英皿，分析天平，50mL、100mL 和 250mL 容量瓶，5mL 和 10mL 移液管。

② 试剂：核黄素，1％乙酸溶液，维生素 B2 片剂。

四、实验步骤与方法

① 维生素 B2 标准溶液（10.0mg/L）的配制：称取 2.50mg 维生素 B2 置于 250mL 容量瓶中，加 1％乙酸溶液使其溶解，并用 1％乙酸溶液稀释至刻度，摇匀，将溶液保存于冷暗处。

② 标准系列维生素 B2 溶液的配制：取维生素 B2 标准溶液（10.0mg/L）5.00mL、10.00mL、15.00mL、20.00mL 和 25.00mL，分别置于 50mL 容量瓶中，各加 1％乙酸溶液稀释至刻度，摇匀，待测。

③ 样品溶液的配制。取 1 片维生素 B2，研细。精密称取适量（3～4g）置于 100mL 容量瓶中，用 1％乙酸溶液稀释至刻度，摇匀，待测。

④ 打开仪器电源开关，预热 20min。

⑤ 定性分析。先固定激发波长（360nm），扫描荧光发射光谱，确定最大发射波长；固定最大发射波长，扫描激发光谱，确定最大激发波长。

⑥ 定量分析。固定最大激发波长，扫描不同浓度的维生素 B2 标准溶液的荧光光谱；在相同的条件下测定样品溶液的荧光强度。

五、数据记录与处理

（1）定性分析

记录维生素 B2 的最大激发波长和最大发射波长。

（2）定量分析

以浓度对最大发射波长处的荧光强度绘制标准曲线；根据样品溶液的荧光强度，从标准工作曲线上找出其浓度，计算维生素 B2 的含量。

六、思考题

① 解释荧光光谱法比吸收光度法灵敏度高的原因。

② 怎样利用标准荧光光谱图来鉴定有机化合物？

③ 论述荧光光谱法的特点及使用范围。

参 考 文 献

[1] 黄冠文，薛卫萍．分光光度法测定维生素 B2 片含量方法改进 [J]．药物分析杂志，1995，5：46-47.

[2] 张群英，吴培云，袁孝友．荧光分光光度法测定维生素 B2 片的含量 [J]．安徽中医药大学学报，2006，25 (4)：50-51.

实验 34　紫外可见分光光度法测量溶液中染料的浓度

一、实验目的

① 掌握紫外可见分光光度计的用途及测定有机物的原理。

② 掌握利用紫外可见分光光度计定量测量溶液中染料的浓度。

二、实验原理

1. 吸光度

当一束平行光通过均匀的溶液介质时，光的一部分被吸收，一部分被器皿反射。设入射光强度为 I_0，吸收光强度为 I_a，透射光强度为 I_t，反射光强度为 I_r，则

$$I_0 = I_a + I_t + I_r \tag{34.1}$$

在进行吸收光谱分析中，被测溶液和参比溶液分别放在同样材料及厚度的两个吸收池中，让强度同为 I_0 的单色光分别通过两个吸收池，用参比池调节仪器的零吸收点，再测量被测溶液的透射光强度，所以反射光的影响可以从参比溶液中消除，则上式可简写为：

$$I_0 = I_a + I_t \tag{34.2}$$

透射光强度（I_t）与入射光强度（I_0）之比称为透射比（也称透射率），用 T 表示，则有：

$$T = I_t / I_0 \tag{34.3}$$

溶液的 T 越大，表明它对光的吸收越弱；反之，T 越小，表明它对光的吸收越强。为了更明确地表明溶液的吸光强弱与表达物理量的相应关系，常用吸光度 A 表示物质对光的吸收程度，其定义为：

$$A = -\lg T \tag{34.4}$$

则 A 值越大，表明物质对光吸收越强。T 及 A 都是表示物质对光吸收程度的一种量度，透射比常以百分率表示，称为百分透射比，$T\%$；两者可通过式 34.4 互相换算。

2. 朗伯-比耳定律

朗伯-比耳定律（Lambert-Beer）是分光光度法定量分析的依据和基础。当入射光波长一定时，溶液的吸光度 A 是吸光物质的浓度 c 及吸收介质厚度 l（吸收光程）的函数。

$$A = \varepsilon bc \tag{34.5}$$

式中，ε 称为摩尔吸光系数，单位为 $L \cdot g^{-1} \cdot cm^{-1}$。$\varepsilon$ 是吸光物质的重要参数之一，它表示物质对某一特定波长光的吸收能力。ε 愈大，表示该物质对某波长光的吸收能力愈强。摩尔吸光系数的大小与待测物、溶剂的性质及光的波长有关。待测物不同，则摩尔吸光

系数也不同，所以，摩尔吸光系数可作为物质的特征常数。溶剂不同时，同一物质的摩尔吸光系数也不同。

3. 朗伯-比耳定律的偏离

① 当吸收物质在溶液中的浓度较高时，由于吸收质点之间的平均距离缩小，邻近质点彼此的电荷分布会产生相互影响，以至于改变它们对特定辐射的吸收能力，即改变了吸光系数，导致比耳定律的偏离。通常只有当吸光物质的浓度小于 0.01mol/L 的稀溶液中，吸收定律才成立。

② 溶剂及介质条件对吸收光谱的影响十分重要。溶剂及介质条件（如 pH 值）经常会影响被测物理的性质和组成，影响生色团的吸收波长和吸收强度，也会导致吸收定律的偏离。

③ 推导吸收定律时，吸光度的加和性隐含着测定溶液中各组分之间没有相互作用的假设。但实际上，随着浓度的增大，各组分之间甚至同组分的吸光质点之间的相互作用是不可避免的。例如，可以发生缔合、离解、光化学反应、互变异构及配合物配位数的变化等，会使被测组分的吸收曲线发生明显的变化，吸收峰的位置、强度及光谱精细结构都会有所不同，从而破坏了原来的吸光度与浓度之间的函数关系，导致比尔定律的偏离。

④ 当测定溶液有胶体、乳状液或悬浮物质存在时，入射光通过溶液时，有一部分光会因散射而损失，造成“假吸收”，使吸光度偏大，导致比尔定律的正偏离。质点的散射强度与照射光波长的四次方成反比，所以在紫外光区测量时，散射光的影响更大。

4. 紫外-可见分光光度法

紫外-可见分光光度法：是根据物质分子对波长为 200～760nm 这一范围的电磁波的吸收特性所建立起来的一种定性、定量和结构分析方法。具有操作简单、准确度高、重现性好等优点。

紫外-可见分光光度法比较重要的用途是用于有机化合物的定性和定量分析。

亚甲基蓝和曙红是两种常见的染料，分别在 662nm 和 516nm 附近有一强的吸收峰。基于朗伯-比尔定律，在一定浓度范围内，其吸收值的大小与浓度成正比，借此可以进行染料的定量测定。它们的结构式如图 34.1 所示。

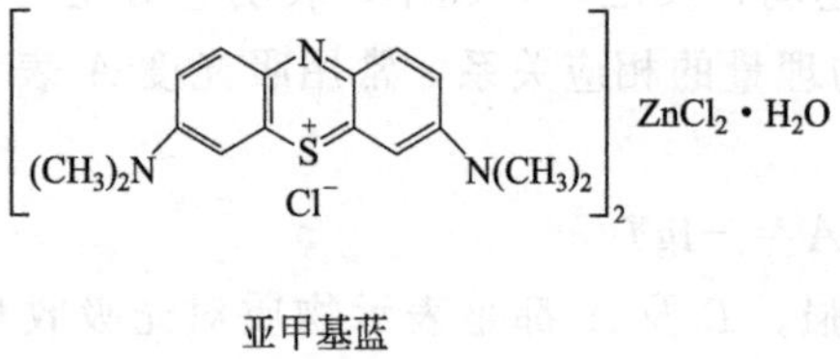

亚甲基蓝 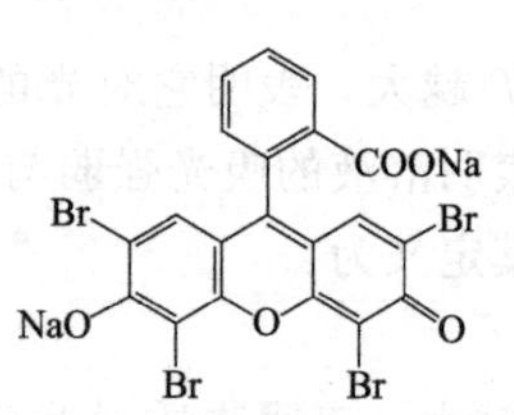　　　　曙红

图 34.1　亚甲基蓝和曙红的结构图

5. 紫外-可见分光光度计的结构

各种型号的紫外-可见分光光度计通常由五个基本部分组成，即光源、单色器、吸收池、检测器及信号指示系统，如图 34.2 所示。

(1) 光源

分光光度计中常用的光源有热辐射光源和气体放电光源两类。前者用于可见光区，如钨灯、卤钨灯等，后者用于紫外光区，如氢灯和氘灯等。

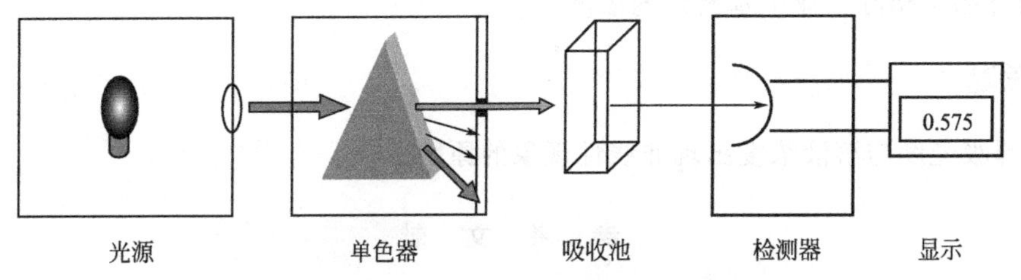

图 34.2　紫外-可见分光光度计的基本结构示意图

(2) 单色器

单色器是能从光源的复合光中分出单色光的光学装置，其主要功能应该是能够产生光谱纯度高、色散率高且波长在紫外可见光区域内任意可调。单色器的性能直接影响入射光的单色性，从而也影响到测定的灵敏度、选择性及校准曲线的线性关系等。

(3) 吸收池

吸收池用于盛放分析的试样溶液，让入射光束通过。吸收池一般有玻璃和石英两个材料做成，玻璃池只能用于可见光区，石英池可用于可见光区及紫外光区。

(4) 光敏检测器

检测器是一种光电转换元件，是检测单色光通过溶液被吸收后透射光的强度，并把这种光信号转变为电信号的装置。

(5) 信号指示系统

它的作用是放大信号并以适当的方式指示或记录。

三、实验设备与材料

① 设备：紫外-可见分光光度计，天平。

② 试剂：曙红，亚甲基蓝，容量瓶，烧杯。

四、实验步骤与方法

(1) 曙红及亚甲基蓝标准溶液的配置

首先在 1L 的容量瓶里配置 0.1g/L 的曙红（亚甲基蓝）溶液，然后用移液管量取不同体积的已经配好的曙红（亚甲基蓝）溶液转移到 100mL 容量瓶中，用水稀释，分别配制浓度为 20mg/L、15mg/L、10mg/L、8mg/L、6mg/L 和 4mg/L 的曙红（亚甲基蓝）标准溶液。

(2) 标准曲线的测定

以水作为空白溶液，用 1cm 玻璃比色皿，按照从稀到浓的顺序测量不同浓度的染料标准溶液的吸收光谱，记下最大吸收峰处的吸光度值，作标准曲线图，获得吸光度与浓度的线性关系。

(3) 染料溶液浓度的定量测定

取 20mL 0.1g/L 的曙红（亚甲基蓝）溶液，用水稀释，然后测定该染料溶液的吸收光谱图，根据标准曲线和最大吸收峰的吸光度值计算染料的浓度。

五、数据记录与处理

① 绘制曙红（亚甲基蓝）标准曲线，列出吸光度和溶液浓度的线性关系函数。

② 求样品中曙红（亚甲基蓝）的浓度。

六、思考题

试解释吸光度与溶液浓度出现非线性现象的原因。

参 考 文 献

[1] 胡耀强，高灿，刘海宁，等．双波长分光光度法测定双组分溶液中甲基橙和乙基橙 [J]. 光谱学与光谱分析，2015，35 (10)：2825-2829.

[2] 王强，范雪荣，曹旭勇．双波长分光光度法测定双组分染液中染料含量 [J]. 印染，2001，27 (9)：28-30.

实验 35 酸碱滴定及抗坏血酸含量测定

一、实验目的

① 熟练酸碱中和滴定实验有关仪器（锥形瓶、移液管和滴定管等）的基本操作规范。通过中和滴定实验，掌握中和滴定实验操作方法。

② 理解中和滴定实验中指示剂选择和使用。通过中和滴定终点时指示剂的颜色突变等感受量变引起质变的规律。

③ 理解中和滴定实验过程要记录的实验数据。通过中和滴定实验，理解化学定量分析实验中有关实验数据的收集和处理、实验结果的计算、实验误差的分析等。通过中和滴定实验数据的处理和计算，培养实事求是的实验态度。

④ 掌握中和滴定实验操作过程。难点是实验数据的处理和实验误差的分析。

⑤ 了解传统维 C 药品中抗坏血酸的滴定原理及操作方法。

二、实验原理

研究物质组成时，一般有两种目的：一是研究物质的组成成分，在化学上叫作定性分析；二是研究物质中各种成分的含量，叫作定量分析。

在定量分析中，用已知物质的量浓度的酸和碱来测定未知浓度的碱和酸的方法叫作酸碱中和滴定。滴定的目的是测定酸或碱的物质的量浓度。

(1) 酸碱中和滴定原理

根据酸碱中和反应的实质：

$$H^+ + OH^- = H_2O \tag{35.1}$$

$$C_{待} = k \cdot \frac{C_{标} \cdot V_{标}}{V_{待}} \tag{35.2}$$

根据式(35.1) 和式(35.2)，已知酸和碱的体积，并知道标准溶液的物质的量浓度，可以计算出另一种物质的浓度。

在酸碱滴定中，常用的酸碱溶液是盐酸和氢氧化钠，但是浓盐酸易挥发，固体氢氧化钠容易吸收空气中水分和二氧化碳，因此不能直接配制准确浓度的盐酸和氢氧化钠标准溶液，所以只能先配制近似浓度的溶液，然后用基准物质标定其准确浓度。也可用另一已知准确浓度的标准溶液滴定该溶液，再根据它们的体积比求得该溶液的浓度。

(2) 酸碱指示剂变色范围

酸碱指示剂都具有一定的变色范围。0.1mol·L^{-1}氢氧化钠和盐酸溶液的滴定（强碱与强酸的滴定），其突跃范围为 pH=4～10，应当选用在此范围内变色的指示剂，例如甲基橙或酚酞等。对于氢氧化钠溶液和醋酸溶液的滴定，是强碱和弱酸的滴定，其突跃范围处于碱性区域，应选用在此区域内变色的指示剂。

酸碱指示剂一般选用酚酞和甲基橙，石蕊试液由于变色不明显，在滴定时不宜选用。对于强酸与强碱滴定，采用酚酞或甲基橙均可。强酸与弱碱滴定则选用应采用甲基橙为指示剂，因为其变色范围为：3.1～4.4，颜色变化为红→橙→黄。而弱酸与强碱滴定则选用酚酞为指示剂，其变色范围为：8.0～10.0（无色→粉红色）。甲基橙和酚酞的分子结构式及变色反应如图 35.1 所示。

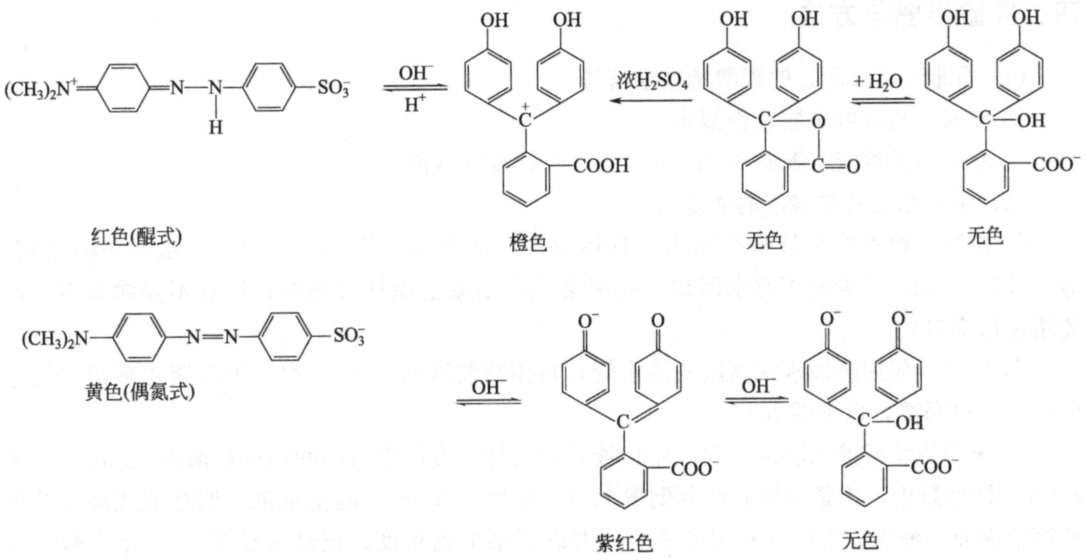

图 35.1 甲基橙和酚酞的结构式和酸碱转换方程

(3) 药片中抗坏血酸的标定原理

维生素 C 是一种己糖醛基酸（简称 AA），水溶性的维生素，是人类营养中最重要的维生素之一，人体缺乏维生素 C 时会出现坏血病，因此它又被称为抗坏血酸。此外维生素 C 还具有预防和治疗感冒以及抑制致癌物质产生的作用。维生素 C 的分布很广，尤其在水果（如猕猴桃、橘子、柠檬、山楂、柚子、草莓等）和蔬菜（芹菜、青椒、菠菜、黄瓜、番茄等）中的含量更为丰富。

对于测定维生素 C 常用的方法有酸碱滴定法、靛酚滴定法、苯肼比色法、荧光法和高效液相色谱法等。其中酸碱滴定法操作最简单且快速准确，但抗干扰能力差。AA 的分子结构式及与氢氧根的反应如图 35.2 所示。

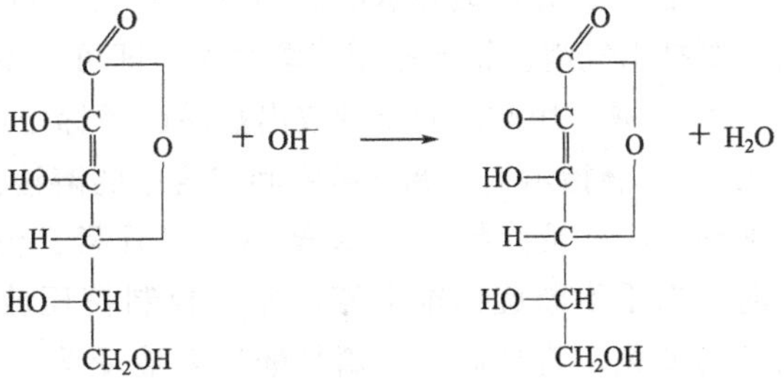

图 35.2 抗坏血酸的结构式及氢氧根的反应方程

但是，药片中除了含有 AA 外，还含有大量其他物质，如阿拉伯树胶，硫酸钠和淀粉等，因此药片正常溶解非常困难。在测定前必须加入少量的酸作为促溶剂，并且加热，从而大大提高药片溶解速度。但是，酸浓度不宜过高，避免AA发生其他副反应而变质。加热温度不能超过50℃，否则AA容易被水中和空气中的氧气氧化。

三、实验设备与材料

① 设备：100mL容量瓶1个，酸式和碱式滴定管各一支，250mL锥形瓶3个，50mL烧杯3个，25mL移液管2支，10mL移液管1支，洗耳球1个，洗瓶1个，铁架台1个（带蝴蝶夹），移液管架，水浴锅（共6个）。

② 试剂：碳酸钠，待标定0.1mol·L^{-1}盐酸，待标定0.1mol·L^{-1}氢氧化钠，0.5%甲基橙溶液，0.5%酚酞溶液，AA药片。

四、实验步骤与方法

(1) 配制0.5mol/L的碳酸钠基准溶液

① 检漏。检查容量瓶是否漏水。

② 配制标准溶液。配制0.5mol/L的碳酸钠基准溶液。

(2) 未知浓度盐酸溶液的滴定过程

① 检漏。检查滴定管是否漏水（具体方法：酸式滴定管，将滴定管加水，关闭活塞。静止放置5min，看看是否有水漏出。有漏必须在活塞上涂抹凡士林，注意不要涂太多，以免堵住活塞口）。

② 洗涤。先用蒸馏水洗涤酸式滴定管，再用待装液润洗2～3次。锥形瓶用蒸馏水洗净即可，不得润洗，也不需烘干。

③ 未知浓度酸液的滴定过程。用移液管取已知浓度的无水碳酸钠标准溶液25mL，注入250mL锥形瓶中，旋紧旋塞后反复倒置混匀，然后加入1～2滴指示剂，调整酸式滴定管中的溶液液面，使液面恰好在0刻度或0刻度以下某准确刻度，记录读数V_1，读至小数点后第二位。将滴定管中溶液逐滴滴入锥形瓶中，滴定时，右手不断旋摇锥形瓶，左手控制滴定管活塞，眼睛注视锥形瓶内溶液颜色的变化，直到滴入一滴盐酸后溶液变为无色且半分钟内不恢复原色。记录滴定后液面刻度V_2。

④ 锥形瓶内的溶液倒入废液缸，用蒸馏水把锥形瓶洗干净，将上述操作重复2～3次。多次测定求各体积的平均值。

(3) 未知浓度氢氧化钠溶液的滴定过程

① 检漏。碱式滴定管检漏方法是将滴定管加水。静止放置5min，看看是否有水漏出。如果有漏，必须更换橡皮管。

② 洗涤。先用蒸馏水洗涤碱式滴定管，再用待装液润洗2～3次。如果尖嘴部分有气泡，要排出气泡。锥形瓶用蒸馏水洗净即可，不得润洗，也不需烘干。

③ 量取。用酸式滴定管放出盐酸已经标定的溶液25mL，注入250mL锥形瓶中，然后加入1～2滴指示剂。调整碱式滴定管中的溶液液面，使液面恰好在0刻度或0刻度以下某准确刻度，记录读数V_1，读至小数点后第二位。将滴定管中溶液逐滴滴入锥形瓶中，滴定时，右手不断旋摇锥形瓶，左手控制挤压胶皮管中的玻璃珠，眼睛注视锥形瓶内溶液颜色的变化，直到滴入一滴盐酸后溶液变为无色且半分钟内不恢复原色。记录滴定后液面刻度V_2。

④ 锥形瓶内的溶液倒入废液缸，用蒸馏水把锥形瓶洗干净，将上述操作重复 2～3 次。多次测定求各体积的平均值。

(4) AA 的滴定

取药片 2 片，至于 250mL 锥形瓶中，先加入大约 20～30mL 去离子水，然后再加入 10mL 盐酸，至于水浴锅中加热，同时适当振荡以加速溶解（加热时间不宜太长，避免 AA 氧化）；待溶解后，加入 2～3 滴指示剂（采用何种指示剂?），用氢氧化钠溶解进行滴定。

五、数据记录与处理（表 35.1）

表 35.1 实验数据记录

实验序号	样品名称	取样体积	初始刻度 V_1	终点刻度 V_2	消耗体积 ΔV
1					
2					
3					
4					
5					
6					

药片重量：

__________ g

六、思考题

① 如果用标准碳酸钠溶液标定盐酸溶液，怎样根据碳酸钠溶液的体积，计算盐酸的浓度?

② 滴定管、移液管在使用前为什么必须用所取溶液洗？本实验所使用的锥形瓶、容量瓶是否也要做同样的处理？为什么?

③ 滴定过程中用水冲洗锥形瓶内壁是否影响反应终点？为什么?

④ 如何计算 AA 的质量分数?

参 考 文 献

[1] 林树昌，曾沪淮．酸碱滴定原理［M］. 北京：高等教育出版社，1989.

[2] 岳宣峰，张延妮，卢樱，张志琪．Excel 软件在酸碱滴定分析教学中的应用［J］. 计算机与应用化学，2006，23(11)：115-117.

实验 36 固体氧化物燃料电池中电解质材料合成及电导率的测定

一、实验目的

① 了解固体氧化物燃料电池的基本工作原理。

② 掌握固体氧化物燃料电池电解质材料制备的基本方法。

③ 掌握采用电化学工作站进行交流阻抗的测试方法。

二、实验原理

固体氧化物燃料电池（SOFCs）作为第三代燃料电池系统，可以高效率地将化学能直接转化为电能，其突出于其他种类燃料电池的燃料适应性强、环境友好、全固态结构、设计的灵活可控等优点使其成为世纪首选的高效洁净的发电技术。目前，所使用氧化钇稳定的氧化锆电解质需要在较高的温度下工作，由此所引发的界面反应、电极烧结、连接封装材料选择受限以及成本过高等问题使得商业化发展停滞不前，如果将工作温度降低到700℃以下，上面的问题就可以迎刃而解。因此，降低的工作温度，开发中低温是燃料电池商业化发展的必然趋势。降低工作温度主要有两种途径，一是研发中低温下具有较高电导率的新型电解质材料，另一个则是电解质材料的薄膜化。

磷灰石结构的硅酸镧，其特殊的晶体结构和导电机理为人们提供了一种全新的开发电解质材料的思路，有别于传统的萤石型和钙钛矿结构的电解质材料，磷灰石结构中含有和部分形成的提供氧离子迁移的孔道，晶胞中的间隙氧离子能够沿平行于轴的方向快速移动，这种开放的结构使其具备高的离子电导率、低的活化能等一系列中低温对电解质所提出的要求，因而一经报道就受到了广泛关注。近年来研究者们致力于硅酸镧和掺杂体系材料的制备和性能的研究，得到了许多实验和理论方面的成果。

获得纯度高、尺寸均匀、颗粒细无团聚的粉体是电解质材料制备的基础，是后期形成高电导率的致密陶瓷电解质材料的前提。目前，制备硅酸镧固体电解质材料的方法主要有固相法和湿化学法。湿化学里又可以分为溶胶凝胶、共沉淀和水热合成法。传统的固相反应法制备硅酸镧基电解质的主要过程是以各种氧化物为原料，通过机械球磨，再经过高温，长时间烧结反应而得到目标产物，它的主要优点是操作简单，产量大。但是，由于需要高温长时间烧结，耗能大，效率低，同时由于机械混合的不均匀性，高温烧结时往往伴随绝缘相的产生，严重影响电解质材料的导电能力。因此，固相法制备硅酸镧基的电解质很难满足SOFCs的要求。

用溶胶凝胶法能够制备纯相、粒度分布均匀的Al、Fe掺杂硅酸镧纳米粉体，高温煅烧后相对密度可达96%。化学共沉淀法是选择合适的可溶于水的金属盐类，按所制备的材料的组成将金属盐类溶解成离子，用合适的沉淀剂将金属离子沉淀析出，再将沉淀物热处理而得到粉体的方法。这种方法制备的粉体粒度细，稳定均匀，纯度高，但是，在制备过程中容易发生分步沉淀，对试剂的要求较高，过程难以把握。不论是传统的固相反应法还是引起广泛研究的湿化学法，总存在一定的缺点，随着工业的发展，对材料的性能要求也在不断提高，这也就需要我们融合几种方法的优点，能够制备出性能更加优异的材料。

SOFCs中低温化另一条行之有效的途径是电解质材料的薄膜化，随着电解质厚度的降低，电解质内部的阻抗减小，电导率增大，电池的输出功率增大，从而降低的工作温度。目前，制备薄膜的技术主要有以下几种：化学气相沉积法、物理气相沉积法、溶胶凝胶法、丝网印刷法。

三、实验设备与材料

① 设备：分析天平，恒温干燥箱，恒温水浴锅，马弗炉，压片机，电化学工作站。

② 试剂：硝酸镧，氧化镧，柠檬酸，正硅酸乙酯，乙二醇，乙醇，8%聚乙烯醇溶液，二氧化硅（99.9%）。

四、实验步骤与方法

（1）溶胶凝胶法制备磷灰石型材料

正硅酸乙酯和硝酸镧为原料，以乙醇作为溶剂，首先将摩尔比为 2∶3 的柠檬酸和乙二醇溶于适量的乙醇，加入化学计量的硝酸镧搅拌得到透明溶液；加入 1/3 柠檬酸摩尔量的正硅酸乙酯，混合后的溶液置于 80℃的水浴锅中恒温搅拌，一定时间后形成透明均一的溶胶，凝胶化一定的时间后转化为凝胶，放入 90℃鼓风干燥箱中烘干，所得干凝胶进行研磨，并于 600℃下热处理 4h 以去除有机物，研钵研磨后再在 1000℃下煅烧 4h。

（2）共沉淀法制备磷灰石型材料

实验中以正硅酸乙酯和硝酸镧为原料，以体积比为 4∶1 的酒精和去离子水为溶剂，将化学计量配比的硝酸镧和正硅酸乙酯于溶剂中搅拌溶解，加入氨水调节 pH 至 9，溶液变成沉淀，之后将沉淀物置于超声波磁力搅拌器搅拌，在室温下会形成白色的胶体，经过真空抽滤得到溶胶，分别用去离子水和酒精反复清洗溶胶三次，之后置于 100℃的干燥箱干燥 12h。干凝胶研磨后在 1000℃下煅烧 4h 得到硅酸镧前驱粉体。

（3）硅酸镧粉体的热处理、成型与烧结

在各种方法分别制备的粉体中加入 8% 的 PVA 溶液进行研磨、过筛、造粒，采用压片机在 20 MPa 静压下压制成厚度约 1mm、直径 15mm 的片状试片，将试片放入高温箱型电阻炉中缓慢加热至 600℃保温 2h，之后分别在 1450℃、1500℃和 1600℃下烧结 6h 以测定电导率。

（4）实验采用衍射仪进行物相分析和交流阻抗测试

将烧结后的电解质陶瓷片样品磨平、抛光、清洗、烘干后，在样品两侧表面涂覆银电极浆料，干燥后放入电阻炉中进行热处理。热处理时先从室温缓慢升至 300℃保温 30min 排除银浆中的有机物，然后快速升至 700℃保温 1h 后随炉冷却。将涂覆电极的陶瓷样品放入管式炉中，以 10℃/min 的升温速率升至 300℃保温 30min。采用上海辰华仪器有限公司电化学工作站进行交流阻抗测试，测试频率为 0.1Hz～1MHz，测试温度范围 300～800℃，测试在空气中进行。

五、数据记录与处理

① 对不同方法制备的硅酸镧粉体进行 X 射线衍射的表征。

② 对两种不同方法制得的陶瓷样品进行交流阻抗测试，绘制 1450℃、1500℃和 1600℃烧结温度下的电导率与温度的关系图。

六、思考题

① 试阐述常见的固体氧化物燃料电池电解质材料。

② 试阐述固体氧化物燃料电池的发展趋势。

参 考 文 献

[1] 高伟. 中温固体氧化物燃料电池硅酸镧电解质合成及性能研究 [D]. 吉林大学博士学位论文，2009.

[2] 吕盼. 固体氧化物燃料电池电解质材料的制备与性能研究 [D]. 安徽理工大学硕士论文，2014.

实验 37 玻璃表面改性及润湿性测定

一、实验目的

① 通过实验掌握硅烷偶联剂对玻璃表面改性的方法。

② 了解接触角测量仪的原理、方法，学会用其测定材料的润湿性能。

二、实验原理

润湿性是固体表面的重要性质之一，接触角是反映固体表面润湿性的重要尺度。接触角又称润湿角，是指液滴在固体表面扩展并达到平衡状态后，气-液界面张力 γ_l 与液-固界面张力 γ_{sl}形成的夹角 θ（如图 37.1 所示）。

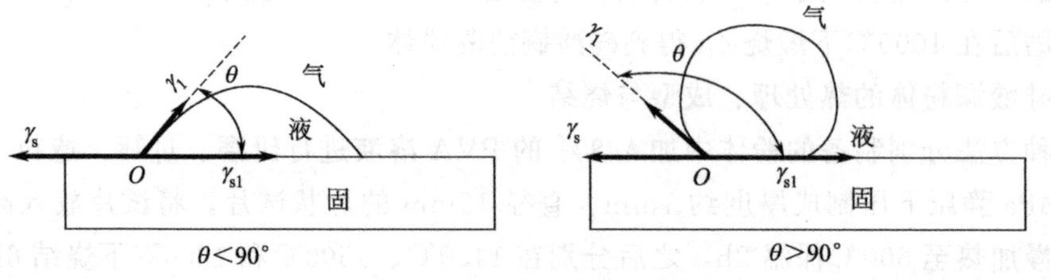

图 37.1 接触角 θ 与各个界面张力

杨氏方程 $\gamma_s=\gamma_{sl}+\gamma_l\cos\theta$ 体现了固-气表面张力 γ_s、固-液表面张力 γ_{sl}、液-气表面张力 γ_l 与固液界面接触角 θ 的关系。杨氏公式是一种理论计算方法，可以得到精确的和热力学稳定的理论接触角。在理想环境中，固、液、气三相的表面张力数值是一种理论化统计性的参数。在表面张力确定时，就可以计算接触角，大多数实验测试方法都是以杨氏方程为指导而产生的。通常把 $\theta<90°$称为润湿，$\theta>90°$的称为不润湿。θ 越接近 180°，固体的疏水性就越好，θ 越接近 0°，固体的亲水性就越好。

未经改性的玻璃是亲水的，通过对其改性可以改变其表面的润湿性。玻璃表面改性最常用的方法就是采用硅烷偶联剂修饰。一般先要对玻璃表面进行羟基化处理，进行羟基化处理的玻璃基片表面会有大量的亲水性基团覆盖在玻璃基片表面，然后再用硅烷偶联剂修饰。通过硅烷偶联剂与羟基的反应，在玻璃与偶联剂之间形成硅氧键（Si-O-Si），使偶联剂通过化学键合于玻璃表面。偶联剂另一端的性质决定了改性后玻璃的润湿性。

偶联剂是一类具有两性结构的物质，它们分子中的一部分基团可与无机物表面的化学基团反应，形成牢固的化学键合，另一部分基团则有亲有机物的性质，可与有机物分子反应或物理缠绕，从而把两种性质不相同的材料牢固结合起来。硅烷偶联剂的化学式为：$RSiX_3$。R 表示有机官能基，X 表示水解性官能基，X 遇水生成硅醇。如果是无机材料（如玻璃），则偶联剂和玻璃表面的硅醇发生缩合反应，在玻璃和硅烷偶联剂之间形成共价键。

γ-甲基丙烯酸丙酯基三甲氧基硅烷 KH-570 是一种典型的硅烷偶联剂，其结构式见图 37.2。

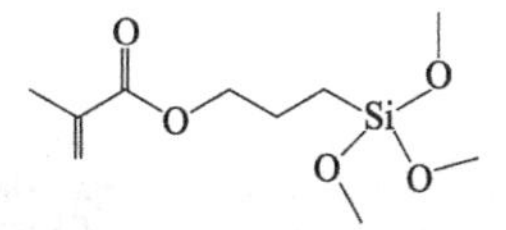

图 37.2 γ-甲基丙烯酸丙酯基三甲氧基硅烷 KH-570 的结构式

三、实验设备与材料

① 设备：水浴锅，电子天平，烧杯，接触角测量仪，载玻片，烧杯若干，量筒两个，镊子两把。

② 试剂：双氧水（过氧化氢 30%），氨水，盐酸，无水乙醇，KH-570（γ-甲基丙烯酸丙酯基三甲氧基硅烷）。

四、实验步骤与方法

（1）玻璃表面羟基化处理

将载玻片在含有水，30%过氧化氢和 20%氨水（体积比 5：1：1）溶液的烧杯中恒温 60℃浸泡 15min；再在含有水，30%过氧化氢和 37%盐酸（体积比 6：1：1）溶液的烧杯中恒温 60℃浸泡 15min。用水和乙醇清洗，获得表面羟基化的玻璃，保存在乙醇中待用。

注意：由于盐酸和氨水具有挥发性，所以在处理玻璃片时必须在烧杯上加盖。

（2）硅烷偶联剂修饰玻璃表面

将上述表面羟基化的玻璃取出，吹干后。浸入 1%的 KH-570 的乙醇溶液中，60℃恒温浸泡 1h 后取出，用乙醇清洗、吹干。

（3）接触角测定

在接触角测量仪上测定玻璃改性前后的接触角，每片玻璃测三个不同地方，计算平均值，拷贝照片。

五、数据记录与处理，见下表。

接触角数据记录表

处理方法	接触角			平均值
未改性				
羟基化处理				
偶联剂处理				

六、思考题

① 接触角测试时间太长，液滴太大对测量结果有何影响？

② 硅烷偶联剂与玻璃表面的结合方式是怎样的？

参考文献

[1] 罗春华，董秋静，张宏．材料化学专业综合实验［M］．北京：机械工业出版社，2015.

[2] 李青柳，刘铭，马栋，王波．有机氟硅烷对玻璃表面的浸润改性［J］．中国表面工程，2014，27（3）：95-100.

实验38 盐类物质化学提纯与分析实验

一、实验目的

① 学习提纯盐类物质原理和方法及有关离子的鉴定。

② 掌握溶解、过滤、蒸发、浓缩、结晶、干燥等基本操作。

二、实验原理

提纯原理

以提纯氯化钠为例，粗盐中含有泥沙等不溶性杂质，以及可溶性杂质，如 Ca^{2+}、Mg^{2+}、K^{+} 和 SO_4^{2-} 等。不溶性杂质可以用溶解、过滤的方法除去，然后蒸发水分得到较纯净的精盐。

首先，可在粗盐溶液中加入过量的氯化钡溶液，除去 SO_4^{2-}。

$$Ba^{2+} + SO_4^{2-} = BaSO_4 \tag{38.1}$$

将溶液过滤，除去硫酸钡沉淀。在滤液中加入氢氧化钠和碳酸钠，除去 Mg^{2+}，Ca^{2+} 和沉淀 SO_4^{2-} 时加入的过量 Ba^{2+}。

$$Mg^{2+} + 2OH^{-} = Mg(OH)_2 \tag{38.2}$$

$$Ca^{2+} + CO_3^{2-} = CaCO_3 \tag{38.3}$$

$$Ba^{2+} + CO_3^{2-} = BaCO_3 \tag{38.4}$$

过滤除去沉淀。溶液中过量的氢氧化钠和碳酸钠可以用纯盐酸中和除去。粗盐中的 K^{+} 和上述的沉淀剂都不起作用。由于氯化钾的含量较少，因此在蒸发和浓缩过程中，氯化钠先结晶出来，而氯化钾则留在溶液中。

三、实验设备与材料

① 设备：天平，烧杯，量筒，普通漏斗，漏斗架，布氏漏斗，吸滤瓶，药匙，蒸发皿，酒精灯。

② 试剂：粗食盐，盐酸（6mol/L），氢氧化钠（6mol/L），氯化钡（1mol/L），碳酸钠（饱和），滤纸，pH 试纸。

四、实验步骤与方法

（1）溶解

用电子天平称取约 4g 粗盐（精确到 0.1g）。用量筒量取 15mL 水倒入烧杯里，粗盐加入水中，用玻璃棒搅拌，观察溶液是否浑浊。加热使其溶解。至溶液沸腾时，在搅拌下逐滴加入 1mol/L 氯化钡至沉淀完全（约 1mL）。继续加热 5min，使硫酸钡的颗粒长大，而易于沉淀和过滤。用普通漏斗过滤。（为了试验沉淀是否完全，可待溶液冷却，沉淀下降后，取少量上层清液于试管中，滴加几滴 6mol/L 盐酸，再加几滴 1mol/L 氯化钡检验。）

(2) 过滤

操作步骤有以下几点。

① 取一张圆形滤纸，先对折成半圆，再对折成扇形，然后展开成锥形，放入漏斗中试一试，看是否和漏斗角度一样，如果不一样就要调整滤纸角度直到和漏斗角度完全一样，再用滴管取少量蒸馏水将滤纸湿润，使滤纸紧贴于漏斗内壁，中间不能有气泡，以免减缓过滤速度。同时还要注意：放入漏斗后的滤纸边缘，要比漏斗口边缘约低5～10mm，若过大则要用剪刀剪去多余的部分。

② 将制作好的过滤器放在铁架台的铁圈上，调整高度，使漏斗的最下端与烧杯内壁紧密接触，这样可以使滤液沿着烧杯内壁流下来，不致迸溅出来。

③ 过滤时，往漏斗中倾注液体必须用玻璃棒引流，使液体沿着玻璃棒缓缓流入过滤器内，玻璃棒的下端要轻轻接触有三层滤纸的一面，注入液体的液面要低于滤纸的边缘，防止滤液从漏斗和滤纸之间流下去，影响过滤质量。

④ 综上所述，过滤的要点总结为“一贴、二低、三接触”，即 a. 要将滤纸紧贴漏斗内壁（此为“一贴”）；b. 滤纸边缘要低于漏斗口边缘，过滤时液体液面要低于滤纸边缘（此为“二低”）；c. 漏斗最下端要接触烧杯内壁，引流的玻璃棒下端要接触滤纸的三层一面，倾倒液体的烧杯要接触引流的玻璃棒（此为“三接触”）。

⑤ 仔细观察滤纸上的剩余物及滤液的颜色，滤液仍浑浊时，应该再过滤一次，如果经两次过滤滤液仍浑浊，则应检查实验装置并分析原因，例如滤纸破损，过滤时漏斗里的液面高于滤纸边缘，仪器不干净等。找出原因后，要重新操作。

⑥ 在滤液中加入约0.5mL 6mol/L 氢氧化钠和约1mL 饱和碳酸钠，加热至沸，待沉淀下降后，取少量上层清液放在试管中，滴加碳酸钠溶液，检查有无沉淀生成，如不再产生沉淀，用普通漏斗过滤。

⑦ 在滤液中逐滴加入6mol/L 盐酸，直至pH试纸显示溶液呈微酸性为止（pH为6）。

⑧ 将滤液倒入蒸发皿中，用酒精灯小火加热蒸发，浓缩至稀粥状的稠液为止，切不可将溶液蒸干。

⑨ 冷却后，用布氏漏斗过滤，尽量将结晶抽干，将结晶放入干燥箱中干燥。

布氏漏斗使用方法：用漏斗在滤纸上压一个痕迹，根据痕迹剪下滤纸，这样会比漏斗内径稍微大一点，就可以了。操作：先用水把滤纸润湿，抽一下，使滤纸紧靠在漏斗底端，可以防止待过滤的东西漏掉。倒入滤液，开机器抽，可以稍微搅拌，只剩下滤出物质。

⑩ 精盐冷却至室温，称重，计算产率。

五、思考题

① 加入15mL水溶解4g食盐的依据是什么？加水过多或过少有什么影响？

② 怎样除去实验过程中所加的过量沉淀剂氯化钡、氢氧化钠和碳酸钠？

③ 提纯后的食盐溶液浓缩时为什么不能蒸干？

参考文献

[1] 吴霖．关于“粗盐提纯”实验效果的分析 [J]．实验教学与仪器，2006，23（11）：21-22.

[2] 高明慧．无机、分析和物理化学实验 [M]．北京：化学工业出版社，2013.

实验39 温差发电观测

一、实验目的

① 掌握塞贝克效应和帕尔帖效应的物理原理。

② 掌握温差电源器件的工作原理和内部电路连接结构。

③ 了解热电材料在当前工业中的应用领域和其应用前景。

二、实验原理

本实验是测量室温附件或以上温差电源器件的热电转换能力随两端面温度差而变化的规律。具体方法是温差电源器件的两个端面接触不同温度的热源和冷源，形成温度差，利用塞贝克效应（两种不同材料组成回路：回路电流的流向看具体场景。温度差 x 较小时，电动势与之呈线性关系）产生电势差，同时检测输出电压和输出电流，进而计算温差电能转换的效率，见图 39.1。

如果在电极之间通入直流电流，则根据帕尔帖效应可以知道，器件的端面有温度差生成。

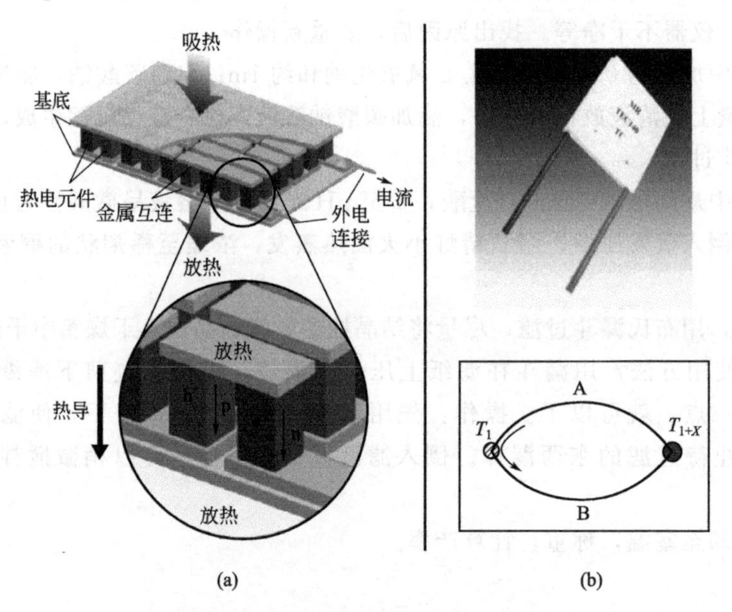

图 39.1 温差电能转换器件结构

(a) 器件实际图片；(b) 塞贝克效应原理图

三、实验设备和热电单元的工作过程

本实验的测试样品为温差电源器件，主要结构是多个 N 型-P 型的热电单元串接而成，如图 39.2 所示。在最终端引出正负电极，每个 N 型-P 型的热电单元的尺寸在 3mm 左右。N 型-P 型的热电单元的工作原理是在外加温度场作用下，热端载流子变得稀疏，而冷端浓度增加。相当于器件是靠载流子来传导、来实现热与电的转换，没有转动，因而没有噪声。对于N型部件，热端电势差高，而对于P型部件，热端电势差低。两者组合刚好是电势差叠加。

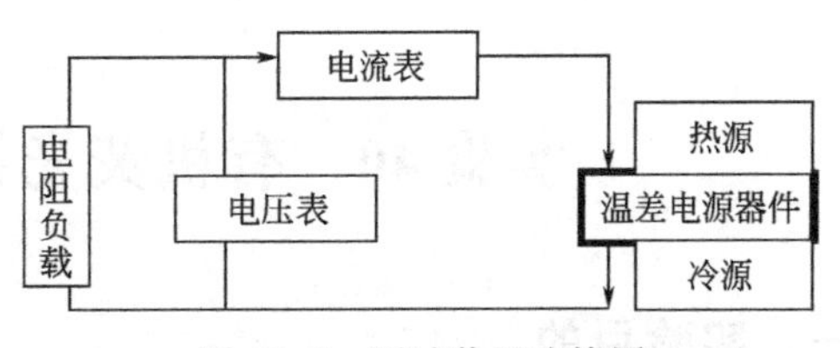

图 39.2　测试装置连接图

多结串联对外供电，可以使热能转变为电能，属于“绿色”能源器件。由于这种温差电能转换器件的稳定性高，无噪音，无转动部件，几乎不需维修，所以被认为有很高的应用价值和广泛的应用前景以及学术价值。

电流表采用Keithley2400，电压表可以用Keithley2812或普通万用表。

四、实验步骤与方法

① 温度的标定：在测量之前，要进行一下温度的标定，使得测量工作能更加准确的进行。

② 连接pt-100测温电阻，调整电压表到合适档位（伏特档位）。

③ 在烧杯或水箱中加入500mL的90℃的热水，使热源开始工作，保持冷端温度恒定在室温20℃，热接触良好，实时监测热端温度。

④ 连接整套电路，如图39.2所示。

五、数据记录与处理

① 记录每当温度变化5℃左右的时候，电压和电流的读数，并记录10组。

② 实验原始数据交指导教师签字。

③ 根据测试数据描出电功率随温度差的定性变化关系图，找出电功率最大时对应的温度范围。

④ 开始记录数据，绘制如下表格。

序号	热端温度/℃	电流强度/mA	电压/mV	功率/W
1				
2				
3				
4				

六、思考题

① 对比传统的电与热之间的转换方式，说明温差电转换器件的优点和其应用领域和应用前景。

② 对测试系统提出改进建议，并思考如何提高热电材料（或热电器件）的转换效率？

③ 调研当前国际和国内的热电材料与器件的最新发展概况。

参考文献

[1] 郑文波，王禹，吴知非，等．温差发电器热电性能测试平台的搭建［J］．实验技术与管理，2006，23（11）：62-65.

实验 40　有机荧光染料溶液的光谱性质测定

一、实验目的

① 了解荧光分光光度计的性能与结构，掌握仪器的基本操作。

② 学会绘制荧光激发光谱和发射光谱图（即确定最大的 λ_{ex} 和 λ_{em}）。

③ 定量测定奎宁的含量（标准曲线法）。

二、实验原理

奎宁在稀酸溶液中是强荧光物质，它有两个激发波长 250nm 和 350nm，荧光发射峰在 450nm。在低浓度时，荧光强度与荧光物质量浓度呈正比：$I_f = kc$，通过标准曲线法可以测定未知样品中的奎宁含量。

三、实验设备与材料

① 设备：岛津 RF-5301 型荧光分光光度计。

② 试剂：10.0μg · mL^{-1}奎宁储备液；0.05mol · L^{-1} H_2SO_4 溶液。

四、实验步骤与方法

（1）系列标准溶液的配制

取 6 支 25mL 的容量瓶，分别加入 0.00mL、1.00mL、2.00mL、3.00mL、4.00mL、5.00mL 的 10.0μg · mL^{-1} 奎宁标准溶液，用 0.05mol · L^{-1} H_2SO_4 溶液稀释至刻度，摇匀。

（2）绘制荧光发射光谱和激发光谱（以 1.2μg · mL^{-1}的标准溶液找最大 λ_{em} 和 λ_{ex}）

将 λ_{ex} 固定在 250nm，选择合适的实验条件，在 350～600nm 范围内扫描即得荧光发射光谱，从谱图中找出最大 λ_{em} 值；将 λ_{em} 固定在 450nm，选择合适的实验条件，在 220～400nm 范围内扫描即得荧光激发光谱，从谱图中找出最大 λ_{ex} 值。

（3）绘制标准曲线

将激发波长 λ_{ex} 固定在 250nm 处，荧光发射波长 λ_{em} 固定在 450nm 左右处，在选定条件下，测量系列标准溶液的荧光强度，以荧光强度为纵坐标，标准溶液的浓度为横坐标作图，得到标准溶液的荧光强度标准曲线。

（4）未知样品的测定

取约 4mL 待测样品，按照标准溶液相同的测定条件测定其荧光强度，扫描三次，从标准曲线上计算出对应的浓度。

五、实验结果与讨论

（1）发射光谱和激发光谱的绘制

以 1.2μg · mL^{-1}的标准溶液测定奎宁的发射光谱，固定激发波长为 250nm，激发和发射狭缝分别设定为______nm 和______nm，激发光谱扫描范围为 350～600nm，得到奎宁的发射光谱，从图中可知其最大发射波长在________nm 左右。

固定发射波长在 450nm，激发和发射狭缝分别设定为______nm 和______nm，激发光谱扫描范围为 220～400nm，得到激发光谱，由图中可知奎宁共有两个激发波长，分别在______nm 和______nm 左右。

（2）系列标准溶液的荧光强度测定

将激发波长固定在 250nm，激发和发射狭缝分别设定为______nm 和______nm，测定标准溶液在 350～600nm 范围内的发射光谱，从中读出 450nm 处对应的荧光发射强度，每个样品扫描三次，所得结果填入下表。

样品浓度/$\mu g \cdot mL^{-1}$	荧光强度			平均值	平均偏差

以荧光强度为纵坐标，标准溶液的浓度为横坐标作图，得到标准溶液的荧光强度标准曲线如下：

其对应线性关系为：$I_f = A + B \cdot C$（$\mu g \cdot mL^{-1}$），

其中 $A=$__________，$B=$____________

（3）样品浓度测定

未知样品浓度测定结果填入下表

样品编号	荧光强度			平均值	平均偏差	对应浓度/$\mu g \cdot mL^{-1}$
No. 1						
No. 2						

六、思考题

① 能用 0.05mol·L^{-1} HCl 来代替 0.05mol·L^{-1} H_2SO_4 稀释溶液吗？为什么？

② 如何绘制激发光谱和荧光发射光谱？

③ 哪些因素可能会对奎宁荧光产生影响？

七、注意事项

① 在测量荧光强度的时候，最好用同一个比色皿，以避免由于比色皿之间的差异而引起的误差。

② 取比色皿时，手指拿住棱角外，切不可碰光面，以免污染比色皿，影响测量。

参 考 文 献

[1] 吴世康．荧光探针技术在高分子科学中的应用 [J]．化学进展，1996，8（2）：118-128.

[2] 黄晓峰，张远强，张英起．荧光探针技术 [M]．北京：人民军医出版社，2004.

第三篇
功能材料性能测试实验

实验 41　压电效应的测量

一、实验目的

① 理解压电效应及其原理。

② 了解锆钛酸铅压电陶瓷（PZT）的制备流程。

③ 说明 PZT 的 d_{33}的测试原理及过程。

二、实验原理

压电效应（piezoelectricity），是电介质材料中一种机械能与电能互换的现象。压电效应有两种，正压电效应及逆压电效应。压电效应在声音的产生和侦测、高电压的生成、电频生成、微量天平（microbalance）和光学器件的超细聚焦有着重要的运用。

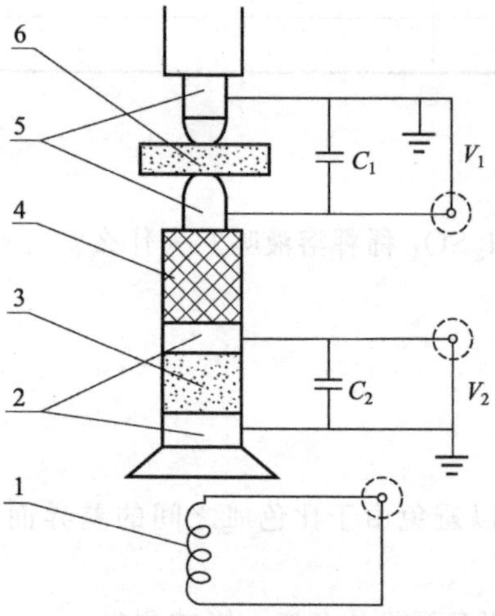

图 41.1　准静态法测试原理图
1—电磁驱动器；2—比较振子上、下电极；3—比较振子；4—绝缘柱；5—上、下测试探头；6—被测振子；C_1—被测振子并联电容；C_2—比较振子并联电容；V_1—被测输出电压；V_2—比较输出电压

正压电效应：当对某些晶体施加压力、张力或切向力时，则发生与应力成比例的介质极化，同时在晶体两端面将出现数量相等、符号相反的束缚电荷，这种现象称为正压电效应，如下图所示。

逆压电效应：当在晶体上施加电场引起极化时，将产生与电场强度成比例的变形或机械应力，这种现象称为逆压电效应。

准静态法的测试原理是依据正压电效应，在压电振子上施加一个频率远低于振子谐振频率的低频交变力，产生交变电荷。

当振子在没有外电场作用，满足电学短路边界条件，只沿平行于极化方向受力时，压电方程可简化为：

$$D_3 = d_{33} T_3 \quad 即\ d_{33} = D_3 / T_3 = Q/F \qquad (41.1)$$

式中 D_3——电位移分量，C/m^2；

T_3——纵向应力，N/m^2；

d_{33}——纵向压电应变常数，C/N 或 m/V；

Q——振子释放的压电电荷，C；

F——纵向低频交变力，N。

如果将一被测振子与一书籍的比较振子在力学上串联，通过一施力装置内的电磁驱动器产生低频交变力并施加到上述振子，见图 41.1，则被测振子所释放的压电电荷 Q_1 在其并联电容器 C_1 上建立起电压 V_1；而比较振子所释放的电荷 Q_2 在 C_2 上建立起电压 V_2。

由式(41.1) 可得到：

$$\begin{cases} d_{33}^{(1)} = C_1 V_1 / F \\ d_{33}^{(2)} = C_2 V_2 / F \end{cases} \tag{41.2}$$

式中，$C_1 = C_2 > 100C^{T}$（振子自由电容）。

式(41.2) 可进一步简化为：

$$d_{33}^{(1)} = V_1 / V_2 \cdot d_{33}^{(2)} \tag{41.3}$$

式(41.3) 中比较振子的 $d_{33}^{(2)}$ 值是给定的，V_1 和 V_2 可测定，即可求得被测振子的 $d_{33}^{(1)}$ 值。如果将 V_1 和 V_2 经过电子线路处理后，就可以直接得到被测振子的纵向压电应变常数 d_{33} 的准静态值和极性。

三、实验设备与材料

① 设备：压电陶瓷 d_{33} 测量仪，见图 41.2。

② 材料：锆钛酸铅压电陶瓷和氧化铝陶瓷。

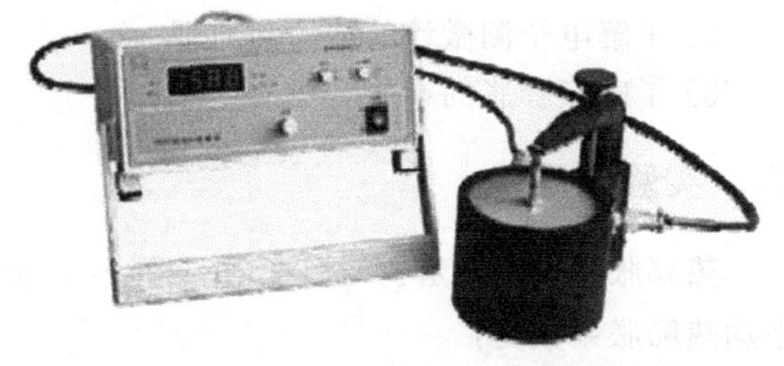

图 41.2　压电陶瓷 d_{33} 测量仪

四、实验步骤与方法

① 用两根多芯电缆把测量头和仪器本体连接好，接通电源。

② 接通电源，在仪器通电 30min 后，接入标准样块，把选择开关置于“力”状态，此时，表头显示的低频交变应力值应为 $(250 \pm 10) \times 10^{-3}$N。把选择开关置于“$d_{33}$”状态，变换“$d_{33}$”极性，调节仪器前面板上的调零旋钮，使面板表显示的正负对称，在调节后面板“校准”，使得“d_{33}”示值与标准值相符。

③ 插入待测试样于上下两探头之间，调节调节轮使探头与样品刚好夹持住，静压力应尽量小，使面板表指示值不跳动即可。静压力不易过大，如过大会引起压电非线性。但也不能过小，以致试样松动，指示值不稳定。

④ 仪器面板设有“量程选择”开关，可根据需要选择。一般置于“×1”挡即可，如材料的 d_{33} 值较低可置于“×0.1”档，但两档要分别为零。

⑤ 测量不同组分锆钛酸铅压电陶瓷的压电系数 d_{33}，列表整理。

五、数据记录与处理

测试结果列表整理。

六、注意事项

① 使用仪器设备之前，仪器至少预热 30min。

② 测试之前必须进行调零，且在测试过程中零点如有变化或换挡时，需重新调零。

③ 测量头中的上、下探头要清洁光亮，保持良好的导电性。应确保各种抗磁干扰能力比较弱的产品远离通电后的亥姆霍兹线圈，以防受到影响。

④ 其他注意事项详见各配套仪器说明书。

七、思考题

① 压电效应分几类？并举实用例子说明。

② 二氧化硅石英玻璃可以产生压电效应吗？

参 考 文 献

[1] 张艾丽，米有军．锆钛酸铅 PZT 压电陶瓷的制备及其性能研究 [J]. 山东陶瓷，2013，36 (3)：31-32.

[2] 周盈盈，高小琴，常钢，等．高性能锆钛酸铅 (PZT) 粉体的水热法合成及其压电陶瓷性能研究 [J]. 湖北大学学报（自科版），2016，2：91-96.

实验 42　材料的热膨胀性能测量

一、实验目的

① 了解电子测微计的结构和原理。

② 了解热膨胀的本质。

二、实验原理

热膨胀系数的确定：当温度由 t_1 到 t_2，相应地长度由 L_1 变到 L_2 时，材料在该温区的平均热膨胀系数为：

$$\bar{\alpha}=\frac{L_2-L_1}{L_1(t_2-t_1)}=\frac{\Delta L}{L\Delta t} \tag{42.1}$$

当 $\Delta t\to 0$ 时，在恒压下式(42.1) 的极限值定义为微分线膨胀系数：

$$\alpha_t=\frac{1}{L}\left(\frac{\partial L}{\partial t}\right)_p \tag{42.2}$$

相应地，当温度由 t_1 变到 t_2 时，材料的体积由 V_1 变到 V_2，则其平均体膨胀系数为：

$$\beta=\frac{V_2-V_1}{V_1(t_2-t_1)}=\frac{\Delta V}{V_1\Delta t} \tag{42.3}$$

同样地，当 Δt 趋近 0 时恒压下上式(42.3) 的极限值定义为微分体膨胀系数

$$\beta_t=\frac{1}{V}\left(\frac{\partial V}{\partial t}\right)_p \tag{42.4}$$

三、实验方法

TMA/SS 是一台配备有一只炉子、温度探测器和负荷机械装置以及能够连续测量样品

长度变化的电子测微计，图 42.1 为 TMA/SS 的结构图。样品由连在样品管和探测杆上的夹具控制（如图 42.2 所示）。如果对样品施力，那么在样品长度上产生的变化就会由一个独立连接的微分变压器以及核心探测出来。

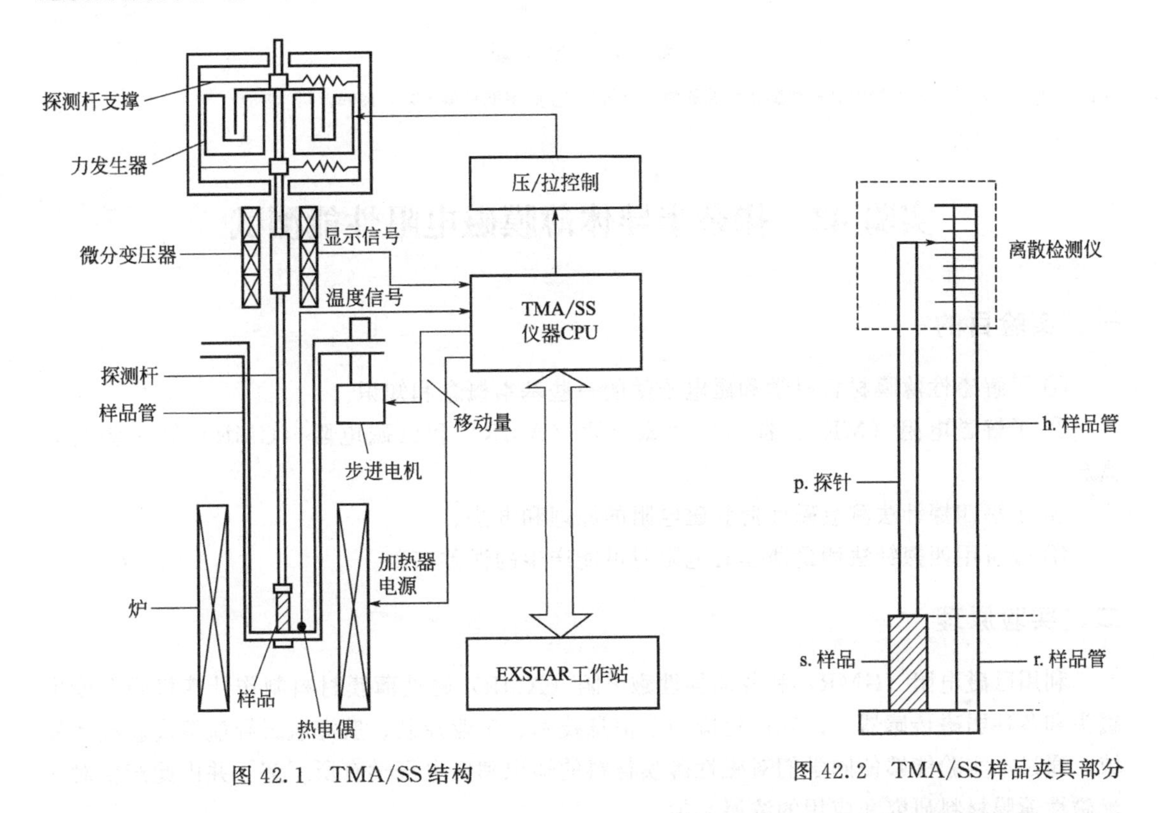

图 42.1　TMA/SS 结构　　　　图 42.2　TMA/SS 样品夹具部分

样品 s 和样品长度的管子部分 r 之间的主要膨胀差异被测定出来。这意味着样品的真实膨胀在有过由一个 p/h 膨胀差异校正（空白校正）和样品管的 r 部分的膨胀校正（参比校正）所组成的探测信号校正后被测量出来。这种关系可以由以下的公式表达：平均线膨胀系数

$$a(T_1-T_2)=\frac{1}{L_0\times10^3}\frac{\Delta l_s(T_2)-\Delta l_s(T_1)-[\Delta l_b(T_2)-\Delta l_b(T_1)]}{T_2-T_1}+\beta_r(T_1-T_2) \tag{42.5}$$

式中，T_1，T_2 为温度，℃；L_0 为 20℃时的样品长度，mm；$\Delta l_s(T)$ 为在温度 T 时被测量样品的 TMA 测量值，μm；$\Delta l_b(T)$ 为在温度 T 时被测量探测杆材料的 TMA 测量值，μm；$\beta_r(T_1-T_2)$ 为探测杆材料在温度 T 的热膨胀系数，$℃^{-1}$；$a(T_1-T_2)$ 为样品在温度 T 的热膨胀系数，$℃^{-1}$。

四、数据记录与处理

① 目的要求。

② 实验原理、仪器。

③ 主要实验步骤。

④ 画出 T-ΔL 曲线。

五、思考题

热膨胀的本质是什么？有何依据？

参 考 文 献

[1] 李燕勇．几种低密度烧蚀材料热膨胀性能的测试及研究［J］．宇航材料工艺，1996，4：47-51.

实验 43 掺杂半导体薄膜磁电阻性能测试

一、实验目的

① 了解磁性薄膜材料科学和磁电子学的一些基本概念和知识。

② 了解磁电阻（MR）、各向异性磁电阻（AMR）和巨磁电阻（GMR）等一些基本概念。

③ 了解四探针法测量磁性薄膜磁电阻的原理和方法。

④ 分析用四探针法测量薄膜磁电阻时可能产生的误差来源。

二、实验原理

利用巨磁电阻（GMR）和各向异性磁电阻（AMR）磁性薄膜材料制作计算机硬盘读出磁头和各种弱磁传感器，已经广泛应用于信息技术、工业控制、航海航天导航等高新技术领域。通过本实验能够使同学们对磁性薄膜材料的知识和磁电子学有所了解，并由此产生对纳米磁性薄膜材料研究和应用的浓厚兴趣。

1. 磁性薄膜的磁电阻效应

磁电阻效应是指物质在磁场的作用下电阻发生变化的物理现象。表征磁电阻效应大小的物理量为 MR，其定义为：

$$MR=\frac{\Delta\rho}{\rho}=\frac{\rho-\rho_0}{\rho_0}\times 100\% \tag{43.1}$$

其中，ρ 和 ρ_0 分别表示物质在某一不为零的磁场中和磁场为零时的电阻率。磁电阻效应按磁电阻值的大小和产生机理的不同可分为：正常磁电阻效应（OMR）、各向异性磁电阻效应（AMR）、巨磁电阻效应（GMR）和超巨磁电阻效应（CMR）等。

（1）正常磁电阻效应

正常磁电阻效应（OMR）为普遍存在于所有金属中的磁场电阻效应，它由英国物理学家 W. Thomson 于 1856 年发现。其特点是有以下几点。

① 磁电阻 $MR>0$；

② 各向异性，但 $\rho_{\perp}>\rho_{/\!/}$（$\rho_{\perp}$ 和 $\rho_{/\!/}$ 分别表示外加磁场与电流方向垂直及平行时的电阻率）；

③ 当磁场不高时，MR 正比于 H^2。

OMR 来源于磁场对电子的洛伦兹力，该力导致载流体运动发生偏转或产生螺旋运动，因而使电阻升高。大部分材料的 OMR 都比较小。以铜为例，当 $H=10^{-3}T$ 时，铜的 OMR 仅为 $4\times10^{-8}\%$。

(2) 各向异性磁电阻效应

在居里点以下，铁磁金属的电阻率随电流 I 与磁化强度 M 的相对取向而异，称之为各向异性磁电阻效应。即 $\rho_{\perp} \neq \rho_{/\!/}$。各向异性磁电阻值通常定义为：

$$AMR = \Delta\rho/\rho = (\rho_{/\!/} - \rho_{\perp})/\rho_0 \tag{43.2}$$

低温 5K 时，铁、钴的各向异性磁电阻值约为 1%，而坡莫合金（$Ni_{81}Fe_{19}$）为 15%，室温下坡莫合金的各向异性磁电阻值仍有（2～3）%。如图 43.1 所示为厚度为 200nm 的 NiFe 单层薄膜的磁电阻（*MR*）变化曲线。

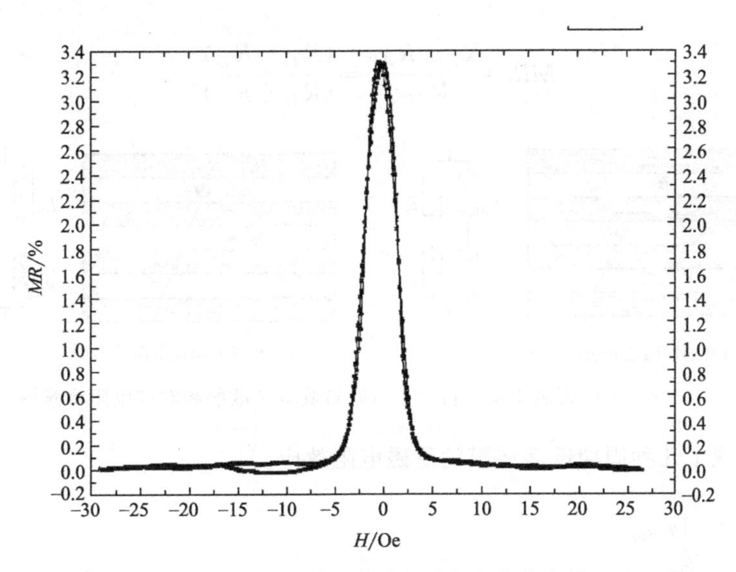

图 43.1 NiFe 单层薄膜的磁电阻变化曲线

(3) 磁性金属多层薄膜中的巨磁电阻效应

1986 年，德国科学家 P. Grunberg 和法国科学家 A. Fert 制成 Fe/Cr/Fe 三层薄膜和 Fe/Cr 超晶格薄膜。其中，每个单层膜厚度只有几个纳米。1988 年 Baibich etal 报道：低温下（T=4K），外场为 20kOe 时，用分子束外延（MBE）方法生成（Fe3.0nm/Cr0.9nm）多层膜中电阻的变化率达 50%。这种巨大的磁电阻效应被称为巨磁电阻效应，简记为 GMR。这种效应立刻引起了各国科学家的注意，人们纷纷从理论上和实验上对其加以研究。Binasch 等人报道了（Fe25.0nm/Cr1.0nm/Fe25.9nm）三明治结构当 Cr 层厚度合适时，两 Fe 层之间存在反铁磁耦合作用。类似的反铁磁耦合和大的磁电阻效应也在 Co/Ru 和 Co/Cr 等多层结构中被观察到。1991 年，Dieny B 独辟捷径，提出铁磁层/隔离层/铁磁层/反铁磁层自旋阀结构（Spin-valve），并首先在 NiFe/Cu/NiFe/FeMn 中发现了一种低饱和场巨磁电阻效应。随后，人们在纳米颗粒膜、亚稳态合金膜、氧化物膜及磁隧道结多层膜等材料中也发现了 GMR 效应。目前，GMR 的研究正向物理学的各领域渗透，并将推动纳米材料科学的进一步发展。

基于 Mott 的二流体模型可以对这种磁电阻进行简单解释。载流子自旋方向与铁磁层少数自旋子带电子的自旋方向平行时，受到的散射就强，对应电阻值大；而自旋方向与铁磁层多数自旋子带电子的自旋方向平行时，受到的散射就弱，对应电阻值小。当相邻铁磁层磁矩反平行时，在一个铁磁层中受散射较弱的电子进入另一铁磁层后必定遭受较强的散射，故从整体上说，所有电子都遭受较强的散射，表现为电阻 R_H 值较大；而当相邻铁磁层磁矩趋于平行时，虽然和铁磁层少数自旋子带电子的自旋方向平行的电子受到极大的散射，但是和铁磁层多数自旋子带电子的自旋方向平行的电子在所有铁磁层中受的散射都弱，相当于构成了短路状态（如图 43.2 所示），表现为电阻 R_L 值较小。两种状态下的电阻分别为：

$$R_P=\frac{R_H R_L}{R_H+R_L} \tag{43.3}$$

$$R_{AP}=\frac{R_H+R_L}{2} \tag{43.4}$$

磁电阻为：

$$MR=\frac{R_P-R_{AP}}{R_{AP}}=\frac{(R_H-R_L)^2}{(R_H+R_L)^2} \tag{43.5}$$

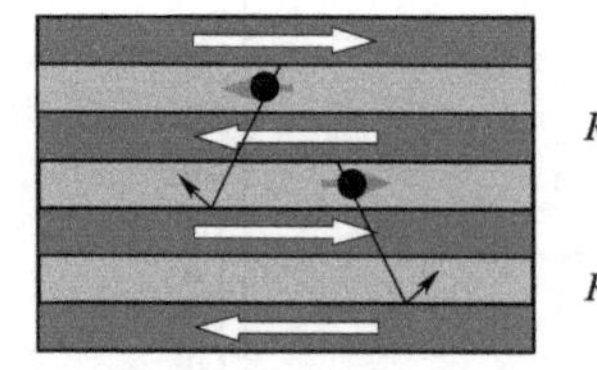

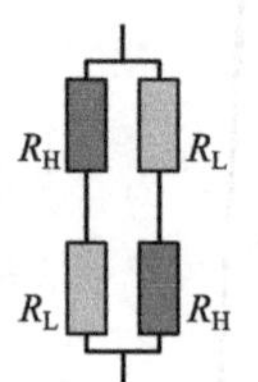

(a) 相邻铁磁层的磁化方向反平行

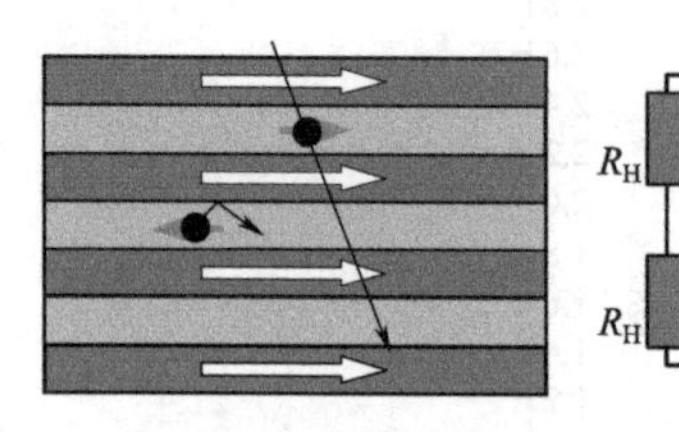

(b) 相邻铁磁层的磁化方向平行

图 43.2　多层膜磁矩反平行、平行时自旋电子散射和对应电阻示意图

图 43.3 表现了几种周期性多层膜的巨磁电阻效应。

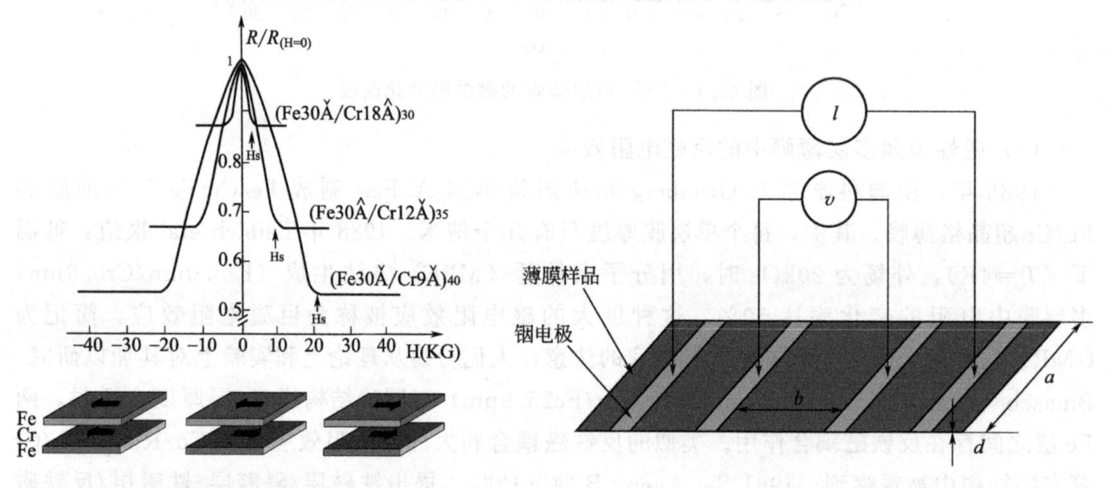

图 43.3　几种周期性多层膜的巨磁电阻效应

图 43.4　四探针法示意图

2. 磁性薄膜磁电阻的测量

由于铁磁金属薄膜的电阻很低，所以，它的电阻率的测量需要采用四端接线法，以避免电极接触电阻对测量结果的影响。为了方便四端接线法已经发展成四探针法，测量时让四探针的针尖同时接触到薄膜表面上，对距离相等直线型四探针，恒流源从最外面二个探针流入，从另外二个探针测量电压，见图 43.4。在薄膜的面积为无限大或远远大于四探针中相邻探针间距离的时候，金属薄膜的电阻率 ρ_F 可以由下式给出：

$$\rho=R(a\times d)/b,\quad R=V/I$$

式中，d 是薄膜的膜厚；I 是流经薄膜的电流；v 是电流流经薄膜时产生的电压。

三、实验设备与材料

薄膜材料磁电阻效应测试系统的框图，如图 43.5 所示。恒流源可以提供 0.01～50mA 的工作电流；电压信号通过 2182 纳伏表测定；扫场电源给霍姆赫兹线圈提供缓变的励磁电流，使之在样品区产生均匀的磁场。霍姆赫兹线圈产生的磁场由取样电阻经过定标后，通过 2000 毫伏表实时测定；2182 纳伏表和 2000 毫伏表通过 IEEE-488 标准接口与微机相连，通过程序控制自动读取数据并输入微机。样品台与下面的 360°刻度盘相连，样品可以在水平面内自由旋转。我们设计有直线形四探针头和方形四探针头，实验时可根据薄膜样品的测量要求调换。

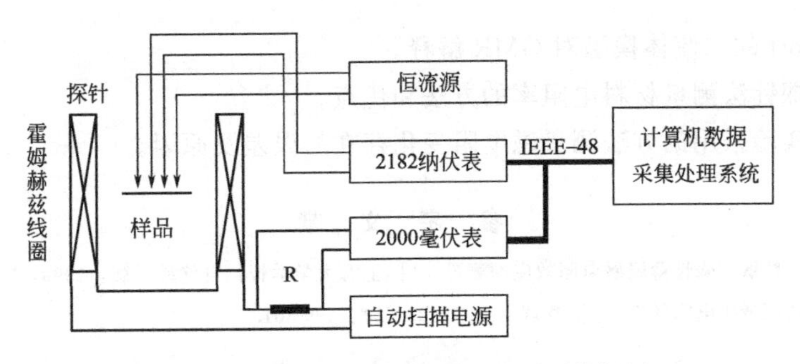

图 43.5　薄膜材料磁电阻效应测试系统框图

四、实验步骤与方法

① 打开霍姆赫兹线圈自动扫描电源、MODEL4001 数控恒流源、2182 纳伏表和 2000 毫伏多用表电源开关，使仪器预热 15min。

② 认真观察镀有金属薄膜的玻璃衬底，确定具有金属薄膜的一面。

③ 调整样品台的高低，使样品台表面恰在两个霍姆赫兹线圈的中心，以保证样品处于均匀磁场中。

④ 把样品放在样品台上，使具有金属薄膜的一面向上。让四探针的针尖轻轻接触到金属薄膜的表面，只要四探针的所有针尖同薄膜有良好的接触即可。对各向异性磁电阻薄膜，易磁轴方向要与磁场方向平行。

⑤ 把四探针引线的端口分别相应地与数控恒流源的“电流输出”和 2182 纳伏表的“输入”相连接。注意电流的方向和电位的高低关系。

⑥ 将 MODEL4001 数控恒流源输出的工作电流设置适当大小，一般为几个毫安（设置方法参见该仪器使用说明书）。

⑦ 打开自动扫描电源的磁场自动扫描开关，调节扫描速度和幅度调节旋钮到适当位置，则磁场自动以一定幅度和速度来回扫描。

⑧ 打开计算机中的磁电阻测量控制程序，点击“测量”则开始采集数据。

五、数据记录与处理

将数据文件用 Origin 软件处理、打印数据曲线。

六、注意事项

① 应确保各种抗磁干扰能力比较弱的产品远离通电后的霍姆赫兹线圈，以防受到影响。

② 霍姆赫兹线圈自动扫描电源在使用时尽量不要长时间满幅工作，不采集数据时可关掉磁场自动扫描开关，以免亥姆霍兹线圈发热。

③ 换样品时应关掉 MODEL4001 数控恒流源的电源；对纳米级厚度的薄膜不要设置大的工作电流，以免烧坏样品。

④ 其他注意事项详见各配套仪器说明书。

七、思考题

① 简述 Mott 的二流体模型对 GMR 解释。

② 简述四探针法测量材料电阻率的方法和优点。

③ 分析本实验采用的方法测量磁电阻变化存在的误差及原因。

参考文献

[1] 龚小燕，杨毅，阚敏．磁性薄膜磁电阻效应的测量 [J]. 上海大学学报：自然科学版，1999，5 (2)：160-164.

[2] 龚小燕．探针法测量磁电阻效应 [J]. 物理，1999，28 (5)：299-301.

实验 44　材料的热电性能测试

一、实验目的

① 掌握材料热电势的测试方法、原理。

② 测试热电偶用补偿导线合金丝 Cu(＋)/CuNiSi(－) 的热电势。

二、实验原理

当有两种不同的导体或半导体 A 和 B 组成一个回路，其两端相互连接时（图 44.1），一端温度为 T，称为热端（又称测晕端），另一端温度为 T_0，称为冷端（也称参考端），只要两结点处的温度不同，回路中将产生一个电动势，称为“热电动势”，这两种导体称为“热电极”，两种导体组成的同路称为“热电偶”。热电动势由两部分电动势组成，一部分是两种导体的接触电动势，另一部分是单一导体的温差电动势。

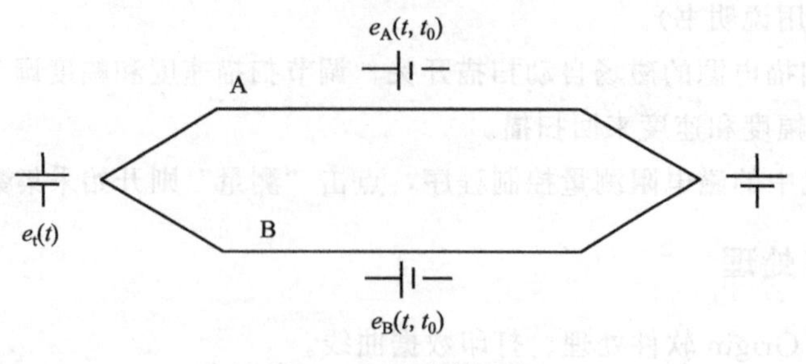

图 44.1　热电偶回路

实践证明，在热电偶回路中起主要作用的是接触电动势，温差电动势只占极小部分，可以忽略不计，则两级产生的热电势如式(44.1)

$$B(t,t_0)=e_{AB}(t)-e_{AB}(t_0) \tag{44.1}$$

如果使冷端温度 t_0 保持不变，则热电动势便成为热端温度 t 的单一函数。即式(44.2)：

$$E_{AB}(t,t_0)=f(t)-C=\psi(t) \tag{44.2}$$

这一关系式在实际测温中得到了应用。因为冷端 t_0 恒定，通常冷端温度为零度，热电偶产生的热电动势只随热端（测量端）温度的变化而变化，即一定的热电动势对应着一定的温度。我们通过测量热电动势的方法就达到了测温的目的。这就是热电偶测温的原理。

本实验是将 Cu(+) 丝与 CuNiSi(−) 组成一对正负极偶丝，在不同温度场中测试温度-热电势曲线，表征材料热电特性。

三、实验设备与材料

① 热电测试测试系统：主要包括三部分，测试端恒温设备、参考端零度恒温设备、热电势测试仪表。测试原理如图 44.2 所示。

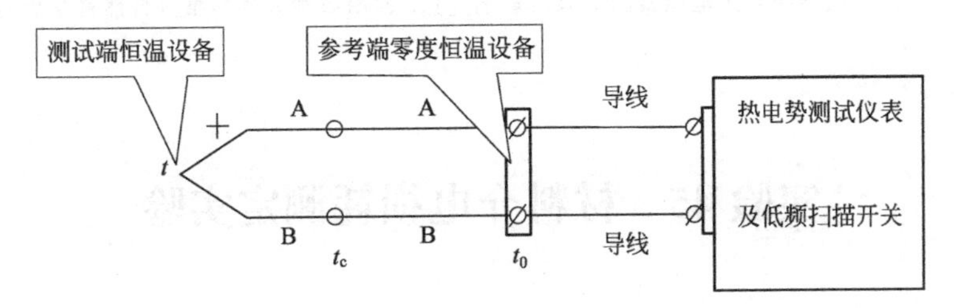

图 44.2　热电性能测试原理图

测试端恒温设备：包括恒温水浴槽（工作温度范围室温 10～95℃，温度波动±0.01℃/30min，温度均匀性≤0.01℃)、恒温油浴槽（工作温度范围 90～300℃，温度波动±0.01℃/30min，温度均匀性≤0.01℃)、检定炉（工作温度范围 200～1200℃，温度波动±0.1℃/min，温度均匀性≤1℃)。

参考端零度恒温设备：冰点器，采用冰水混合物进行零度恒温或低温槽。

热电势测试仪表：选用美国 Keithley2182A 型纳伏表。

② 试样：铜镍基合金丝作为负极，纯铜丝作为正极，试样长度 1.1m，试样端头用砂纸打磨，将正、负极一端焊接，且丝材穿上陶瓷珠以利于绝缘。

四、实验步骤与方法

① 测量端的恒温设备升至实验温度，将焊接端的正负极插入装有导热油的玻璃管，玻璃管插入恒温设备中，插入深度 150mm。

② 将正负极的另一端分别与铜导线连接，利用绝缘套管将正负极隔开并插入装有导热油的玻璃管，再将玻璃管插入冰点器，插入深度 150mm。

③ 将铜导线的另一端连接到低电势扫描开关的输入端，将低电势扫描开关的输出端与纳伏表相连。

④ 在每个实验温度点恒温 10min 后，通过低电势扫描开关转换测试多组试样的热电势。由纳伏表测出热电势并读数。

五、数据记录与处理（表 44.1）

表 44.1 温度-热电势测试数据

温度/℃								
热电势/mV								

六、思考题

① 热电材料的主要应用方面有哪些？

② 产生 Seebeck 效应的主要原因有什么？

③ 测试过程中的误差来源主要有哪些？

参 考 文 献

[1] 翁伟婧．补偿导线对热电偶检测结果的作用机制探讨 [J]. 科研，2016，8：00287-00287.

[2] 明红，李世民．论补偿导线对热电偶检测结果的影响 [J]. 西南石油大学学报（自然科学版），2002，24（5）：76-78.

实验 45　材料介电损耗测定实验

一、实验目的

① 通过实验了解电桥法测量电介质介电系数 ε 与介质损耗角正切 $\tan\delta$ 的方法，熟悉用 LCR 仪直接测量电容器的电容量及介质损耗角正切的测试原理与使用方法。

② 通过实验了解不同类型的介质材料其 ε、$\tan\delta$ 随频率的变化特性。

二、实验原理

任何电介质在电场作用下，会将部分电能转变为热能，使介质发热。电介质在电场作用下，在单位时间内因发热消耗的能量称为电介质的损耗功率，简称介电损耗。

介电损耗是交流电场中应用的电介质的重要品质之一。介电质在电工或电子工业中的职能是隔直流绝缘和储存能量，介电损耗不但损耗能量，而且由于温度上升可能影响元器件的正常工作。例如用于调谐回路中的电容器，介质损耗过大时，将影响整个回路的调节锐度，影响整机的灵敏度和选择性，严重时甚至引起介质过热而破坏绝缘。

真空电极电容器的电极板间嵌入介质并在电极之间施加外电场时，介质表面上感应出电荷，感应电荷不会跑到对面极板上形成电流，称为束缚电流，这种现象称为介质的极化，这类材料称为电介质。各种电介质在电场作用下都要发生极化过程，其宏观表现可以用电介质的介电系数 ε 来表征。介质极化使电容器电容增加，增大的电容为：

$$C=\varepsilon(\varepsilon_0)S/d$$

式中，$\varepsilon(\varepsilon_0)$ 为介电常数；S 为电极面积；d 为介质厚度。

介质极化由电子极化、离子极化和偶极子转向极化组成，这些极化的基本形式大致分为两大类，既位移极化和松弛极化。位移式极化是一种弹性的、瞬时完成的极化，极化过程不消耗能量，电子位移极化和离子位移极化属于这种类型；松弛极化与热运动有关，完成这种极化需要一定的时间，属于非弹性极化，极化过程需要消耗一定的能量，电子松弛极化和离子松弛极化属于这种类型。

实际使用中的绝缘材料都不是完善的理想的电介质，电阻都不是无穷大，在外电场作用下会有一些带电粒子发生移动而引起微弱电流，称为漏导电流，漏导电流流经介质，使介质发热而消耗电能。这种因电导而引起的介质损耗称为“漏导损耗”。同时一些介质在电场极化时也会产生损耗，因为除电子、离子弹性位移极化基本上不消耗能量外，其他缓慢极化（例如松弛极化、空间电荷极化等）在极化缓慢建立的过程中都会因克服阻力而引起能量的损耗，这种损耗一般称为极化损耗。介质的损耗原因是多方面的，介质损耗形式也是多样的。尽管介质损耗是综合原因的结果，但可分为几种形式：电导（或漏导）损耗；极化损耗；电离损耗；结构损耗及宏观结构不均匀的介质损耗。

当介质在正弦交变电场作用下时，介电常数变成复数，复介电常数的实部为ε'，虚部为ε''，定义$\tan\delta=\varepsilon''/\varepsilon'$称为损耗角正切。

不同类型（中性、极性、离子型、无定形等）的介质材料。由于发生极化的微观机构不同，不仅ε的数值有明显差别，而且ε与交变频率的关系也有很大不同。同样地，由于产生介质损耗的来源不同，各类电介质的$\tan\delta$数值及其与交变频率的关系都表现出各不相同的特点。例如，对中性电介质，由于只有电子位移极化，这就决定了此类电介质具有较小的ε，且一般不随频率变化。但对于极性电介质或无定形电介质而言，在交变电场作用下，除具有电子位移极化外，还会产生松弛极化过程。松弛极化的出现，既增加了对ε的贡献，又使得ε对频率有明显的依赖关系，同时还引起了松弛损耗。在一定温度下，当所加电场的变化周期与建立松弛极化所需要的时间相比拟时，则有$\tan\delta$的最大值出现，如图45.1所示。

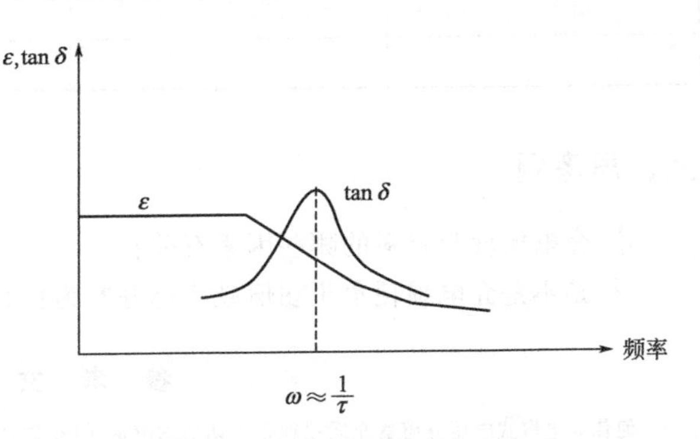

图45.1　极性电介质的频率特性

实际电介质由于电阻不能无穷大，存在漏导，因此实验时要计及漏导损耗。实验时，选用要测定的电介质制成电容器作为测量样品，利用直接测定电容量的大小及其与频率的关系的方法来研究介质的极化特性。在已知电极面积（S）和电介质厚度（d）的条件下，由公式就能计算出相应的介电系数。

$$C=\varepsilon\varepsilon_0 S/d\,(\varepsilon_0=8.85\times10^{-22}\mathrm{F/m})$$

测试不同频率下电介质的介电系数ε和损耗角正切$\tan\delta$，常用电桥法，其工作原理如图45.2所示。将试样等效成电容C_X和电阻R_X并联，调节R_4和C_N，使电桥平衡，根据平衡条件可求得：$C_X=R_4/R_3\cdot C_N$，$\tan\delta_x=\overline{\omega}C_4R_4$。改变测试频率，可获得不同频率下的介电系数和损耗角正切。式中C_N、R_3为已知标准平衡元件。

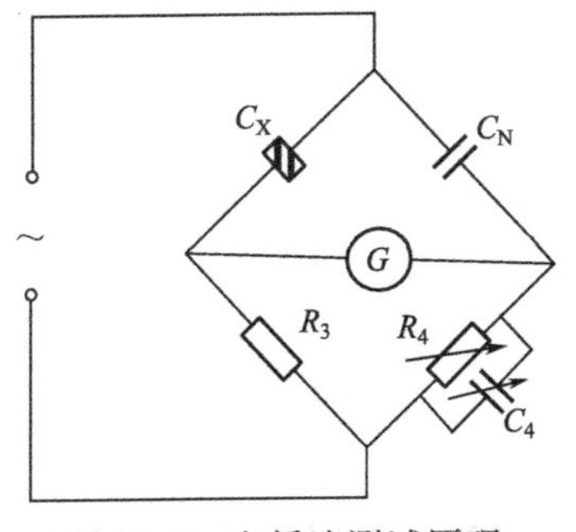

图45.2　电桥法测试原理

三、实验设备与材料

主要包括：LCR 仪，测量夹具，电容器样品等。

四、实验步骤与方法

① 用千分尺测量被测样品的厚度和电极面积。

② 打开 LCR 测试仪的电源，选择好测试电压和测试参数。

③ 将被测样品安放在测试夹具上，改变测试频率，由低到高，分别记录下其电容量和损耗角正切。

五、数据记录预处理

根据下表中记录的数据，绘出被测电容器的电容量 C、介电系数 ϵ 及 $\tan\delta$ 的频率特性曲线，并对所得曲线进行理论分析。

测试频率	电容量	损耗角正切	介电系数

六、思考题

① 介电损耗与材料的哪些因素有关？

② 是不是介电损耗角正切值越小越好？为什么？

参 考 文 献

[1] 何伟．电容式电压互感器介质损耗角正切值的测量 [J]．陕西电力，2003，31 (5)：31-32.

[2] 黄钟光．介质损耗角正切值的测量及改进 [J]．机电工程技术，2017，46 (6)：143-145.

实验 46 铁磁性材料的磁参数测定

一、实验目的

① 了解磁性材料的分类和基本磁学参数。

② 了解振动样品磁强计的工作原理和仪器组成结构。

③ 测量两种材料样品的磁滞回线，计算相关的磁学参数。

二、实验原理

振动样品磁强计（vibrating sample magnetometer，简称 VSM）是测量材料磁性的重要手段之一，广泛应用于各种铁磁、亚铁磁、反铁磁、顺磁和抗磁材料的磁特性研究中，它包括对稀土永磁材料、铁氧体材料、非晶和准晶材料、超导材料、合金、化合物及生物蛋白质的磁性研究等。它可测量磁性材料的基本磁性能，如磁化曲线，磁滞回线，退磁曲线，热磁曲线等，得到相应的各种磁学参数，如饱和磁化强度 M_s，剩余磁化强度，矫顽力 H_c，最大磁能积，居里温度，磁导率（包括初始磁导率）等，对粉末、颗粒、薄膜、液体、块状等磁性材料样品均可测量。

物质，按其磁性来分类，大体可有下述五种。

① 顺磁性。这类物质具有相互独立的磁矩，在没有外磁场作用下相互杂乱取向，故不显示宏观的磁性；而在外场作用下，原来相互独立杂乱分布的磁矩将在一定程度上沿磁场取向，使此种物质表现出相应的宏观磁性；磁场越强则宏观磁性越强，而当外磁场去除后，其宏观磁性即消失。如用 χ 表示磁化率、H 为磁化场、M 为单位体积的磁矩，则 $M=\chi H$；χ 的数值约在 $10^{-5}\sim10^{-3}$ 量级。

② 抗磁性。此类物质无固有磁矩，但是在外磁场的作用下产生的感应磁性 $M=-\chi H$，即 M 和 H 相反取向，故而得名。χ 非常小，约 $10^{-6}\sim10^{-4}$ 量级。磁化场消失则宏观磁性亦随之消失。

③ 反铁磁性。此类物质内具有两种大小相等而反向取向的磁矩，故而合成磁矩为零，使物质无宏观磁性。

④ 亚铁磁性。此类物质内存在两种大小不等但反向耦合在一起的磁矩，故而相互不能完全抵消，使该类物质表现出强磁特性，其宏观磁性与磁化场成复杂关系。

⑤ 铁磁性。此类物质内的磁矩均可相互平行耦合在一起因而表现出强磁特性，如亚铁磁性一样，宏观磁性与磁化场呈现非常复杂的关系。

人们通常将前三类称为弱磁性，后两类为强磁性。强磁性物质在人类社会中起到不可或缺的作用，如电力部门、信息产业部门、航空航天领域等。但是，随着人类社会的进步，对材料的诸多性能，包括磁性，都提出了更多更新的要求，这就促使人们不断地去对相关性能进行研究、探讨和改进。要这样做，就必须有可信赖的物性检测设备。VSM 就是这种公认的专门检测各类物质（材料）内在磁特性的设备，如磁化强度 $M_s(\sigma_s)$、居里温度 T_c、矫顽力 H_c、剩磁 M_r 等。而在预知样品在测量方向的退磁因子 N 后，尚可间接得出其他的有关技术磁参量，如：B_s、B_{H_c}、$B_{H_{max}}$ 等；另可根据回线的特点而判断被测样品的磁属性。由于其操作简单、运行费用低（除超导类型外）、坚固耐用、检测灵敏度高等特点，被广泛用于相关的工矿企业、大专院校及研究机构中，成为材料的磁性研究、质检把关等方面不可缺少的关键设备。利用这种设备，可测量诸如粉料、块材及各种纳米级材料、各种复合型材料的顺磁性、抗磁性及亚铁磁和铁磁性的相关磁特征，为检测和研究这些材料提供可靠的实验数据。

当振荡器的功率输出馈给振动头驱动线圈时，该振动头即可使固定在其驱动线圈上的振动杆以 ω 的频率驱动进行等幅振动，从而带动处于磁化场 H 中的被测样品作同样的振动；这样，被磁化了的样品在空间所产生的偶极场将相对于不动的检测线圈作同样振动，从而导致检测线圈内产生频率为 ω 的感应电压；而振荡器的电压输出则反馈给锁相放大器作为参考信号；将上述频率为 ω 的感应电压馈送到处于正常工作状态的锁相放大器后（所谓正常工作，即锁相放大器的被测信号与其参考信号同频率、同相位），经放大及相位检测而输出一个正比于被测样品总磁矩的直流电压 V_{Jout}，与此相对应的有一个正比于磁化场 H 的直流

电压 V_{Hout}（即取样电阻上的电压或高斯计的输出电压），将此两相互对应的电压图示化，即可得到被测样品的磁滞回线（或磁化曲线）。如预知被测样品的体积或质量、密度等物理量即可得出被测样品的诸多内禀磁特性。

为简单起见，我们取一个直角坐标系，如图 46.1 所示。并假定样品 s 位于原点且沿 z 向作简谐振动，$a=a_0\cos\omega t$，a_0 为振幅、ω 为振动频率。磁化场 H 沿 x 向施加，并假设在距 s 为 r 远处放置一个圈数为 N，其轴为 z 向的检测线圈，其第 n 圈的截面积为 S_n（注意：$S_n \neq S_m$、即任意两圈的截面积是不等的）。如果样品 s 的几何尺度较 r 而言非常之小，即从检测线圈所在的空间看样品 s，可将其视为磁偶极子，此时据偶极场公式：

$$\vec{H}(r)=\frac{1}{4\pi}\left[-\frac{\vec{J}}{r^3}+\frac{3(\vec{r}\cdot\vec{J})\vec{r}}{r^5}\right] \tag{46.1}$$

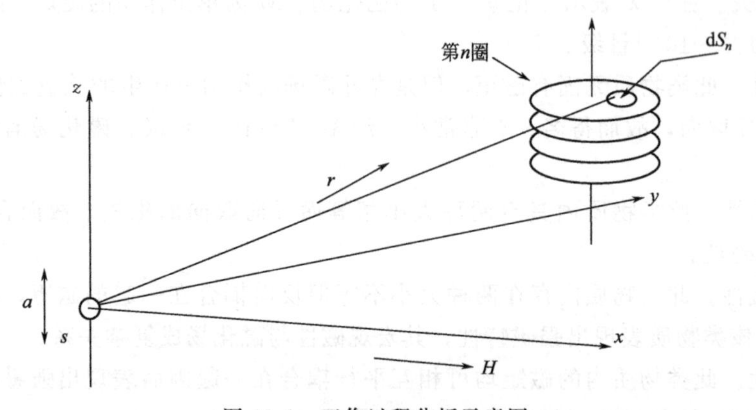

图 46.1　工作过程分析示意图

并注意到矢量 J 仅有 x 分量，可得到穿过面积元 dS_n 的磁通量为

$$d\phi_n=\mu_0 H_z(r_n)dS_n=\frac{3\mu_0 J x_n z_n}{4\pi r_n^5}ds_n \tag{46.2}$$

式中，μ_0为真空磁导率，$J=Mv$ 是样品总磁矩（M 和 v 分别为样品的磁化强度和体积）。因此，第 n 圈内总的磁通量 ϕ_n 为

$$\phi_n=\int_{S_n}d\phi_n=\int_{S_n}\frac{3\mu_0 J x_n z_n}{4\pi r_n^5}dS_n \tag{46.3}$$

而整个线圈的总磁通量即为

$$\phi=\sum_1^N\phi_n=\frac{3\mu_0 J}{4\pi}\sum_1^N\int_{S_n}\frac{x_n y_n}{r_n^5}dS_n \tag{46.4}$$

式中，x_n 和 z_n 为线圈第 n 圈的坐标。现作一个变换，令样品不动而线圈以 $Z(t)=Z(0)+a\cos t$ 振动。亦即 $Z_n(t)=Z_n(0)+a_0\cos t$ 为第 n 圈坐标与时间关系。

据电磁感应定律，考虑到 x、y 均不为时间 t 的函数，故 r 中仅考虑 z 向的时间变化关系，因此可得在整个检测线圈内的感应电压 e 为：

$$\begin{aligned}e(t)&=-\frac{d\phi}{dt}=\left\{-\frac{3\mu_0}{4\pi}\sum_1^N\int\frac{x_n(r_n^2-z_n^2)}{r_n^7}dS_n\right\}\cdot a\omega J\sin\omega t\\&=ka\omega J\sin\omega t=KJ\sin\omega t\end{aligned} \tag{46.5}$$

设：样品的振幅和振动频率均固定不变。由式(46.5)可发现：①线圈中的电压，不可能计算得到；②其电压大小与被测样品的总磁矩 J，振动幅度 a 及振动频率 ω 成正比。

在实验上，我们不需要去计算 K 值，而是采取“替换法”，从实验上求出 K 值，之后利用求得的 K 值反过来计算出被测样品的磁矩，这就叫“定标”。实际上用一个已知磁矩为 J_0 的标准样品取代被测样品，在与被测样品相同测试条件下测得此时电压幅值为 $V_0=KJ_0$，则 $1/K=J_0/V_0$ 即可得到，如被测样品的相应电压幅值为 V，则被测样品的总磁矩即为 $J=1/K \cdot V=VJ_0/V_0$。如：已知 N_i 标样的质量磁矩为 σ_0，质量为 m_0，其 $J_0=\sigma_0 m_0$。用 Ni 标样取代被测样品，在完全相同的条件下加磁场使 Ni 饱和磁化后测得 Y 轴偏转为 V_0，则单位偏转所对应的磁矩数应为 $K=\sigma_0 m_0/V_0$，再由样品的 J-H 回线上测得样品某磁场下的 Y 轴高度 V_H，则被测样品在该磁场下的磁化强度 $M_H=KV_H/v=\dfrac{\sigma_0 m_0}{V_0}\cdot\dfrac{\rho}{m}\cdot V_H$，或被测样品的质量磁化强度 $\sigma_H=\dfrac{K\cdot VY_H}{m}=\dfrac{Y_H}{Y_0}\cdot\dfrac{m_0}{m}\cdot\sigma_0$，$\rho$ 为样品密度，m 为样品质量。这样我们既可根据实测的 J-H 回线推算出被测样品材料的 M-H 回线。

三、实验设备与材料

（1）VSM 的仪器结构

振动样品磁强计主要由电磁铁系统、样品强迫振动系统和信号检测系统组成。如图 46.2 所示的为 VSM 原理结构示意图。

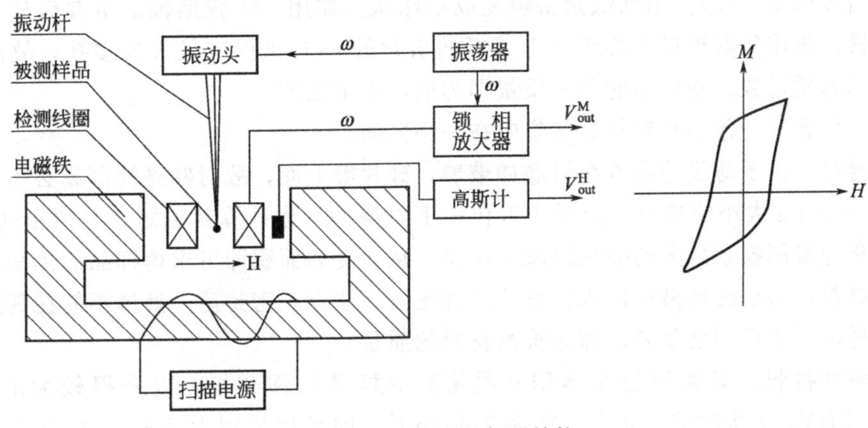

图 46.2　VSM 的仪器结构

振动系统：为使样品能在磁场中做等幅强迫振动，需要有振动系统推动。系统应保证频率与振幅稳定。显然适当的提高频率和增大振幅对获取信号有利，但为防止在样品中出现涡流效应和样品过分位移，频率和幅值多数设计在 200Hz 和 1mm 以下。低频小幅振动一般采用两种方式产生：一种是用电机带动机械结构传动；另一种是采用扬声器结构用电信号推动。前者带动负载能力强并且容易保证振幅和频率稳定，后者结构轻便，改变频率和幅值容易，外控方便，受控后也可以保证振幅和频率稳定。

因为仪器应仅探测由样品磁性产生的单一固定的频率信号，与这频率不同的信号可由选频放大器和锁相放大器消除。一切因素产生的相同频率的伪信号必须设法消除，这是提高仪器灵敏度的关键。因为振动头是一个强信号源，且频率与探测信号频率一致，故探头与探测线圈要保持较远距离用振动杆传递振动，又在振动头上加屏蔽罩，防止产生感应信号。为了确保测量精度避免振动杆的横向振动，在振动管外面加黄铜保护管，其间位于中部和下部用聚四氟乙烯垫圈支撑，既消除了横振动又不影响振动效果。

探测系统：在测量过程中，希望探测线圈能有较大的信噪比，同时要求样品在重复测量中取放位置的偏差在一定空间内不影响输出信号大小。前者能够提供测量必要的灵敏度，后者则是保证测量精度和重复性的重要条件。因此探测线圈形状和尺寸的选择是震动样品磁强计的重要因素之一。由后面的公式(46.5) 可以看出，信号的电动势为线圈到样品间距离 r 的灵敏圈数。因此减小距离 r，增强样品与线圈的耦合，将会使灵敏度大为提高。但是随着距离的减小，样品所在位置的偏差对信号影响就会越大，对样品取放位置的重复性要求就会更加苛刻。可以使用成对的线圈对称的放置在样品两边是这种情况得到改善。在式(46.5) 中，将 X 用 $-X$ 代入，信号将改变符号，这说明同样线圈在样品两边对称位置其输出信号相等，相位相反。因此在实用中制成成对的线圈彼此串联反接，对称地放置在样品两边，这样不仅可以保证在每对线圈中由样品偶极子振动产生的信号彼此相加，而且它对位置尚有相互补偿的作用，使信号对位置的偏移变得不敏感了。探测线圈这样串联反接的结果还可使来自磁化场的波动和来自其他空间的干扰信号互相抵消，因而改善了抗干扰的能力。

(2) VSM 测试样品的制备

块材：对强磁性材料，用适当方式从大块材料上取出约数毫克的小块（但忌用铁质工具获取，以免样品受到强磁性污染)，其大小以能放入样品夹持器内为准。

粉料：对强磁性材料如铁氧体的各烧结过程前的粉料，用精密天平称出约数毫克（磁矩小的可适当多称出一些)。用软纸紧密包裹成小球状（如用 1/4 张擦镜纸折叠后放入天平中称出其质量，再用勺取粉料小心置于上述纸的折角处-该种纸因有较大较多孔，故需折成双层，读出总的质量数，则样品的单一质量即为前后称量之差)。

注意：包裹时，务必是粉料尽量集中在一小区间。

薄膜材料：由于薄膜均附着在衬底如玻璃，硅片等上面，故对铁磁性薄膜必须用玻璃刀裁下 2mm×5mm 大小的样品，用干净纸包一下以保护（为计算其磁矩，必须预知其厚度，面积之测量应采用投影放大的办法以减少误差，从厚度和面积即可求得样品的体积)。

液体材料：将铁磁性液样注入柱形孔内并密封。注意：密封后，液体不能在其所在空间活动。液样注入前后的质量差，即为被测材料的质量。

非强磁性材料：必须用较大体积（质量）的样品及强磁场，以获得较大的电信号。($J=MV=\chi HV$，J 大时信号才大，故在 χ 很小时，即可尽量用大体积 V 的样品及强磁场 H)。

四、实验步骤与方法

(1) 开关机

开机前应仔细检查设备是否完好、线路连接是否正确，仪表的各个开关旋钮位置、仪表显示是否正确。扫描电源（功能转换旋钮处于自动挡、电流表电压表数值显示为零、手动调节旋钮的指针指示在刻度盘中数字 5 左右)，信号发生器的功率输出显示为零。

打开各单元电源开关，预热 20min 左右再开始正式实验。

关停机时扫描电源必须严格按使用要求和程序关停机；必须在振荡器无功率输出，即振动停止时关此驱动单元；其他单元停机时无特殊要求。

特别注意：

任何时间使用扫描电源上的任何一个旋钮或开关，必须是在扫描电源处于停机状态时，才能转换操作使用。禁止快速操作各旋钮。特别是涉及扫描速度、扫描幅度的相关旋钮，否则，容易造成严重的故障。

(2) VSM 测量

将扫描电源的波段旋钮调至自动扫描，按下扫描电源的开关，根据需要，调节扫描电源的扫描幅度，扫描速度（详见扫描电源使用说明书）。

开启电脑上的 $X-Y$ 记录仪程序，使用常规方式。调节其量程到适当位置。将样品仔细放入样品夹中，将样品杆放入振动头内，对准位置，锁紧压紧螺母。

开启信号发生器功率输出，使振动头开始振动。

使 $X-Y$ 记录仪开始工作。

开启锁相放大器，当锁相放大器的参考频率等于信号发生器的输出频率时，按下扫描电源的扫描开关（黄色按钮），此时，面板上红灯点亮，测量开始。

磁滞回线测量完毕后，停止 $X-Y$ 记录仪。停止信号发生器功率输出。在扫描电流为零时，按下扫描电源的扫描开关（黄色按钮），此时，面板上红灯熄灭，扫描停止。松开振动头顶端的振动杆紧固螺母，拉出振动杆到合适位置，用夹子夹住，取出样品。

一个样品测量结束。下一个样品测量重复上述过程。

注意：① 上述为被测样品和定标的标样是在相同条件下进行测量时的情况。如测量时，锁相放大器的量程不同，则需考虑锁相放大器放大倍数的转换问题。

② 对非规则块料，其磁滞回线形状将与样品安装的方位有关，这是正常现象，因为VSM 测的为磁矩与外加磁化场之关系，并非内场与磁矩的关系，而由于非规则的样品，其各方向的退磁因子不等，故必然导致不同方向上的回线多少都有些差异；此时测得的回线并非样品的内禀特性，而是样品的磁矩与外磁化场的函数关系；只有将此处的外磁场转化成内场后，重新将磁矩与相应内场的关系求出，才可得到被测样品的内禀特性与磁化场的函数关系。

特别提示：

1) 样品杆必须保持清洁，特别是不能有强磁性污染，否则将导致严重误差（为确保此点，可在测量前，样品杆上不放任何材料，对空杆进行测量，此时测得的应为一直线。注，不一定是水平直线。）

2) 对强磁性粉料进行测量时，由于粉料颗粒中不可避免地存在超顺磁性成分，以及磁性颗粒的磁各向异性杂乱分布，导致即使在强磁场下都达不到“饱和”状态，即随着磁场的不断增强，表示磁矩的 Y 轴也在不断增加。故而计算粉料的饱和磁矩时将遇到困难。此时可采取两种方案：① 所有被测样品都取固定统一磁场下的值，以做相互比较。② 将磁滞回线的线性部分延长，其与 Y 轴交点作为该样品的饱和磁矩。

五、数据记录与处理

将测量得到的数据用 Origin 软件作图，并由曲线计算出每个样品的饱和磁化强度 M_s，剩余磁化强度 M_r 和矫顽力 H_c。

六、思考题

① 本实验中参考信号是怎样产生的，其作用是什么？

② 简述振动样品磁强计的特点及用途。

参 考 文 献

[1] 寻培珏，李桂新．磁粉的磁参量及其单位 [J]．信息记录材料，1984，4：46-49.

[2] 吴菊清，李祥萍，包伟芳，等．磁粉离合器磁粉特性及其相关参数的关系 [J]．传动技术，1999，13 (4)：18-24.

实验 47　霍尔效应基本参数的测量

一、实验目的

① 了解半导体中霍尔效应的产生原理，霍尔系数表达式的推导及其副效应的产生和消除。

② 掌握常温情况下测量霍尔系数的方法。

③ 判断样品的导电类型，计算霍尔系数、载流子浓度、电导率、霍尔迁移率。

④ 用霍尔元件测量铁电磁铁气隙中磁感应强度 B 沿 X 方向的分布曲线及电磁铁的励磁曲线。

二、实验原理

霍尔效应已在科学实验和工程技术中得到广泛应用。霍尔传感器主要用在以下几个方面：测量磁场强度，测量交直流电路电流强度和电功率，转换信号（如将直流电流转换成交流电流），对各种非电量的物理量进行测量并输出电信号供自动检测、控制和信息处理，实现生产过程的自动化等。无论工科或理科学生，了解这一极富实用性的实验，对将来的工作和学习都有帮助。

(1) 霍尔效应和霍尔系数

如果在一块半导体的 x 方向上有均匀的电流 I_x 流过，同时在 z 方向上加有磁场 B_x，则在这块半导体的 y 方向上出现一横向电势差 U_H，这种现象被称为霍尔效应，U_H 称为霍尔电压，所对应的横向电场 E_H，称为霍尔电场，见图 47.1。

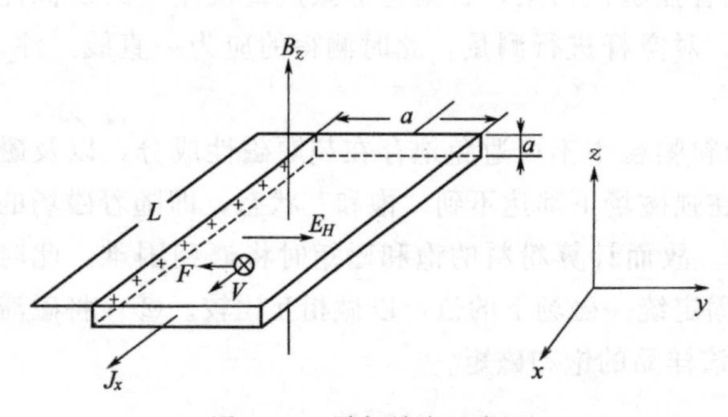

图 47.1　霍尔效应示意图

下面如图 47.1 所示的 p 型半导体样品为例，讨论霍尔效应的产生原理并推导分析霍尔系数的表达式：

$$R_H = U_H d / I_x B_z \qquad (47.1)$$

半导体样品的长、宽、高分别为 L、a、b，半导体载流子（空穴）的浓度为 p，它们在电场 E_x 作用下，以平均漂移速度 v_x 沿 x 方向运动，形成电流 I_x。在垂直于电场 E_x 方向上加一磁场 B_z，则运动着的载流子要受到洛仑兹力的作用

$$F = q(v \times B) \qquad (47.2)$$

式中，q 为空穴电荷的电量。该洛仑兹力指向 $-y$ 方向，因此载流子向 $-y$ 方向偏转，这样在样品的左侧面就积累了空穴，从而产生了一个指向 $+y$ 方向的电场-霍尔电场 E_y，当

该电场对空穴的作用力 qE_y 与洛仑兹力相平衡时，空穴在 y 方向上所受的合力为零，达到稳态。稳态时电流仍沿 x 方向不变，但合成电场 $E=E_x+E_y$ 不再沿 x 方向，E 与 x 轴的夹角称霍尔角。在稳态时，有

$$q \cdot E_y = q \cdot v_x \cdot B_z \tag{47.3}$$

若 E_y 是均匀的，则在样品左右两侧面间的电位差

$$U_H = E_y \cdot a = v_x \cdot B_z \cdot a \tag{47.4}$$

而 x 方向的电流强度

$$I_x = q \cdot p \cdot v_x \cdot ab \tag{47.5}$$

式中，p 为样品单位体积中的空穴数目。将（47.5）式的 v_x 代入（47.4）式得霍尔电压

$$U_H = \left(\frac{1}{q \cdot p}\right)\frac{I_x \cdot B_z}{b} \tag{47.6}$$

由式(47.1)、式(47.4)、式(47.5) 得霍尔系数

$$R_H = \frac{1}{q \cdot p} \tag{47.7}$$

对于 n 型样品，载流子（电子）浓度为 n，式(47.2) 变为

$$F = -q(v \times B) \quad (q=e \text{ 为电子所带电量})$$

霍尔系数为

$$R_H = -\frac{1}{q \cdot n} \tag{47.8}$$

霍尔系数 R_H 可以在实验中通过测量霍尔电压计算出来，若采用国际单位制，由式(47.6)、式(47.7) 可得

$$R_H = \frac{U_H \cdot b}{I_x \cdot B_z}(\mathrm{m^3/C}) \tag{47.9}$$

上述模型过于简单，根据半导体输运理论，考虑到载流子速度的统计分布以及载流子在运动中受到散射等因素，在霍尔系数的表达式中还应引入一个霍尔因子 A，则 R_H 应修正为

$$\text{p 型}: R_H = A \cdot \frac{1}{q \cdot p} \qquad \text{n 型}: R_H = -A \cdot \frac{1}{q \cdot n} \tag{47.10}$$

A 的大小与散射机理及能带结构有关。由理论算得，在弱磁场条件下，对球形等能面的非简并半导体，在较高温度（此时，晶格散射起主要作用）情况下，

$$A = \frac{3\pi}{8} = 1.18$$

在较低温度（此时，电离杂质散射起主要作用）情况下，

$$A = \frac{315\pi}{512} = 1.93$$

从霍尔系数的表达式中可以看出，由 R_H 的符号可以判断载流子的类型，正为 p 型，负为 n 型（注意，此时要求 I、B 的正方向分别为对 x 轴、z 轴的正方向，且 x、y、z 坐标轴为右旋系），由 R_H 的大小可确定载流子的浓度，还可以结合测得的电导率。

(2) 霍尔效应中的副效应及其消除

在霍尔系数的测量中，会伴随一些热磁副效应、电极不对称等因素引起的附加电压叠加在霍尔电压 U_H 上，下面做些简要说明。

① 爱廷豪森（Ettinghusen）效应，在样品 x 方向通电流 I_x，由于载流子速度分布的统计性，大于和小于平均速度的载流子在洛仑兹力和霍尔电场力的作用下，向 y 轴的相反两侧偏转，其功能将转化为热能，使两侧产生温差，由于电极和样品不是同一种材料，电极和样品形成热电偶，这一温差将产生温差电动势 U_E，而且有

$$U_E \propto I_x \cdot B_z \tag{47.11}$$

这就是爱廷豪森效应。U_E 方向与电流 I 及磁场 B 的方向有关。

② 能斯脱（Nernst）效应。如果在 x 方向存在热流 Q_x（往往由于 x 方向通以电流，两端电极与样品的接触电阻不同而产生不同的焦耳热，致使 x 方向两端温度不同），沿温度梯度方向扩散的载流子将受到 B_z 作用而偏转，在 y 方向上建立电势差 U_N，有

$$U_N \propto Q_x \cdot B_z \tag{47.12}$$

这就是能斯脱效应。U_N 方向只与 B 方向有关。

③ 里纪一勒杜克（Righi-Ledue）效应。当有热流 Q_x 沿 x 方向流过样品，载流子将倾向于由热端扩散到冷端，与爱廷豪森效应相仿，在 y 方向产生温差，这温差将产生温差电势 U_{RL}，这一效应称里纪一勒杜克效应

$$U_{RL} \propto Q_x \cdot B_z \tag{47.13}$$

U_{RL} 的方向只与 B 的方向有关。

④ 电极位置不对称产生的电压 U_0。在制备霍尔样品时，y 方向的测量电极很难做到处于理想的等位面上，即使在未加磁场时，在两电极间也存在一个由于不等位电势引起的欧姆压降 U_0

$$U_0 \propto I_x \cdot R_0 \tag{47.14}$$

式中，R_0 为两电极所在的两等位面之间的电阻，U_0 方向只与 I_x 方向有关。

⑤ 样品所在空间如果沿 y 方向有温度梯度，则在此方向上产生的温差电势 U_T 也将叠加在 U_H 中，U_T 与 I、B 方向无关。

要消除上述诸效应带来的误差，应改变 I 和 B 的方向，使 U_N、U_{RL} 和 U_0 从计算结果中消除，然而 U_E 却因 I 和 B 的方向同步变化而无法消除，但 U_E 引起的误差一般小于5%，可以忽略。

实验时通过变化磁场 B 和电流 I 的方向测两极间的电势差 U，应为下列四个数据：

$+B$、$+I$ 时　　$U_1 = +U_H + U_E + U_N + U_{RL} + U_0 + U_T$，

$+B$、$-I$ 时　　$U_2 = -U_H - U_E + U_N + U_{RL} - U_0 + U_T$，

$-B$、$-I$ 时　　$U_3 = +U_H + U_E - U_N - U_{RL} - U_0 + U_T$，

$-B$、$+I$ 时　　$U_4 = -U_H - U_E - U_N - U_{RL} + U_0 + U_T$。

由以上四式可得

$$U_H + U_E = \frac{U_1 - U_2 + U_3 - U_4}{4} \tag{47.15}$$

将实验测得的 U_1、U_2、U_3、U_4 代入上式(47.15) 就可消除 U_N、U_{RL} 和 U_0 等附加电压引入的误差。

因为 U_E 引起的误差很小，可以忽略。所以

$$U_H \approx \frac{U_1 - U_2 + U_3 - U_4}{4} \tag{47.16}$$

霍尔效应一般极为微弱，但在高纯度的半导体中比较明显，因为半导体材料的载流子迁

移率很高，电阻率也比较大。实用中为提高霍尔元件的灵敏度，将元件制成很薄、很小的矩形。过去霍尔元件的尺寸都在毫米数量级，新的制作工艺（真空镀膜）已使霍尔元件的尺寸更小，仅为微米数量级。所以实验中要严格按要求施加工作电流，注意安全，保护仪器。

三、实验设备与材料

（1）设备

① 电磁铁，用来产生匀强磁场的电磁铁 0～400mT 可调。

② 励磁电源 0～5A 可调可换向，稳定性为±0.1%，励磁电流 I_M。由励磁电源上的电流表读出。

③ 数字特斯拉计 0～2000mT 三位半数字显示，用来测量磁铁间隙中的磁场。

④ 数字可调式恒流源，输出范围 0.01～50mA，稳定性±0.1%。

⑤ 台式电压表 2 块，用来测量霍尔电压 U_H 和霍尔传感器上的电压降 U_0 数字特斯拉计 0～2000mT 三位半数字显示。

（2）装置

实验装置见图 47.2。

（3）材料：In_2Sn_3 半导体材料

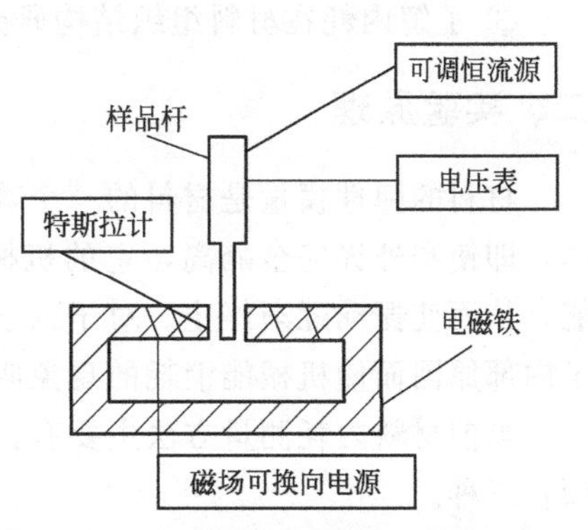

图 47.2　霍尔效应实验仪结构图

四、实验步骤与方法

由于产生霍尔效应的同时还伴随着多种副效应，使得测量过程包含着系统误差，为减小或消除系统误差，每一个霍尔电压首先需正确定义 I_S、I_M 的方向，然后采用对称测量法，然后用公式(47.16) 求各次测量的平均值作为霍尔电压 U_H。

① 测绘 U_H-I_S 关系曲线。调节 I_M 为 1.0A，调节 I_S 从 0.1～1.0mA（间隔 0.1mA），霍尔元件置于电磁铁气隙中心，根据中心点的磁感应强度 B（由特斯拉计测出）应用公式(47.9) 计算霍尔元件的霍尔系数 R_H。

② 测绘电磁铁气隙中磁感应强度 B 沿 X 方向的分布曲线，作 B-X 图，用公式(47.9) 计算各点磁感应强度 B 的值，调节 I_M 为 0.8A，I_S 为 1.0mA，电磁铁气隙边长（X 方向）为 50mm。

③ 测绘 U_H-I_M 关系曲线，调节 I_S 为 1.0mA，霍尔元件置于电磁铁气隙中心。

④ 测量霍尔元件的电导率、载流子迁移率，调节 I_S 从 0.2～1.0mA（间隔 0.1mA），绘制 U_0-I_S 曲线。

⑤ 实验报告要求分析以上四曲线物理意义，并给出文字说明和实验结论，回答思考题。

五、思考题

① 分别以 p 型、n 型半导体样品为例，说明霍尔电场是如何形成的？

② 如何判断样品的导电类型？

参考文献

[1]　孙慧卿，范广涵．基于霍尔效应的半导体外延片电参数测试 [J]．传感器与微系统，2004，23 (2)：38-39.

[2] 高晓虎，王昆林．关于霍尔效应特性的实验研究［J］．电子世界，2014，4：221-222.

实验 48　材料的内耗测定

一、实验目的

① 掌握测量材料的弹性模量和内耗的方法——悬丝法。

② 了解内耗和晶体缺陷的关系。

③ 了解内耗在材料组织结构研究中的应用。

二、实验原理

材料的弹性模量是材料的一个基本属性，对于材料的应用非常重要。一个自由振动的固体，即使和外界完全隔离，它的机械能也会因为内部存在各种类型的缺陷而最终转化为热能，从而使振动逐渐停止。对于强迫振动，外界必须不断地提供能量才能维持振动，这种由于内部原因而使机械能消耗的现象叫内耗，用 θ^{-1} 表示。

当前材料内耗测量方法主要有：扭摆法（低频）、共振法（声频）和超声波脉冲法（高频）三种。

本实验采用共振法测内耗，共振法测量装置如图 48.1 所示。

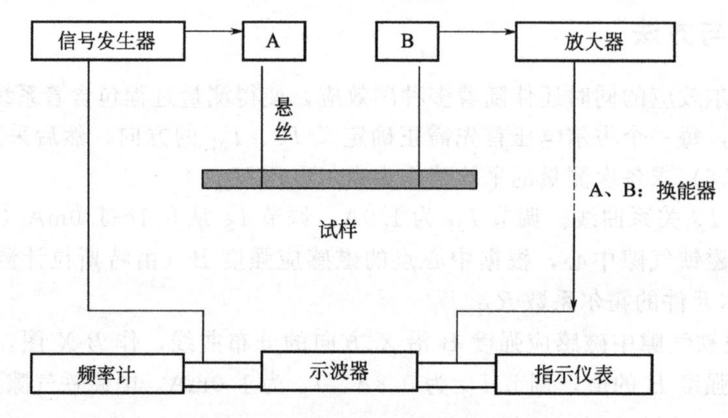

图 48.1　共振法测量装置示意图

由信号发生器输出的等幅正弦波信号加在换能器的 A（激振）上，通过 A 把电信号转换成机械振动，使振动由悬丝传给长度为 L 的圆棒状试样，使试样也发生振动，再由悬丝将试样的振动传给转换器 B（拾振）这时机械振动又转换为电信号，该信号放大后送到示波器中显示。

试样有自己的固有频率 f_0，当信号发生器输出的频率不等于 f_0 时，试样不发生共振，示波器上没有信号或信号很小，而当信号发生器输出的频率等于 f_0 时，试样会产生共振，此时示波器上的波形会突然增大，此时的频率就是试样的固有频率 f_0。共振法测内耗就是在改变激发频率的过程中建立共振曲线，如图 48.2 所示。而试样的弹性模量可以在实验中一并得到：$E=1.6067(L^3m/d^4)f_0^2$。

式中，m 为试样的质量，d 为横截面直径。

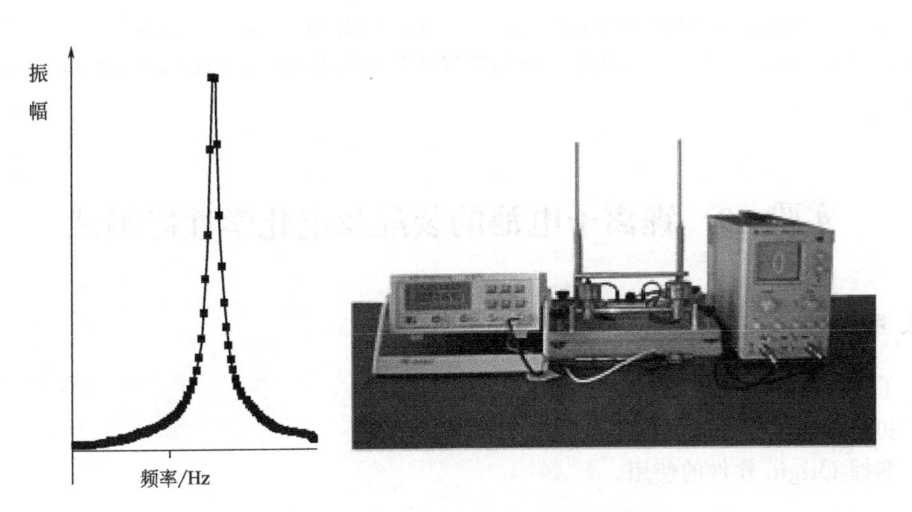

图 48.2　共振曲线与实验仪器连接示意图

内耗为 $\theta^{-1}=(f_2-f_1)/f_0=\Delta f/f_0$，$f_1$、$f_2$ 为 $f=f_0$ 时 A_{m0} 减小到 $A_{m0}=A_{n0}/\sqrt{2}$ 时所对应得两个频率。在测量 f_0 的过程中有两点需要注意，在 0.224L 和 0.776L 位置为试样的节点。如果在节点处悬挂试样，将不会有共振发生，因此，悬挂试样时应避免开此位置，而共振效果最好的位置又在节点附近。

三、实验设备与材料

① 设备：本实验所用仪器为 GD-SG 动态杨氏模量实验仪，示波器。

② 试样：本实验采用金属试样黄铜和不锈钢，在不同的温度，测量其固有频率 f_0，进而测量其内耗值 θ^{-1}，试样尺寸需事先测量出。

四、实验步骤与方法

① 按实验原理图连接好频率计、测试台、示波器和指示仪表。经实验指导教师允许后可以进行下一步实验。

② 先估算并粗略调整信号发生器的频率，使信号的指示为接近共振点，之后继续调整到两个“最大指示值的 0.707 倍”。

③ 记下相应的频率点位置和信号幅度，将试样升高温度到 200℃继续测量。

④ 换试样，重复上述实验步骤。

五、数据记录与处理

① 对曲线进行处理，得到材料的弹性模量，比较不同温度下的弹性模量数值 E。

② 对所测数据进行归纳，计算 θ^{-1}。

六、思考题

考虑如何提高测量频率的精度或改进方法，以便能够更好地测量材料的内耗。

参 考 文 献

[1] 张俊旭．对共振棒法测高阻尼钢板内耗的几点建议 [J]. 材料开发与应用，1997，5：29-32.

[2] 张津，孙智富，陶艳玲，黄奇．压铸镁合金材料内耗值的测量与减振机理 [J]. 武汉理工大学学报，2004，26 (4)：22-24.

实验 49 锂离子电池的装配及电化学性能测试

一、实验目的

① 了解扣式锂离子电池的装配和容量测试方法。

② 初步了解采用循环伏安法研究电化学反应机理。

③ 掌握 Origin 软件的使用。

二、实验原理

目前，锂离子电池广泛用于手机、电脑、相机等数码产品，和电动自行车、电动轿车、电动公交等交通工具。其中用于电动交通工具的锂离子电池称之为锂离子动力电池，其中磷酸铁锂型动力电池是锂离子动力电池的主流，在此类电池中磷酸铁锂作为正极材料。其电极反应为

$$\text{充电时：} LiFePO_4 \longrightarrow FePO_4 + Li^+ + e$$

$$\text{放电时：} FePO_4 + Li^+ + e \longrightarrow LiFePO_4$$

在实验室中，锂离子电池材料通常是装配成扣式电池后进行测试的。2032 纽扣电池是由电池壳、弹片、垫片、磷酸铁锂作正极、隔膜、锂片为负极、电解液组成。

三、仪器设备与材料

① 设备：涂布机，烘箱，辊压机，切片机，封口机，手套箱，LAND 电池测试系统，电化学工作站。

② 材料：磷酸铁锂、聚偏氟乙烯、*N*-甲基吡咯烷酮、铝箔、电池壳、弹片、垫片、隔膜、锂片、电解液等。

四、实验步骤与方法

1. 2032 纽扣电池的装配

① 计算。活性物质∶炭黑∶聚偏氟乙烯＝8∶1∶1 (质量比)。

② 溶解。称取所需质量聚偏氟乙烯，加入一定量 N-甲基吡咯烷酮 (一般 1g 聚偏氟乙烯加 3mL N-甲基吡咯烷酮)，保鲜膜封口，静置 1～2 天至聚偏氟乙烯完全溶解。

③ 搅拌。称取计量比的活性物质、炭黑分别加入上一步溶液中，放到电动搅拌器上，一档慢搅 15min，然后二档快速搅拌 30～45min。

④ 涂布。将铝箔剪裁至合适的大小，置于自动涂覆机上，用酒精棉将铝箔表面擦拭干净，调节刮刀至合适厚度，将搅拌均匀的浆料转移至铝箔上，按下涂布按钮。

⑤ 烘干。将涂布好的电极置于烘箱中 120℃烘烤 2h 后真空烘干 10h 左右。

⑥ 辊压。将烘干的电极放在空白的铝箔上裁剪，置于辊压机上辊压 2 次左右。

⑦ 压片。将辊压好的电极片置于白纸中，在压片机上连续压片。

⑧ 称量。在电子天平上称取⑦中压好的电极片的质量，并记录其质量。

⑨ 烘干。将称取质量的电极片在 60℃真空烘箱中烘干 2h。

⑩ 装配。将电极片放于手套箱内，在 2032 型电池负极壳内按照弹簧片、电解液、垫片与锂片、隔膜、正极电极片、正极壳的顺序依次组装，置于封口机内对其封装。

2. 充放电测试

将 2032 纽扣电池放在 LAND 上，采用 0.2*C*(30mA/g)，1*C*(150mA/g)，2*C*(300mA/g) 恒电流充放电测试，充电截止电压 4.2V，放电截止电压 2.5V。导出数据，用 Origin8.5 软件画出不同倍率的充放电曲线。

3. 循环伏安测试

将 2032 纽扣电池放在电化学工作站上，分别采用 1mV/s、0.5mV/s、0.2mV/s 的扫速在 2.5～4.2V 间测试。导出数据，用 Origin8.5 软件画出循环伏安曲线并比较。

在循环伏安曲线中，氧化峰代表充电过程，还原峰代表放电过程。在低扫速的曲线中，氧化峰开始出现和消失的电压对应充放电曲线中的充电截止电压，还原峰开始出现和消失的电压对应充放电曲线中的放电截止电压。

五、数据记录与处理

① 从 LAND 的控制程序中导出电池充放电数据，用 Origin8.5 软件画出不同倍率的充放电曲线（类似于图 49.1）。

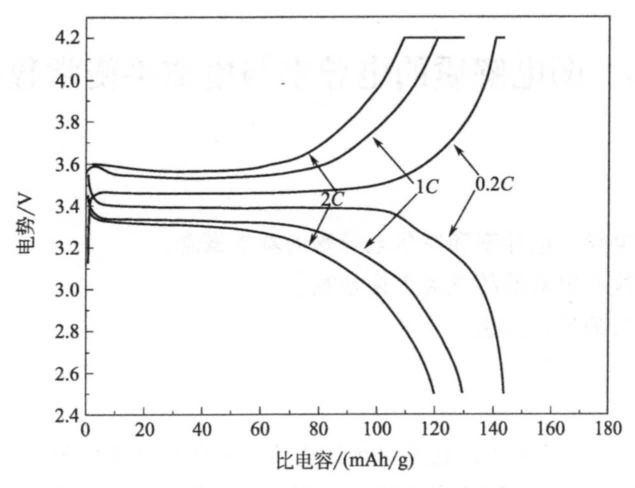

图 49.1　不同倍率的充放电曲线示意图

② 从电化学工作站的控制程序中导出循环伏安数据，用 Origin8.5 软件画出循环伏安曲线（类似于图 49.2）。

六、思考题

① 在充放电曲线中，为什么放电电流越大，容量越低？

② 在充放电曲线中，为什么充电电流越大，充电平台越高；放电电流越大，放电平台越低？

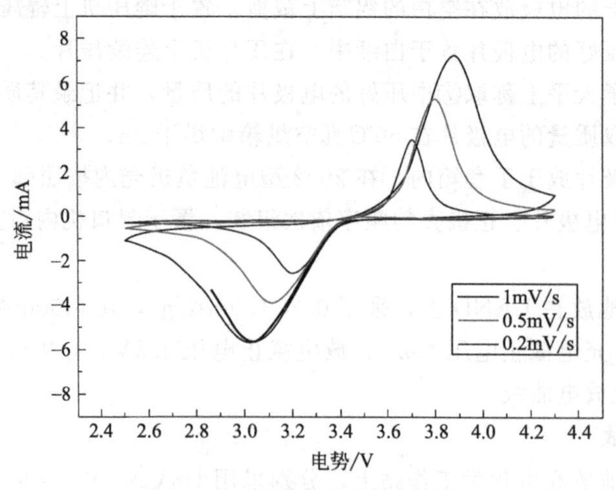

图 49.2 循环伏安曲线示意图

③ 在循环伏安曲线中，为什么扫速越快，氧化峰和还原峰之间的电势差越大？

参 考 文 献

[1] 张宝，罗文斌，李新海，王志兴．$LiFePO_4/C$ 锂离子电池正极材料的电化学性能 [J]. 中国有色金属学报，2005，15 (2)：300-304.

[2] 谢辉，周震涛．高温固相还原法合成 $LiFePO_4/C$ 正极材料及其电化学性能 [J]. 无机材料学报，2007，22 (4)：631-636.

实验 50 弱电解质的电导率与电离平衡常数的测定

一、实验目的

① 了解溶液的电导、电导率和摩尔电导率的基本概念。

② 学习用电导法测定醋酸的电离平衡常数。

③ 掌握电导率仪的使用方法。

二、实验原理

电解质溶液是靠正，负离子的迁移来传递电流。而弱电解质溶液中，只有已电离部分才能承担传递电量的任务。在无限稀释的溶液中可以认为弱电解质已全部电离，此时溶液的摩尔电导率为 Λ_m^∞，而且可用离子极限摩尔电导率相加而得：

$$\Lambda_m^\infty = \Lambda_{m,+}^\infty + \Lambda_{m,-}^\infty$$

$\Lambda_{m,+}^\infty$ 和 $\Lambda_{m,-}^\infty$ 分别为无限稀释时的离子电导。一定浓度下的摩尔电导率 Λ_m 与无限稀释的溶液中的摩尔电导率 Λ_m^∞ 是有差别的。这是由两个因素造成，一是电解质溶液的不完全离解，二是离子间存在着相互作用力。所以 Λ_m 通常称为表观摩尔电导率。根据电离学说，弱电解质的电离度 α 随溶液的稀释而增大，当浓度 $c\to 0$ 时，电离度 $\alpha\to 1$。因此在一定温度下，随着溶液浓度的降低，电离度增加，离子数目增加，摩尔电导率增加。

在无限稀释的溶液中 $\alpha \to 1$，$\Lambda_m \to \Lambda_m^\infty$，故

$$\alpha = \frac{\Lambda_m}{\Lambda_m^\infty} \tag{50.1}$$

根据电离平衡理论，当醋酸在溶液中达到电离平衡时，其电离常数 K 与初始浓度 C 及电离度 α 在电离达到平衡时有如下关系：

$$CH_3COOH \rightleftharpoons CH_3COO^- + H^+$$

平衡时的浓度 $c(1-\alpha)$ $c\alpha$ $c\alpha$

$$K = \frac{(c\alpha/c^\ominus)^2}{(1-\alpha)c/c^\ominus} = \frac{\alpha^2}{1-\alpha} \cdot \frac{c}{c^\ominus} \tag{50.2}$$

将 $\alpha = \dfrac{\Lambda_m}{\Lambda_m^\infty}$代入上式(50.2)，得到

$$K = \frac{C\Lambda_m^2}{\Lambda_m^\infty(\Lambda_m^\infty - \Lambda_m)} \tag{50.3}$$

$$\Lambda_m = \frac{k}{c} \tag{50.4}$$

乙酸的摩尔电导率 Λ_m 可以根据公式(50.4) 获得，其中电导率 k 可以通过电导率仪测定得到。因为普通蒸馏水中常溶有氨等杂质，故存在一定电导。因此实验所测得电导值是欲测电解质和水的电导之和。因此需要将测得的醋酸溶液的电导率减去纯水的电导率才可获得纯醋酸的电导率。25℃时，醋酸的极限摩尔电导率 $\Lambda_m^\infty = 349.82 + 409 = 390.8 S \cdot cm^2 \cdot mol^{-1}$。最后根据公式(50.3) 计算解离常数。

三、实验设备与材料

① 设备：电导率仪；移液管；容量瓶；烧杯；电子天平。

② 材料：醋酸。

四、实验步骤与方法

① 在容量瓶中分别配制 100mL (0.01，0.02，0.025，0.03，0.04，0.05)mol/L 的醋酸稀溶液。

② 接通电导率仪，通电预热。

③ 去离子水的电导率测定：取 50mL 去离子水恒温后，测其电导率。

④ 醋酸溶液电导率的测定：将电导池和电极用少量待测醋酸溶液洗涤 2～3 次，最后注入待测醋酸溶液。恒温后，用电导率仪测其电导率，每种浓度重复测定三次。

五、实验中的注意事项

① 浓度和温度是影响电导的主要因素，故移液管和容量瓶必须清洗干净，浓度配制要准确；测定电导时电极必须与待测溶液同时一起保持恒温。

② 测水及溶液电导前，电极要反复冲洗干净，特别是测水前，测定中电极不可互换。

③ 铂电极镀铂黑的目的在于减少极化现象，且增加电极表面积，使测定电导时有较高灵敏度。铂黑电极不用时，应保存在蒸馏水中，不可使之干燥。

六、数据记录与处理

① 根据各浓度下醋酸溶液及水的电导率，求出醋酸不同浓度下的摩尔电导率 Λ_m。

② 根据公式，计算醋酸的解离度和解离常数，并与文献值比较。（文献值：醋酸的电离常数 $K=1.7\times10^{-5}$）。

③ 将测量结果汇总在表 50.1 中。

表 50.1　不同浓度醋酸稀溶液的电导率及电离常数

浓度/mol/L	电导率 k	Λ_m	Λ_m^∞	α	K
0(纯水)					
0.01					
0.02					
0.03					
0.04					
0.05					

七、思考题

① 本实验为何要测水的电导率。

② 实验中为何用镀铂黑电极？使用时注意哪些事项？

参　考　文　献

[1]　赵锟．测定弱电解质电离平衡常数实验的改进 [J]. 广州化工，2014，42 (9)：106-107.

[2]　周钢，兰叶青．电导法测定醋酸电离平衡常数实验的改进 [J]. 大学化学，2004，19 (6)：35-37.

实验 51　半导体材料的光学性能测量

一、实验目的

① 掌握半导体材料的能带结构与特点、半导体材料禁带宽度的测量原理与方法。

② 掌握紫外可见分光光度计的构造、使用方法和光吸收定律。

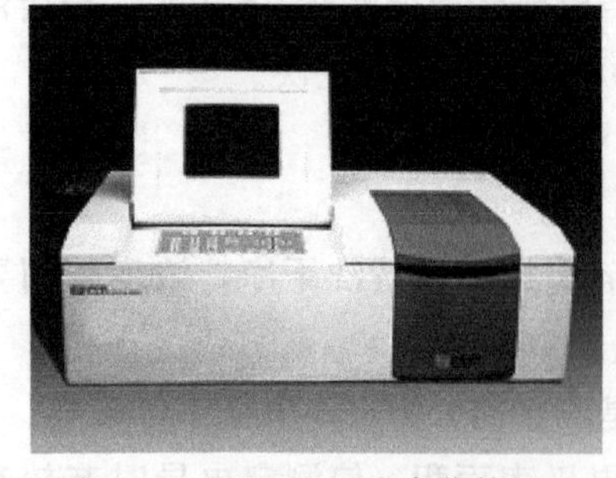

图 51.1　UV762 双光束紫外可见分光光度计外观图

二、实验原理

1. 紫外可见分光光度计的构造、光吸收定律

仪器构造见图 51.1。包括光源、单色器、吸收池、检测器、显示记录系统。

① 光源。钨灯或卤钨灯——可见光源，350～1000nm；氢灯或氘灯——紫外光源，200～360nm。

② 单色器。包括狭缝、准直镜、色散元件。

色散元件。棱镜——对不同波长的光折射率不同分出光波长不等距；

光栅——衍射和干涉分出光波长等距。

③ 吸收池。玻璃——能吸收 UV 光，仅适用于可见光区；石英——不能吸收紫外光，适用于紫外和可见光区。

要求。匹配性（对光的吸收和反射应一致）

④ 检测器。将光信号转变为电信号的装置。如：光电池、光电管（红敏和蓝敏）、光电倍增管、二极管阵列检测器。

紫外可见分光光度计的工作流程如图 51.2 所示。

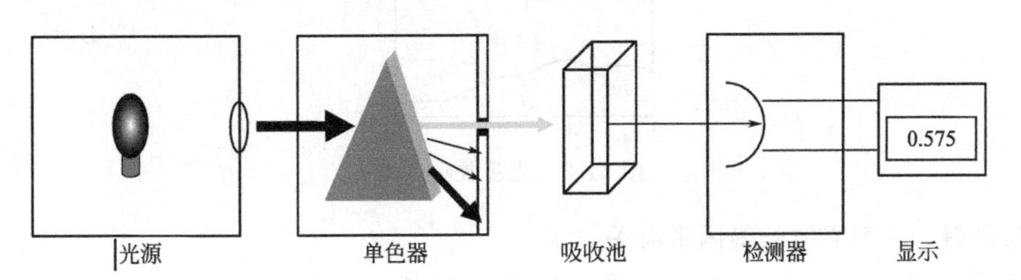

图 51.2　紫外可见分光光度计的工作流程

双光束紫外可见分光光度计的工作流程见图 51.3。

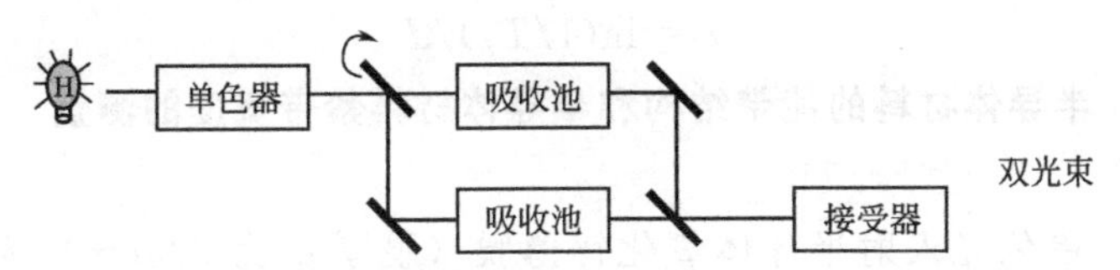

图 51.3　双光束紫外可见分光光度计的工作流程

双光束紫外可见分光光度计的光路图见图 51.4。

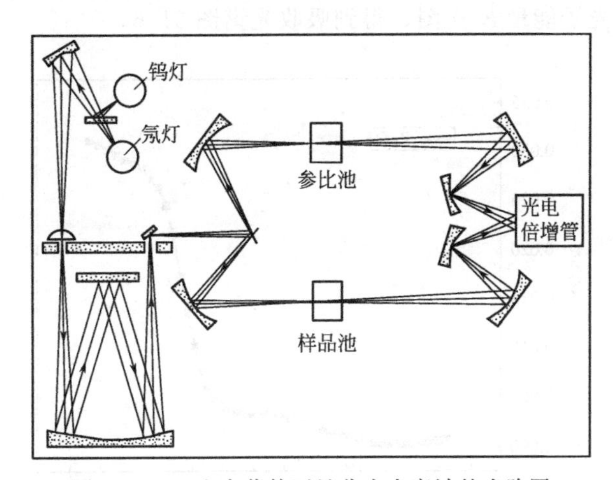

图 51.4　双光束紫外可见分光光度计的光路图

2. 光吸收定律（见图 51.5）

单色光垂直入射到半导体表面时，进入到半导体内的光强遵照吸收定律：

$$I_x = I_0 e^{-\alpha \cdot x}$$

$$I_t = I_0 e^{-\alpha \cdot d} \tag{51.1}$$

式中，I_0 为入射光强；I_x 为透过厚度 x 的光强；I_t 为透过膜薄的光强；α 为材料吸收

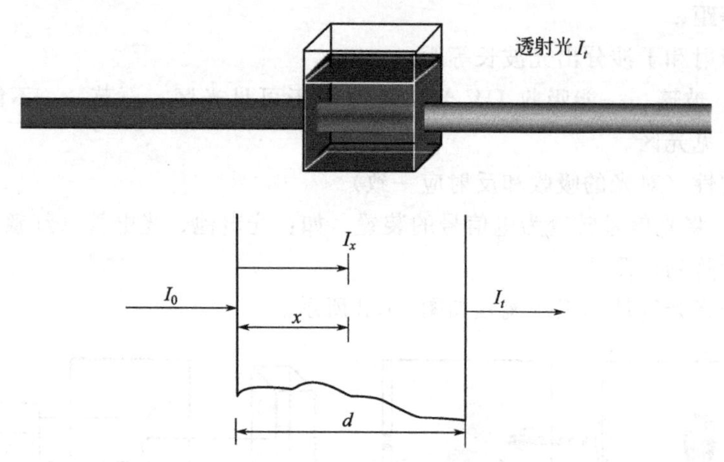

图 51.5 光吸收示意图

系数，与材料、入射光波长等因素有关。

透射率 T 为：

$$T=I_t/I_0=e^{-\alpha d} \tag{51.2}$$

则

$$\ln(1/T)=\ln e^{\alpha \cdot d}=\alpha \cdot d$$

即半导体薄膜对不同波长 α_i 单色光的吸收系数为：

$$\alpha_i=\ln(1/T_i)/d \tag{51.3}$$

3. 吸收光谱、半导体材料的能带结构和半导体材料禁带宽度的测量

（1）吸收光谱

以不同波长 α_i 单色光入射半导体氧化锌薄膜（膜厚 d 为 593nm）为例，测量透射率 T_i，由式(51.3)计算吸收系数 α_i；由 $E_i=h\nu=hc/\lambda_i$ 计算光子能量 E_i，其中，ν 是频率，c 是光速（$c=3.0\times10^{17}$nm/s），α_i 是波长（nm），h 是普朗克常数为 4.136×10^{-15}eV·s。然后以吸收系数 α 对光子能量 E 作图，得到吸收光谱图 51.6。

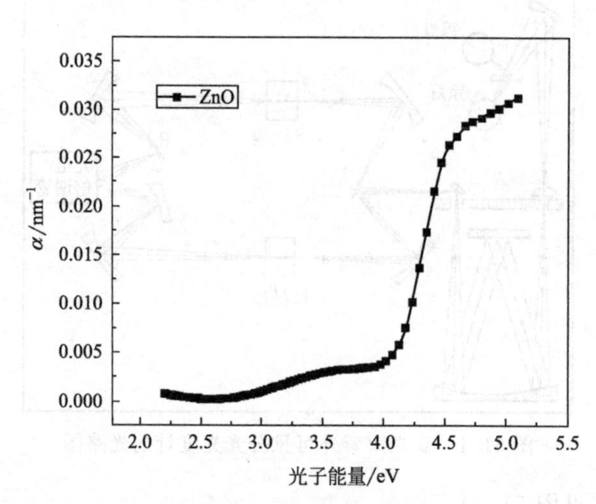

图 51.6 吸收光谱示意图

（2）半导体材料的能带结构（图 51.7）

满带：各个能级都被电子填满的能带；

禁带：两个能带之间的区域——其宽度直接决定导电性，禁带的宽度称为带隙；

价带：由最外层价电子能级分裂后形成的能带（一般被占满）；

空带：所有能级都没有电子填充的能带；

导带：未被电子占满的价带；

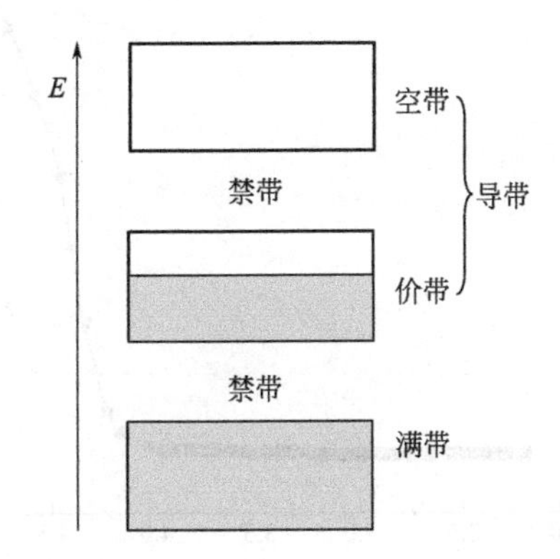

绝缘体：无价带电子，禁带太宽；

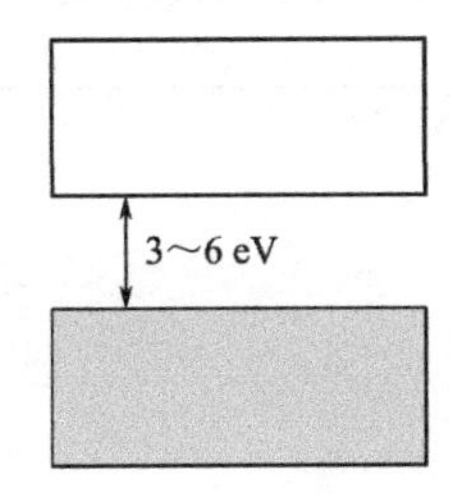

半导体：价带充满电子，禁带较窄；

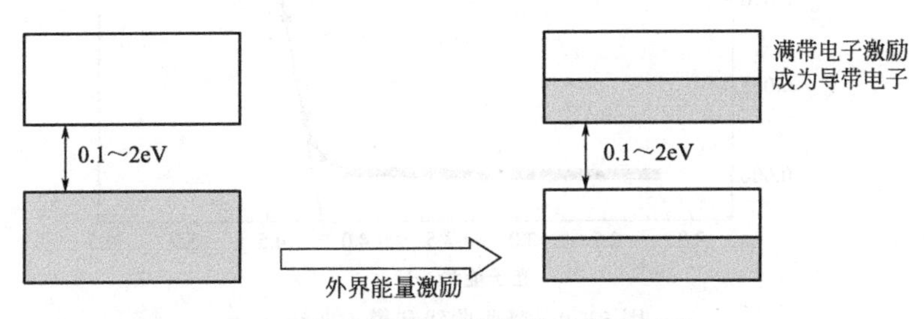

图 51.7　半导体材料能带结构示意图

(3) 半导体材料禁带宽度的测量

本征吸收：半导体吸收光子的能量使价带中的电子激发到导带，在价带中留下空穴，产生等量的电子与空穴，这种吸收过程叫本征吸收。

产生本征吸收的条件：入射光子的能量 ($h\nu$) 至少要等于材料的禁带宽度 E_g，即 $h\nu \geqslant E_g$。

根据半导体带间光跃迁的基本理论（见有关半导体物理书籍），在半导体本征吸收带内，吸收系数 α 与光子能量 $h\nu$ 又有如下关系：

$$(\alpha \cdot h\nu)^2 = A^2(h\nu - E_g) \tag{51.4}$$

式中，$h\nu$ 为光子能量；E_g 为带隙宽度；A 是常数。

由此公式，可以用 $(\alpha h\nu)^2$ 对光子能量 $h\nu$ 作图，如图 51.8 所示。

然后在吸收边处选择线性最好的几点做线形拟合，将线性区外推到横轴上的截距就是禁带宽度 E_g，即纵轴 $(\alpha h\nu)^2$ 为 0 时的横轴值 $h\nu$，如图 51.9 所示。

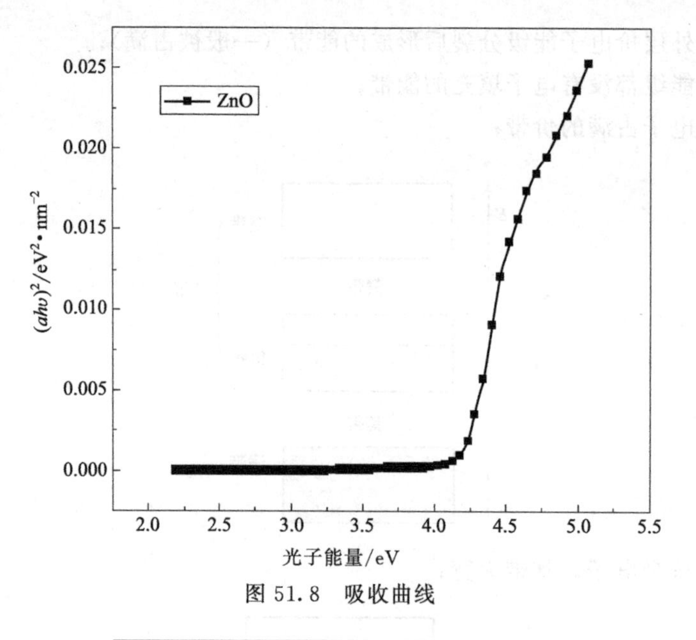

图 51.8 吸收曲线

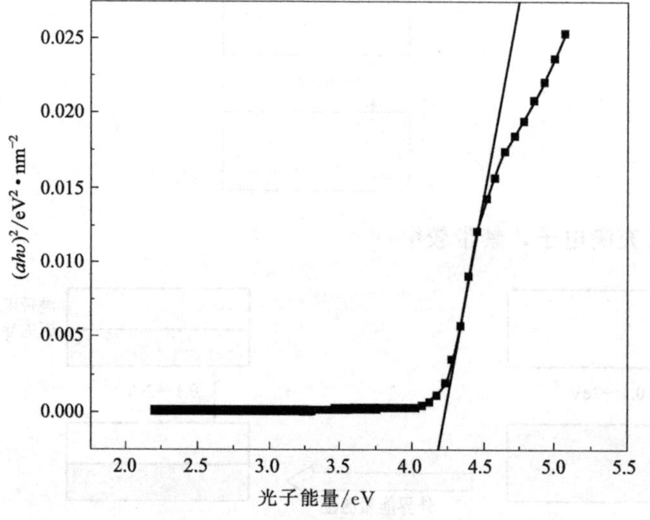

图 51.9 吸收曲线和模拟曲线

三、实验设备与材料

紫外可见分光光度计及其消耗品，如氘灯、钨灯、绘图打印机、玻璃基 ZnO 薄膜。

四、实验步骤与方法

① 开机并自检。

② 将制备的 ZnO 薄膜和空白样置光路中，在主菜单中选择“光谱测量”。

③ 在“光谱测量”菜单中设

测量模式：T；

扫描范围：370～410nm；

记录范围：0.000%～120%；

扫描速度：中；

采样间隔：0.1；

扫描次数：1；

显示模式：连续。

按“Start”键，扫描。显示图谱后按“F3”存贮图谱并命名，按“F4”。

④ 在主菜单中选择“数据处理”，按“F2”调用刚刚存贮的图谱，用“多点采集”采集 370～410nm 内每隔 2nm 的透射率 T 数据（即 372nm、374nm、376nm、… 408nm、410nm），并记录下来。

五、数据记录与处理

根据公式(51.3) 和 $E_i = h\nu = hc/\lambda_i$ 计算 α、$h\nu$ 和 $(\alpha h\nu)^2$，用 $(\alpha h\nu)^2$ 对光子能量 $h\nu$ 作图（用 Origin 作图）。然后在吸收边处选择线性最好的几点做线形拟合，将线性区外推到横轴上的截距就是禁带宽度 E_g，即纵轴 Y 为 0 时的横轴值 X。

六、思考题

从能带角度谈一谈导体、半导体及绝缘体之间的区别？

参 考 文 献

[1] 吴莉莉，吕伟，伦宁，吴佑实．纳米氧化锌的制备与光学性能表征 [J]．山东大学学报（工学版），2005，35 (2)：1-4.

[2] 郑佳红，牛世峰．共掺杂 ZnO 纳米材料的制备及光学性能研究 [J]．化学与生物工程，2015 (2)：33-35.

实验 52　柔性有机发光二极管多次弯曲后的性能分析

一、实验目的

① 了解柔性有机发光二极管的基本结构。

② 掌握柔性有机发光二极管的基本发光原理。

③ 了解柔性有机发光二极管的器件制备方法及工艺。

④ 对柔性有机发光二极管多次弯曲后进行性能分析。

二、实验原理

有机发光二极管（OLED）也称为有机电致发光器件，具有低功耗、宽视角、响应速度快、亮度高、显色指数高等突出的优点，因此被认为是最有希望取代液晶显示器（LCD）成为下一代平板显示主流的技术之一，有着美好的应用前景，已发展成为多学科交叉的前言课题和高技术竞争的焦点。作为全固体化的显示器件，OLED 最大的优越性在于可以采用柔性衬底材料制成完全柔性化的显示器件，即柔性有机电致发光显示器件（FOLED）[2]。FOLED 可弯曲，重量轻，便于携带，大大拓宽了 OLED 的使用范围，而且与玻璃衬底的 OLED 相比耐冲击，可实现连续化滚筒式生产，提供了实现低成本和大规模生产的基础，是 OLED 的一个重要发展方向。

FOLED的基本结构与普通玻璃衬底OLED结构基本相同，FOLED只是柔韧性透光性好，且用镀有透明ITO导电膜的衬底材料代替ITO玻璃作为衬底，其结构也属于“三明治”形夹心式结构，ITO膜层作为阳极起注入空穴作用。作为发光层和载流子传输层的多层有机物通过真空升华、旋涂或其他气相沉积的办法重叠沉积在衬底表面上，而后镀覆一层起注入电子作用的阴极金属层，从而完成器件的制作。施加一定的直流电压后从透明衬底一侧可获得面发光。根据两电极之间有机功能层的结构，FOLED结构可分为以下几类。

（1）单层器件结构

在器件的阳极和阴极之间，制作由一种或数种物质组成的发光层。此种结构器件制作方便，且具有较好的二极管整流特性，在聚合物中较为常见。但单层器件常常得不到很好的效率，因为很多有机薄膜材料的电荷传送性质是不均一的，从而电子和空穴的输送率难以均等。用单极性的有机膜，发生复合的区域多半会自然地离某一个电极较近，这样其发光容易被金属面所猝灭，从而使得发光效率相对降低。

（2）双层器件结构

Kodak公司首先提出了双层有机膜结构。此类结构器件克服了单层结构器件中由于发光层只具有单一载流子传输特性而引起的电子与空穴复合区必然靠近阳极或阴极所产生的猝灭而导致发光效率降低的缺陷，同时也有效地解决了平衡载流子注入速率的问题，提高了FOLED器件的发光效率。

根据材料的作用不同，双层结构器件又可分下列两种：DL-A型和DL-B型，由有机电子传输材料既做电子传输层（ETL）又做发光层（ELL），与有机空穴传输材料做成的空穴传输层（HTL）一起构成DL-A型；B型是ETL单独为一层有机材料，HTL、ELL共用一层有机材料构成。

（3）三层器件结构

由空穴传输层（HTL）、发光层（EML）和电子传输层（ETL）组成的三层器件结构是由日本的Adachi首先提出的，这种器件结构兼具电子传输层与空穴传输层，可将电子和空穴更加有效地限制在发光层中复合而产生发光。这种器件中三层功能层各司其职，对于选择材料和优化器件结构十分方便，是目前FOLED中较常采用的器件结构。

由于FOLED器件的结构和OLED器件的结构基本相同，FOLED的工作原理与玻璃衬底OLED的工作原理也是基本相同的。OLED的发光机制简单地说是由阴极注入的电子和阳极注入的空穴在发光层复合形成受激的激子，激子从激发态回到基态时，将其能量差以光子的形式释放出来。

以典型的三层结构OLED为例，有机电致发光过程可分为以下几个阶段。

① 载流子的注入。在外加电场的作用下，电子和空穴分别从阴极和阳极向夹在电极之间的有机功能薄膜层注入，即电子向电子传输层LUMO能级（类似于半导体中的导带）注入，而空穴向空穴传输层的HOMO能级（类似于半导体中的价带）注入。

② 载流子的迁移。注入的电子和空穴分别从电子传输层和空穴传输层向发光层迁移，这种迁移被认为是跳跃或隧穿运动。

③ 激子的产生。电子和空穴在发光层中某一区域复合产生激子。

④ 激子的迁移。激子在电场作用下迁移，将能量传递给发光分子，激发电子从基态跃迁到激发态。

⑤ 光子的发射。受激分子从激发态回到基态时，激发态能量通过辐射失活，产生光子，

释放出光能。

柔性有机发光二极管的器件制备方法及工艺。

柔性有机电致发光器件的制作工艺实际上是薄膜工艺和表面处理技术。本实验室制备FOLED器件的基本步骤包括柔性器件衬底的处理、配置溶液、有机层成膜、阴极的制备等四个部分。

（1）衬底的处理

在柔性有机电致发光器件中，一般可以采用聚合物衬底，超薄玻璃衬底和金属箔片衬底。本实验采用覆有ITO导电膜的PET柔性基片，面电阻约170Ω。PET在较宽的温度范围内具有优良的物理—机械性能，长期使用温度可达120℃。基片厚度为125μm，方块电阻约为170Ω，对可见光的透过率大于80%。制作器件前先在ITO薄膜覆盖的PET柔性基片上用透明胶带对基片进行掩膜，以锌粉覆盖整个基片，用稀盐酸进行腐蚀，最后揭去胶带进行清洗。再将刻蚀好的ITO柔性基片放在有洗涤剂的去离子水中超声清洗（所用超声波清洗器为KQ218型），再用大量去离子水冲洗干净，然后用酒精棉球反复擦洗基片，接着再分别用乙醇、异丙醇、丙酮进行超声清洗。最后在红外干燥箱（HW801型）中烘干后备用。目前人们在研究中常用的PET基片与ITO热膨胀性质相反。这种热性质的差异使得ITO容易发生剥离。所以在对柔性衬底进行超声清洗的过程中时间不能太长，以免影响ITO与PET之间的附着。

（2）配置溶液

对于小分子材料，制备方法是采用真空蒸镀的方法成膜，而对于聚合物材料，其本身可溶于有机溶剂，制成溶液，旋涂于基片表面形成发光层。根据所制备器件的具体要求和所选择的材料，通过计算各种成分的用量，最终按照各材料的比例，合理地配置溶液，然后将配好的溶液放入超声波仪器中振荡，使溶液充分溶解、均匀。

（3）有机层成膜

有机层的成膜是柔性电致发光器件制备的关键环节。实验中，对于小分子材料大多采用真空蒸发镀膜的方法，其蒸发沉积条件为：真空度小于5×10^{-4}Pa，蒸发电流约为6A，蒸发时间则根据材料而异。蒸发速率：发光材料Alq_3及传输材料NPB、BPhen（约0.1nm/s），Al阴极（约0.6nm/s）。对于聚合物材料，成膜方法比较多，主要有浸取、旋涂、喷涂以及丝网印刷。将所配置好的有机溶液滴加到清洗烘干好的ITO基片上，用台式匀胶机（KW-4A型）旋甩出均匀致密的薄膜。实验中匀胶机的旋甩速度和时间可设定在以下范围内：低速为500～2000r/min，时间为6～18s；高速为2000～6000r/min，时间为30～60s。甩膜完成后，将器件放入干燥器内，充分干燥以备蒸镀阴极之用。

（4）阴极的制备

由于低功函数的金属化学性质活泼，在空气中易于被氧化，对器件的稳定性不利。所以本实验选用LiF/Al复合阴极，可以更好地提高器件的效率。真空蒸镀所需的金属Al及钨螺旋等材料均经过有机溶剂充分振荡清洗，以去除表面沉积的杂质、污垢。将样品，金属材料和干燥后的器件放入布劳恩公司充氩气手套箱里的真空镀膜机钟罩内，通过复合真空计（JF-1型）测得真空度达到蒸镀条件后，LiF/Al复合阴极通过双源共蒸发得到，阴极的膜厚由膜厚测试仪（FTM-V型）监控。

三、实验设备与材料

① 实验设备：PR-650光谱亮度扫描仪、Keithley 2400电压电流源、Keithley 485微电

流计、6XD-3 型光学显微镜。

② 试剂：发光材料：Alq_3（2g），传输材料：NPB、BPhen（各 1g）。

③ 耗材：Al 阴极（50g），钨螺旋（20 根），柔性 ITO 基片（每片 30mm×30mm，共 20 片）；惰性气体（氩气 2 瓶）。

④ 溶剂：乙醇 500mL×4，丙酮 500mL×4，异丙醇 500mL×4。

四、实验步骤与方法

有机电致发光器件的制作工艺实际上是薄膜工艺和表面处理技术，以下是本实验中制作有机电致发光器件的工艺流程，下面我们将其分为五步，具体描述如下。

实验中制备的 FOLED 器件结构为：PET/IT0/NPB(40)/Alq_3(50nm)/BPhen(30nm)/LiF/Al

① 通过 PR-650 及 keithley2400 &485 我们可以测量到发光材料 Alq_3 的电致发光光谱（如图 52.1 所示）。

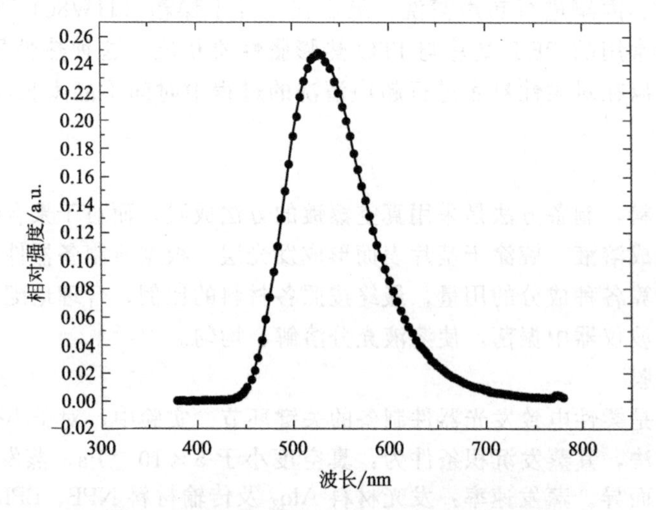

图 52.1　基于 Alq_3 的 OLED 电致发光光谱

② 通过对 FOLED 的性能测试，需要对各个功能材料的能级匹配有一定的认识。通过查阅相关文献，绘制了本实验中制备的器件结构能级图（如图 52.2 所示）。

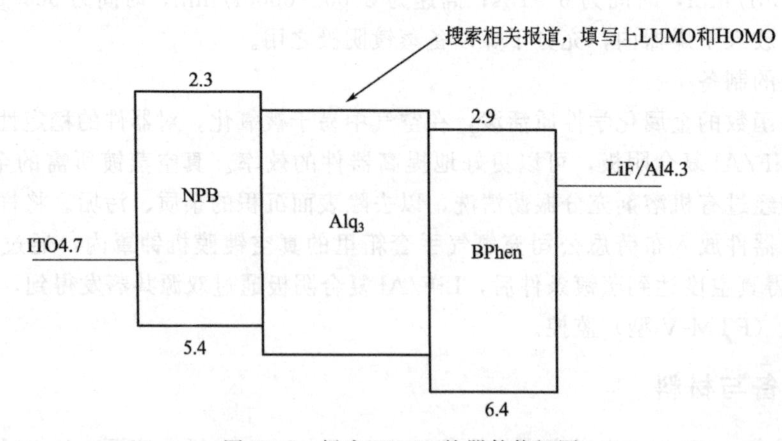

图 52.2　绿光 OLED 的器件能级图

③ 对 FOLED 进行多次的弯曲，并测试其发光性能的衰减。此外，对于多次的弯曲后的薄膜及金属表面形貌（利用 6XD-3 型光学显微镜）进行观察并分析。

五、数据记录与思考

① 测量 OLED 器件的电致发光光谱（光谱峰值及半高宽）。

② 通过测量 OLED 器件的电致发光光谱如何说明发光材料的禁带宽度？

③ 从器件能级图中说明 NPB 及 BPhen 的作用？

④ 多次弯曲后观察 FOLED 器件薄膜及电极的表面形貌。

⑤ 多次弯曲后对于 FOLED 器件的影响？

参 考 文 献

[1] 丁然．有机晶体电致发光器件制备与特性分析 [D]．吉林大学博士学位论文，2015.

[2] 陈向舟．有机电致发光二极管阳极的表面改性 [D]．天津理工大学硕士学位论文，2008.

实验 53　固体材料的热导率测定

一、实验目的

① 熟悉用稳态法测定材料热导率的方法。

② 了解材料散热速率和传热速率的关系。

二、实验原理

热导率是反映材料导热性能的物理量，它不仅是评价材料的热学特性的依据，而且是材料在应用时的一个设计依据，在加热器、散热器、传热管道设计、房屋设计等工程实践中都要涉及这个参数。因为材料的热导率不仅随温度、压力变化，而且材料的杂质含量、结构变化都会明显影响热导率的数值，所以在科学实验和工程技术中对材料的热导率常用实验的方法测定。测量热导率的方法大体上可分为稳态法和动态法两类。稳态法可用来测量不同材料的导热系数，实验方法简捷、具有典型性。

1. 热传导定律

Fourier 定律：以$\left(\frac{\mathrm{d}T}{\mathrm{d}x}\right)_{x_0}$表示 x_0 处的温度梯度，在时间 Δt 内通过截面 ΔS 所传递的热量 ΔQ 为（如图 53.1 所示）：

$$\frac{\Delta Q}{\Delta t}=-\lambda\left(\frac{\mathrm{d}T}{\mathrm{d}x}\right)_{x_0}\Delta S \tag{53.1}$$

式中，λ 为导热系数，单位是瓦・米$^{-1}$・开$^{-1}$，（W・m^{-1}・K^{-1}）。

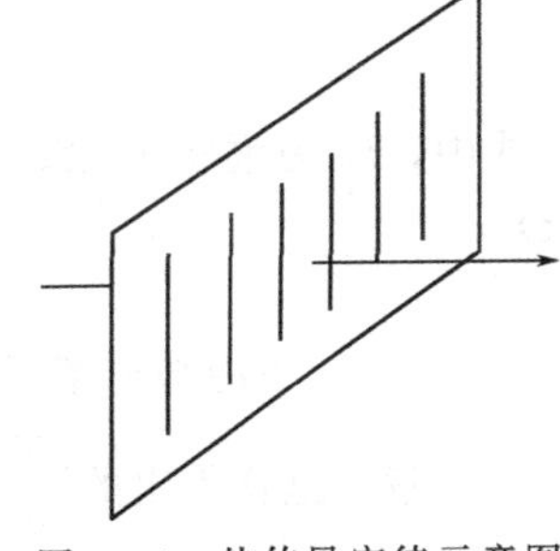

图 53.1　热传导定律示意图

2. 稳态法测传热速率

如果热量是沿着垂直于固体截面方向传导，那么在传导方向上任意位置 Z_0 处到一个垂直截面积 dS，以$\frac{\mathrm{d}T}{\mathrm{d}z}$表示在 Z

处的温度梯度，以$\frac{dQ}{dt}$表示在该处的传热速度（单位时间内通过截面积 dS 的热量），则传导定律可表示为

$$dQ=-\lambda\left(\frac{dT}{dz}\right)Z_0 dS \cdot dt \tag{53.2}$$

式中，负号表示热量从高温区传导（即热传导方向与温度梯度反向）。式中比例系数 λ 即为一个单位的情况下，单位时间内垂直通过单位截面积的热量。

利用（53.1）式测量材料的导热系数 λ，需解决两个关键问题：一个是在材料内造成一个温度梯度$\frac{dT}{dz}$并确定其数值；另一个是测量材料内由高温区向低温区的传热速率$\frac{dQ}{dt}$。

（1）关于温度梯度$\frac{dT}{dz}$

为了在样品内造成一个温度的梯度分布，将平板状样品夹在两块良导体——铜板之间，使两块铜板分别保持在恒定温度 T_1 和 T_2。由于样品厚度 h 远小于样品直径 D，因此侧面散热忽略不计，可认为热量仅沿垂直方向传导，如图 53.2 所示。

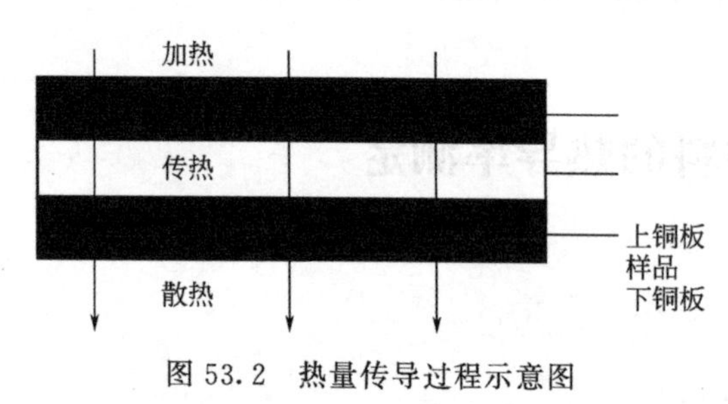

图 53.2　热量传导过程示意图

这样只要测出样品厚度 h 和两块铜板的温度 T_1、T_2，就可以确定样品内的温度梯度$\frac{T_1-T_2}{h}$，这需要铜板与样品表面紧密接触，如有缝隙则中间的空气层会产生热阻导致温度梯度误差。

（2）关于传热速率$\frac{dQ}{dt}$

单位时间内通过一截面积的热量$\frac{dQ}{dt}$是一个无法直接测定的量，实验中设法将其转化为容易测量的量，为维持一个恒定的温度梯度分布，必须不断给高温侧铜板加热，热量通过样品传导低温侧铜板后将热量不断向周围环境散出。

当加热速率、传热速率与散热速率相等时，系统就达到一个动态平衡状态，即稳态。此时低温侧铜板的散热速率就是样品内的传热速率。这样只要测量低温侧铜板在稳态温度 T_2 下散热的速率，就间接测量出了样品内的传热速率。

已知铜板的散热速率与温度变化率$\frac{dT}{dt}$关系式为：

$$\frac{dQ}{dt}\bigg|T_2=-mc\frac{dT}{dt}\bigg|T_2 \tag{53.3}$$

式中，m 为铜板质量；c 为铜板比热容，负号表示热量向低温度方向传递。由此可得$\frac{dQ}{dt}$。

式中，T_2 下冷却速率可通过绘制 T-t 曲线取 T_2 处斜率得到。

应注意，这样得出的$\frac{dT}{dt}$为铜板全部表面暴露于空气中的冷却速率，而实验中稳态传热时其上表面被样品覆盖，故铜板散热速率表达式应修正为：

$$\frac{dQ}{dt}=-mc\frac{dT}{dt}\cdot\frac{\pi R_P^2+2\pi R_P h_P}{2\pi R_P^2+2\pi R_P h_P} \tag{53.4}$$

式中，R_P 和 h_P 分别为下铜板的半径和厚度。根据前文分析，这个量就是样品的传热速率。

将（53.4）式带入热传导定律表达式，并考虑到 $ds=\pi R^2$ 可以得到导热系数：

$$\lambda=-mc\frac{2h_P+R_P}{2h_P+2R_P}\cdot\frac{1}{\pi R^2}\cdot\frac{h}{T_1-T_2}\cdot\frac{dT}{dt}\bigg|T=T_2 \tag{53.5}$$

式中，R 为样品半径；h 为样品高度；m 为下铜板质量；c 为铜板比热容；R_P 和 h_P 分别为下铜板的半径和厚度。等式右边均为常量或直接易测量。

三、实验设备与材料

DRP-Ⅱ型导热系数测定仪，游标卡尺，电子天平，镊子等工具，测量样品（硬铝、电木）。

四、实验步骤与方法

① 测定样品、铜板的尺寸和质量等物理量。其中铜板比热容为 0.385kJ/(kg·K)。

② 放置好样品及下铜板，调节旋钮使样品与上下铜板接触良好。将热电偶涂抹硅脂后插入铜板的小孔内，并确保接触良好。

③ 合上加热开关，设定上铜板温度，对上铜板进行加热（加热温度需高出室温约 30℃）。

④ 上铜板加热到设定温度时，通过热电偶选通开关测定上铜板准确温度，当其数值保持不变时，记录 T_1。

⑤ 将选通开关接通到下铜板测温端，经过一段时间（约 45min）后，当下铜板温度基本稳定后测定 T_2。此时认为已达到稳态。（约 2min 内下铜板温度保持不变）

⑥ 移去样品，继续对下铜板加热，当下铜板温度高出 T_2 温度 5℃时，移开上铜板，让下铜板所有表面暴露于空气中自然冷却。在此期间每隔 30s 读取一次下铜板温度值并记录，直至温度下降到 T_2 以下 5℃。

⑦ 绘制 T-t 冷却速率曲线，并选取邻近 T_2 测量数据来求出冷却速率。

⑧ 根据（53.4）式算出样品的导热系数。

五、数据记录与处理

① 将下铜板冷却时不同 T 值列表，并绘制出 T-t 曲线。

② 计算出导热系数。

六、思考题

样品的导热系数大小与导热性能和温度有什么关系？

参 考 文 献

[1] 邓建兵，张金涛，舒水明，段宇宁．固体材料导热率测量标准装置的研究 [J]．现代测量与实验室管理，2006，14(5)：3-6.

[2] 常淑云，陈荣光．低温下固体材料导热系数的测定 [J]. 低温工程，1994，4：31-35.

实验 54　匀胶工艺参数对薄膜形貌的影响

一、实验目的

① 掌握旋涂工艺过程。

② 掌握旋涂工艺中各参数对薄膜形貌的影响。

③ 了解旋涂工艺的应用范围。

二、实验原理

在本实验中，我们选择二氧化钛溶胶凝胶作为前驱物，并通过旋涂的方法制备二氧化钛薄膜，并通过调整工艺参数，寻找合适的工艺参数，考察旋涂工艺参数对二氧化钛薄膜的形貌的影响。

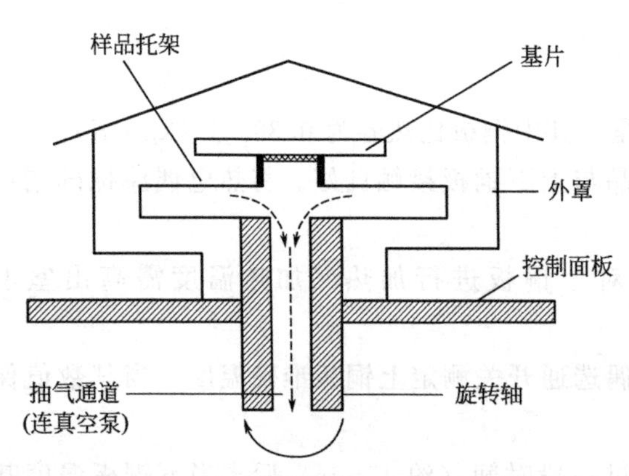

图 54.1　自转式台式匀胶机的结构简图

(1) 旋涂工艺原理

薄膜材料的制备技术一般都是通过各种方法涂覆在基底材料上。旋转涂覆法是在匀胶机上进行，见图 54.1。

首先将匀胶机固定在一个水平的工作台上，并且将待涂膜的基片放置在匀胶机的吸孔上，连接真空泵，开启仪器。当真空泵显示达到一定的压力值后，开启匀胶机，使其在控制的低速条件下运转，此时将所要涂覆的溶胶匀速地滴在基片的中央（吸孔位置），旋转运动产生的离心力使溶胶在以吸孔为圆心的表面上扩展形成均匀的液膜；然后再在高速旋转条件下，去除其中部分的水和有机溶剂，形成更高均匀度的凝胶膜，最后通过预处理和高温的烧结得到所需要的氧化物薄膜。

采用旋涂法制备薄膜时，溶胶的质量直接影响最后薄膜的质量，基片与溶胶之间的附着非常重要。薄膜厚度不光受到溶胶性质的影响，转速也是一个非常重要的因素。确定最好的低高速速度和各自时间主要考虑基片的尺寸大小和溶胶的黏度。热处理温度和烧结温度也会对薄膜的质量有很大的影响，所以需优化实验条件，制得性能优异的薄膜。此外，溶胶的 pH 值、密度、蒸发速率、实验室温度、热处理条件等也会对制备的薄膜的性质有较大的影响。

(2) 旋涂工艺制备二氧化钛薄膜

以二氧化钛溶胶凝胶作为前驱物，通过旋涂工艺制备二氧化钛薄膜，并通过调整工艺参数，考察旋涂工艺参数对二氧化钛薄膜的形貌的影响。

真空泵将通道内大气抽出，使基片上下表面由于气压差形成一定压力，保证基片在一定速度内固定于样品架上而不会因离心作用而甩出。将二氧化钛溶胶凝胶均匀涂敷在硅基片上，调节转速使样品架以设定速率旋转，则溶胶在表面张力和旋转离心力的共同作用下形成均匀无序的薄膜。操作时要尽量做到：①使用清洁平整的基片，保证其与溶胶有很好的浸润度；②选择合适的溶剂和配比浓度来配置相应材料的溶液，避免溶液不利于展开（浓度太高）或薄膜穿孔（浓度太低）；③借助磁力搅拌器使其溶解均匀；④根据资料和经验选择最佳的温度和转速；⑤旋涂后，需要将基片放入真空干燥箱中恒温 60～70℃烘烤约 30min，以除残留的有机溶剂并促进薄膜固化。

三、实验设备与材料

① 实验设备：匀胶机，塑料滴管，手套，Si 片，培养皿，镊子，塑料烧杯，镜头纸。

② 试剂：无水乙醇，丙酮，氢氟酸，已配置的二氧化钛溶胶凝胶。

四、实验步骤与方法

薄膜的厚度和表面均匀性可以通过溶胶凝胶的黏稠度、涂膜时的旋转速度、涂膜时间以及涂膜的次数来控制。

① 衬底清洗。第一步，用粘有洗洁精的棉球清洗衬底表面固体颗粒，持续 1～3min，第二步，然后分别在丙酮、乙醇中各超声清洗 5min，每次都用去离子水清洗；第三步，再将硅片放入 20%的氟化氢中超声腐蚀 5min，用去离子水除去残留物，烘干待用。

② 匀胶。选择较低的转速和较短的时间旋涂，使溶胶凝胶在硅衬底表面分布均匀，采用的转速为 1000r/min，时间为 5s。然后选择较高的转速和较长的时间，使溶胶凝胶不仅在衬底上分布得更加均匀，而且薄膜的厚度也进一步变薄，一般转速设为 1000r/min 以上，时间为 20s 以上。

③ 调整高转速旋涂转速分别为 3000r/min，6000r/min，时间分别为 20s，40s，旋涂次数分别为 1 次，2 次。

④ 旋涂后，需要将基片放入真空干燥箱中恒温 100℃烘烤约 30min，以除残留的溶剂并促进薄膜固化。

⑤ 采用扫描电镜表征二氧化钛薄膜的形貌，考察旋涂工艺参数对二氧化钛薄膜的形貌的影响。

五、思考题

① 硅衬底清洗的每一步的作用如何？

② 请简要说明旋涂工艺参数，如溶胶黏稠度、旋转速度、时间、旋涂次数对二氧化钛薄膜的影响？

③ 采用蒸馏水与无水乙醇作溶剂分别配置溶胶时，请对比思考其溶胶在硅片上的附着性的差异？

参 考 文 献

[1] 戴剑锋，李扬，王青，等．Sol-gel 旋涂法制备纳米 TiO_2 薄膜及其双亲性能研究 [J]．材料导报，2008，22 (1)：124-126.

[2] 陈文梅，杨尊先，赵修建．工艺参数对 TiO_2 薄膜性能的影响 [J]. 玻璃与搪瓷，2001，29 (4)：18-21.

实验 55　电化学测量方法的应用

一、实验目的

通过实验掌握化学镀的基本原理及工艺，并通过测量极化曲线对电化学理论有较直观的认识，对极化曲线与腐蚀机理关系有具体的理解，同时对化学镀层的组织性能有间接的认识。使学生掌握研究分析耐腐蚀机理的一种重要方法。

二、实验原理

电化学分析法是用来测量物质的量的方法，它将被测的对象视为一个电池组成，或者一个化学体系，根据这一体系的电压、电流、电阻指标的数值来确定某物质的含量和化学特性。电化学分析法有以下几部分。

(1) 电位分析法

又分为电位法和电位滴定法。电位法是根据测得的电极电位计算出相应的待测离子的浓度或活度，以确定相应的物质量。电位滴定法是根据滴定完成后，滴定所用的液体量来计算待测物的含量。

(2) 电解分析法和库仑分析法

电解分析法是用非加电源来分解样液，然后称量电极上被电解的物质的量，以进行分析的方法。如果把电解分析法用于分离物质时叫作电离法。库仑分析法是根据电解过程中所用的电量来求得被测物的含量的方法。由于所用的电量可以测量得很精确，因而该方法可做痕量分析。

(3) 极化曲线分析法

极化分析法有恒电流法和恒电位法。所谓极化是和平衡相对而言的，当系统组成一个电池系统时，达到一种平衡状态。而当在这一系统上加一外加电源时，系统的平衡被打破，会产生一个电压电流的变化，这就是所谓的极化电压，极化电流。

极化曲线分析法在分析金属的腐蚀问题时，有特别重要的意义，也是本实验的重点。下面对这一分析方法在本实验中的应用作详细介绍。

铜的性质：铜是一种紫红色的金属，具有良好的延展性、导热性和导电性。相对原子量是 63.54，密度 $8.93\times10^3kg/m^3$，标准电极电位为 0.17V。铜在空气中易氧化失光，易溶于硝酸、铬酸及加热的浓硫酸中，在盐酸和稀硫酸中反应很慢，能被碱侵蚀。与空气中的硫化物作用生成黑色的硫化铜，在潮湿的空气中，与二氧化碳或氯化物生成绿色的碱式碳酸铜或氯化膜。

镍的性质：镍是一种银白略带微黄色的金属，相对原子量 58.69，密度为 $8.9\times10^3kg/m^3$，熔点 1452℃，标准电极电位－0.25V。镍自身有很高的化学稳定性，在空气中与氧作用形成钝化膜，使镍镀层具有良好的抗大气腐蚀性。

长期以来为了保持铜的优良性能，改善表面的耐腐蚀性能，通常采取表面镀金属的方法。本实验采用在铜基体上化学镀镍。为了便于工艺和性能对比，可选用不同还原剂：次磷酸钠和硼氢化钠，这样得到的镀层有镍磷合金镀层和镍硼合金镀层；并通过晶化处理得到晶态镍磷和晶态镍硼镀层。

① 化学镀镍镀层是一种障碍镀层，它是将基体金属和外界腐蚀环境隔绝而达到防护目的。化学镀镍是非晶态结构，非晶态是一种均匀的单相组织，不存在晶界、位错、层错之类缺陷，因而在腐蚀介质中不易形成腐蚀微电池。同时，化学镀镍层和基体结合均匀，致密，腐蚀介质难以透过镀层而浸蚀基体，具有极好的耐蚀作用。

化学镀镍工艺包括以下内容：镀液的组分及其浓度，操作温度及 pH 值。化学镀镍溶液的组分虽然根据不同的应用有相应的调整，但一般是由主盐、还原剂、络合剂、缓冲剂、稳定剂、加速剂、表面活性剂等组成。化学镀镍的工艺决定了镀层的沉积速度、含磷（硼）量及性能。按操作温度分为高温镀液（85～95℃）、中温镀液（65～75℃）、低温镀液（50℃以下）；按 pH 值可分为酸性镀液和碱性镀液；按其使用的还原剂又可分为次磷酸盐型、硼氢化物、肼型、氨基硼烷型 4 种。

化学镀镍溶液的主盐是提供金属镍离子的可溶性镍盐，在化学还原反应中为氧化剂。可供采用的镍盐有硫酸镍、氯化镍、醋酸镍、次磷酸镍等。

还原剂是化学镀镍的主要成分，它是提供还原镍离子所需的电子，在酸性镀液中采用的还原剂主要是次磷酸盐。

络合剂除了能控制可供反应的游离镍离子浓度外，还能抑制亚磷酸镍沉淀，提高镀液的稳定性，延长镀液寿命。

缓冲剂，使溶液具有缓冲能力，即在施镀过程中使溶液 pH 值不致变化太大，能维持在一定范围内。

稳定剂的作用在于抑制镀液的自发分解。

加速剂在化学镀镍溶液中能提高镍沉积速度。

光亮剂的作用在于使镀层更平整光亮美观。

表 55.1 及表 55.2 是本实验选用的化学镀镍配方。

表 55.1 次磷酸钠为还原剂的酸性化学镀镍配方及工艺条件

硫酸镍 ($NiSO_4$) /(g/L)	次磷酸钠 ($NaH_2PO_2 \cdot 2H_2O$) /(g/L)	醋酸钠 ($NaC_2H_3O_3$) /(g/L)	柠檬酸钠 ($Na_3C_6H_5O_3 \cdot 2H_2O$) /(g/L)	pH 值	温度/℃
25～35	15～20	10	10	4.1～4.4	85～90

表 55.2 以硼氢化钠为还原剂的碱性化学镀镍配方及工艺条件

氯化镍 ($NiCl_2$) /(g/L)	硼氢化钠 ($NaBH_4$) /(g/L)	乙二胺 ($H_2NCH_2CH_2NH_2$) /(g/L)	氢氧化钠 (氢氧化钠) /(g/L)	pH	温度/℃
20	0.4	90	90	14	85～95

② 耐化学腐蚀性实验用 CHI 电化学分析仪-CHI600B 系列电化学分析仪和计算机，通过测量电极电位和通过电极的电流，用三电极系统（工作电极、参比电极、辅助电极）测量阳极极化曲线（图 55.1）。

如图 55.1 所示，阳极极化曲线可分为①活化区，*a* 点以前区域是金属进行活性溶解，

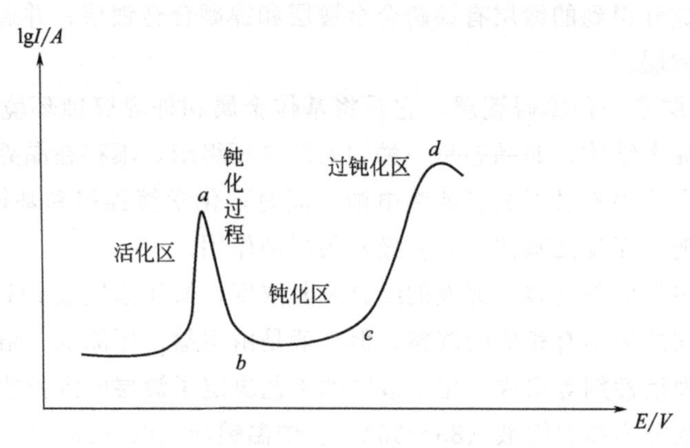

图 55.1 阳极极化曲线

靠近 a 点时，形成化学吸附的氧化物薄膜，只是膜的形成速度还很小，不能明显地将表面覆盖起来，也不能明显地阻滞阳极溶解过程。②钝化过渡区，相当于 ab 段，过 a 点以后保护膜的生长速度已超过它的化学溶解速度，开始形成保护膜。这时，阳极电流随电位向正的方向移动而减小。到 b 点时钝化膜已经完成，整个表面被完全覆盖。③钝化区，bc 段，随着电位的升高，膜变的越厚，电极上的阳极过程速度已经与电位没有关系了，处于一个稳定的状态。④过钝化区，cd 段，钝化膜被氧化成可溶解的高价氧化物。以后就会形成二次钝化过渡区及二次钝化区。

三、实验设备与材料

① 设备：双显恒温加热磁力搅拌器 SH-3A，恒温水浴加热器，P-2 金相试样抛光机，KQ3200B 型超声波清洗器，PTS1001 型点焊机，OLYMPUS DP12 金相显微镜，CHI 电化学分析仪-CHI600B 系列电化学分析仪，大小烧杯若干。

② 材料：试样的基体材料为铜棒或铜板。

四、实验步骤与方法

（1）准备试样

① 将棒材或板材切割成适当尺寸。

② 打磨毛刺、表面杂质及氧化层，抛磨光亮。

③ 除油、清洗、酸蚀。

（2）化学镀镍

① 按配方严格操作配置电镀液（选其中一种）。

② 实施镀镍工艺。注意严格控制温度，监控调节 pH 值，均匀搅拌。

（3）测极化曲线

① 配制。配制 10％盐酸溶液或 10％氢氧化钠、10％氯化钠（少量氯化钾）溶液 200mL。

② 焊接。将试样用 PTS1001 型点焊机焊在易导电的金属棒上。

③ 蜡封。将白蜡放在坩埚中加热至充分融化，然后将焊接后的试件均匀蘸蜡，冷却后待用。

④ 刻孔。用小刀在每个试件平面上划出 5mm×5mm 小孔。

⑤ 制作盐桥。把 3～4g 的琼脂和 35g 的氯化钾放入 100ml 水中，加热溶液至沸腾，冷却后吸入 U 型管中。

⑥ 用 CHI 电化学分析仪-CHI600B 系列电化学分析仪测量未镀样品及试样在溶液中的极化曲线（可选一种溶液）。

五、实验报告要求

① 简述实验原理及步骤。

② 对实测曲线纵轴变化为对数坐标。重新绘制坐标曲线。

③ 对曲线分析得出结论。

参 考 文 献

[1] 何为，唐先忠，迟兰州．碳纤维表面化学镀镍工艺研究 [J]. 电镀与涂饰，2003，22（1）：8-11.

[2] 娄卫东，仝新生，王少峰．碳纤维表面化学镀镍工艺的研究 [J]. 电镀与精饰，2013，35（6）：30-34.

实验 56 极化曲线的测定

一、实验目的

① 掌握用“三电极”法测定金属沉积过程的电极电位。

② 通过对镍在玻碳电极上的沉积电位的测量加深理解过电位和极化曲线的概念。

③ 了解控制电位法测量极化曲线的方法。

二、实验原理

① 当把金属插入其盐溶液中时，金属表面上的正离子受到极性水分子的作用，有变成溶剂化离子进入溶液而将电子留在金属表面的倾向。与此同时，溶液中的金属离子也有从溶液中沉积到金属表面的倾向。当这种溶解与沉积达到平衡时，形成了双电层，在金属/溶液界面上建立起一个不变的电位差值，这个电位差值就是金属的平衡电位，用 E_R 表示。当有电流通过电极时，电极电位偏离平衡电极电位，成为不可逆电极电位，用 E_{IR}表示；电极的电极电位偏离平衡电极电位的现象称为电极的极化。通常把某一电流密度下的电位 E_R 与 E_{IR}之间的差值的绝对值称为过电位，即

$$\eta = |E_{IR} - E_R|$$

影响过电位的因素很多，如电极材料，电极的表面状态，电流密度，温度，电解质的性质、浓度及溶液中的杂质等。测定镍沉积电位实际上就是测定电极在不同外电流下所对应的极化电极电位，以电流对电极电势作图 $I \sim E$（阴极），所得曲线称为极化曲线。

② 研究电极超电势通常采用三电极法，其装置如图 56.1 所示。

辅助电极的作用是与研究电极构成回路，通过电流，借以改变研究电极的电位。参比电极与研究电极组成电池，恒电位仪测定其电位差并显示以饱和甘汞电极为参比的研究电极的电极电位值。

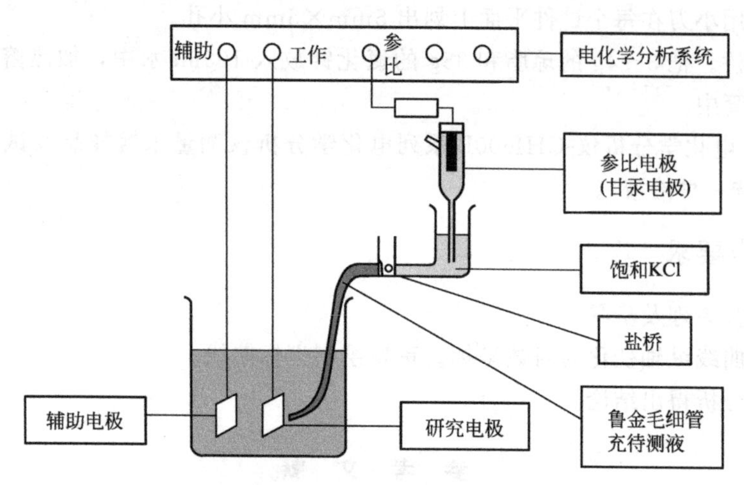

图 56.1　三电极装置示意图

③ 测量极化曲线有两种方法：控制电流法与控制电位法（也称恒电流法与恒电位法）。控制电位法是通过改变研究电极的电极电位，然后测量一系列对应于某一电位下的电流值。由于电极表面状态在未建立稳定状态前，电流会随时间改变，故一般测出的曲线为“暂态”极化曲线。本实验采用控制电位法测量极化曲线：控制电极电位以较慢的速度连续改变，并测量对应该电位下的瞬时电流值，以瞬时电流对电极电位作图得极化曲线，如图 56.2 所示。

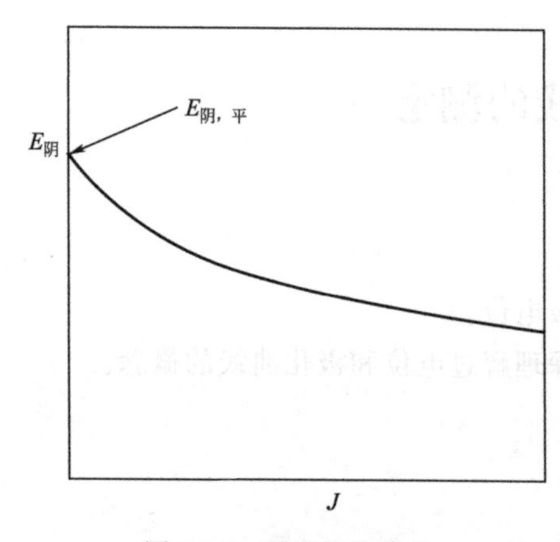

图 56.2　阴极极化曲线

三、实验设备与材料

① 设备：LK98A 微机电化学分析系统一台，甘汞电极一支，铂电极一支，玻碳电极一支。

② 材料：瓦特型镀镍液 50mL（包含硫酸镍、氯化镍、硼酸），稀硝酸 50mL，乙醇 50mL，蒸馏水 500mL。

四、实验步骤与方法

① 将直径为 3mm 的玻碳电极用三氧化二铝粉末抛光至镜面，抛光后依次用 1∶1 乙醇、1∶1 硝酸和蒸馏水超声清洗各 5min。制备好的玻碳电极放入电解池中作为工作电极，以饱和甘汞电极作为参比电极，铂片为对电极，并按图 56.1 接线。

② 打开电化学分析系统软件，点击“设置”菜单，在子菜单中选择“方法选择”，再在弹出的窗口中选择“线性扫描技术”的“线性扫描伏安法”，如图 56.3 所示。

③ 点击“设置”菜单，选择“参数设定”，在弹出的窗口中进行参数设定，如图 56.4 所示。

④ 点击“控制”菜单，选择“启动”开始极化曲线的测定。

⑤ 扫描完毕后，点击“文件”菜单中的“储存”保存测试数据，点击“另存为 BMP”，保存极化曲线。

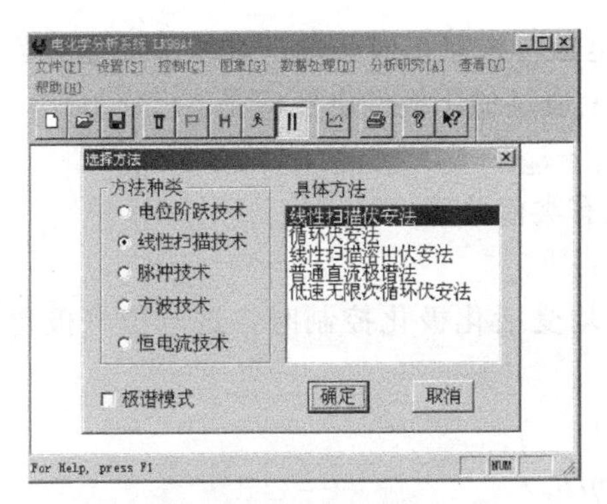

图 56.3　方法选择

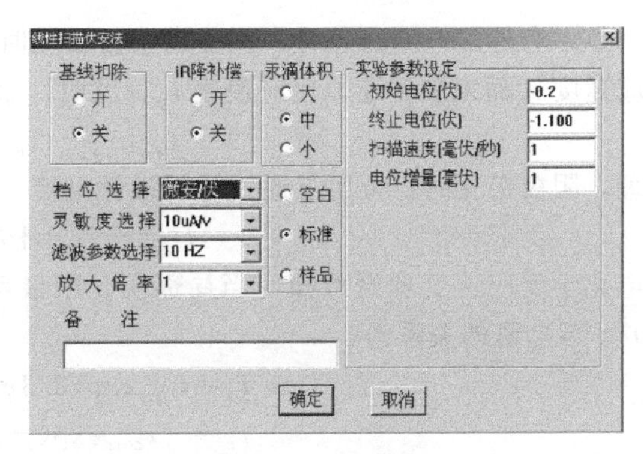

图 56.4　参数设定

五、实验数据记录与处理

画出极化曲线记录镍在玻碳电极上的析出电位，并计算－0.8V 处的极化度。

六、思考题

① 极化曲线测量对工作电极、辅助电极、参比电极的要求是什么？它们分别在测量中的作用。

② 过电位与极化电位有什么不同？

参 考 文 献

[1] 陈建勋．极化曲线的测定及其在金属电沉积中的应用［J］．电镀与涂饰，1982，4：91-100.

[2] 夏春兰，吴田，刘海宁，等．铁极化曲线的测定及应用实验研究［J］．大学化学，2003，18（5）：39-42.

实验 57　塔菲尔曲线测定金属的腐蚀速度

一、实验目的

① 掌握塔菲尔测定金属腐蚀速度的原理和方法。

② 测定不锈钢在 0.25mol/L 的硫酸溶液中腐蚀电流密度 i_c、阳极塔菲尔斜率 b_a 和阴极塔菲尔斜率 b_c。

③ 对活化极化控制的电化学腐蚀体系在强极化区的塔菲尔关系加深理解。

④ 学习绘制极化曲线。

二、实验原理

金属在电解质溶液中腐蚀时，金属上同时进行着两个或多个电化学反应。例如，铁在酸性介质中腐蚀时，Fe 上同时发生反应：

$$Fe \longrightarrow Fe^{2+} + 2e$$

$$2H^{+} + 2e \longrightarrow H_2$$

在无外加电流通过时，电极上无净电荷积累，即氧化反应速度 i_a 等于还原反应速度 i_c，并且等于自腐蚀电流 I_{corr}，与此对应的电位是自腐蚀电位 E_{corr}。

如果有外加电流通过时，例如在阳极极化时，电极电位向正向移动，其结果加速了氧化反应速度 i_a 而拟制了还原反应速度 i_c，此时，金属上通过的阳极性电流应是：

$$I_a = i_a - |i_c| = i_a + i_c$$

同理，阴极极化时，金属上通过的阴极性电流 I_c 也有类似关系。

$$I_c = -|i_c| + i_a = i_c + i_a$$

从电化学反应速度理论可知，当局部阴、阳极反应均受活化极化控制时，过电位（极化电位）η 与电密的关系为：

$$i_a = i_{corr}\exp(2.3\eta/b_a)$$

$$i_c = -i_{corr}\exp(-2.3\eta/b_c)$$

所以

$$I_a = i_{corr}[\exp(2.3\eta/b_a) - \exp(-2.3\eta/b_c)]$$

$$I_c = -i_{corr}[\exp(-2.3\eta/b_c) - \exp(2.3\eta/b_a)]$$

当金属的极化处于强极化区时，阳极性电流中的 i_c 和阴极性电流中的 i_c 都可忽略，于是得到：

$$I_a = i_{corr}\exp(2.3\eta/b_a)$$

$$I_c = -i_{corr}\exp(-2.3\eta/b_c)$$

或写成：

$$\eta = -b_a \lg i_{corr} + b_a \lg i_a$$

$$\eta = -b_c \lg i_{corr} + b_c \lg i_c$$

可以看出，在强极化区内若将 η 对 $\lg i$ 作图，则可以得到直线关系。该直线称为塔菲尔直线。将两条塔菲尔直线外延后相交，交点表明金属阳极溶解速度 i_a 与阴极反应（析 H_2）速度 i_c 相等，金属腐蚀速度达到相对稳定，所对应的电流密度就是金属的腐蚀电流密度。

实验时，对腐蚀体系进行强极化（极化电位一般在 100～250mV 之间），则可得到 E-$\lg i$ 的关系曲线。把塔菲尔直线外延至腐蚀电位。$\lg i$ 坐标上与交点对应的值为 $\lg i_c$，由此可算出腐蚀电流密度 i_{corr}。由塔菲尔直线分别求出 b_a 和 b_c。

影响测量结果的因素如下：

① 体系中由于浓差极化的干扰或其他外来干扰。

② 体系中存在一个以上的氧化还原过程（塔菲尔直线通常会变形）。故在测量为了能获得较为准确的结果，塔菲尔直线段必须延伸至少一个数量级以上的电流范围。

三、实验设备与材料

① 设备：电化学工作站 CHI650C，极化池，铂金电极（辅助电极），饱和甘汞电极，不锈钢电极，工作面积 $1cm^2$。

② 试剂：0.25mol/L 的硫酸溶液。

四、实验步骤与方法

① 配制 0.25mol/L 硫酸溶液。

② 工作电极用水砂纸打磨，用无水乙醇棉擦洗表面去油待用。

③ 将研究电极、参比电极、辅助电极。

④ 连接好线路进行测量。

五、数据记录与处理

① 将实验数据绘在半对数坐标纸上。

② 分别求出腐蚀电密 i_c、阴极塔菲尔斜率 b_c 和阳极塔菲尔斜率 b_a。

六、思考题

① 塔菲尔曲线外推法的主要优缺点是什么？

② 对于钝性材料（例如铝）如何科学地运用塔菲尔曲线表征金属的腐蚀速度？

参 考 文 献

[1] 孙明．电化学实验中金属材料腐蚀速率的确定方法研究 [J]. 化学工程与装备，2012，10：1-4.

[2] 顾宏邦，杨记江，杨玉珠，杨晨生．金属腐蚀的两种电化学测试方法 [J]. 山西化工，1990，4：38-42.

实验 58 四探针法研究导电薄膜的电阻率

一、实验目的

① 掌握溶胶旋涂工艺制备薄膜过程。

② 掌握四探针法测量导电薄膜电阻率原理与流程。

③ 考察旋涂工艺参数对导电薄膜电阻率的影响。

二、实验原理

在本实验中，透明导电 AZO 溶胶作为前驱物，通过旋涂方法制备透明导电 AZO 薄膜，并通过调整工艺参数考察旋涂工艺参数对导电 AZO 薄膜的电阻率的影响。

（1）旋涂工艺原理

旋转涂覆法是在匀胶机上进行，见图 58.1。首先将匀胶机固定在一个水平的工作台上，并且将待涂膜的基片放置在匀胶机的吸孔上，将所要涂覆的溶胶匀速滴在基片上，连接真空泵，真空泵将通道内大气抽出，使基片上下表面由于气压差形成一定压力，保证基片在一定速度内固定于样品架上而不会因离心作用而甩出。开启匀胶机，调节转速，溶胶在表面张力和旋转离心力的共同作用下扩展形成均匀薄膜；在高速旋转条件下，去除其中部分的水和有机溶剂，形成更高均匀度的凝胶膜，最后通过预处理和高温烧结得到所需要的导电 AZO 薄膜。

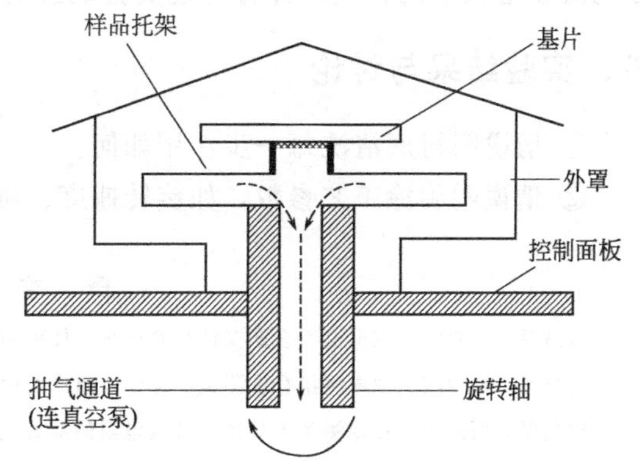

图 58.1 自转式台式匀胶机的结构简图

（2）四探针测试仪器

数字式四探针测试仪是运用四探针测量原理的多用途综合测量设备，专用于测试半导体材料电阻率及方块电阻（薄层电阻）的专用仪器。仪器由主机、测试台、四探针探头、计算机等部分组成，测量数据既可由主机直接显示，亦可由计算机控制测试采集测试数据到计算机中加以分析，然后以表格，图形方式统计分析显示测试结果。

三、实验设备与材料

① 设备：匀胶机，四探针测试台，塑料滴管，手套、玻璃片，培养皿，镊子，塑料烧杯，镜头纸等。

② 试剂：二水合乙酸锌，乙二醇甲醚，乙醇胺，六水合氯化铝，无水乙醇，丙酮，去离子水。

四、实验步骤与方法

① 配置导电溶胶。在电光分析天平上称取 4.4g（1mol/L）的二水合乙酸锌粉末，将其溶解于 20mL 乙二醇甲醚中，然后再加入与二水合乙酸锌等摩尔的乙醇胺。利用恒温磁力搅拌器在 60℃左右温度下搅拌 30min 后，再加入六水合氯化铝粉末（摩尔比 3%），继续充分搅拌 1h 形成透明均匀溶液后静置待用。

② 衬底清洗。第一步，用蘸有洗洁精的棉球清洗衬底表面固体颗粒，持续 1～3min，第二步，然后分别在丙酮、乙醇中各超声清洗 5min，每次都用去离子水清洗；第三步，再将玻璃片放入去离子水中超声 5min，以除去残留物，烘干待用。

③ 匀胶制膜。选择不同的转速和不同的时间旋涂，使导电溶胶在衬底表面分布均匀，采用的转速为 50r/min，时间为 10s。选择较高的转速和较长的时间，使溶胶凝胶不仅在衬底上分布得更加均匀，而且薄膜的厚度也进一步变薄，一般转速设为 1000～3000r/min 以上，时间为 30s。对照组实验一：调整高转速旋涂转速分别为：1000r/min，2000r/min，3000r/min，对照组实验二：旋涂次数分别为 3 次，6 次。

④ 高温烘烤。旋涂后将基片放入干燥箱中恒温 600℃烘烤约 60min，以除残留溶剂并促进薄膜固化。

⑤ 电阻测试。采用四探针测试薄膜电阻，测试 5 个点取平均值，考察旋涂工艺参数对导电薄膜电阻率的影响；并将上述实验观察结果记录在实验纸上，并解释实验现象。

五、实验结果与讨论

① 请说明衬底清洗每一步作用如何。

② 请说明旋涂工艺参数，如旋转速度、旋涂次数对导电薄膜电组率的影响。

参 考 文 献

[1] 宿昌厚，鲁效明．双电测组合四探针法测试半导体电阻率测准条件［J］．计量技术，2004，03：434-437.

[2] 宿昌厚，鲁效明．双电测组合法测试半导体电阻率的研究［J］．半导体学报，2003，24（3）：298-306.

[3] 宿昌厚．用四探针技术测量半导体一薄层电阻的新方案［J］．物理学报，1979，28（6）：759-772.

实验 59　有机发光二极管的制备及 *J-V-L* 特性测量

一、实验目的

① 了解有机发光二极管的发展背景。

② 掌握有机发光二极管的基本结构和发光原理。

③ 了解有机发光二极管的器件制备方法及工艺。

④ 掌握有机发光二极管的电流密度-电压-亮度（*J-V-L*）光电性能测试。

二、实验原理

（1）有机发光二极管的发展背景

有机电致发光是指是从阳极注入的空穴和从阴极注入的电子在有机半导体内复合发光的现象。早在20世纪60年代，M. Pope等人就在一些具有共轭π键的有机物中发现了电致发光现象，并做了很多深入的研究。但是，由于驱动电压高，量子效率很低，在此后的十多年里，有机发光并没有引起人们特别的兴趣。直到1982年，美国柯达公司的邓青云（C. W. Tang）博士等人发明了一种新型的多层结构，才使得有机电致发光驱动电压降低到了10V以下，量子效率也达到了较高水平，从而使有机电致发光器件（Organic Light-emitting Device，简称OLED）的研究获得了重大的突破，巨大的市场应用前景吸引了越来越多的广泛关注。

（2）有机电致发光器件（OLED）的基本结构及发光机理

OLED的多层结构通常是由如图59.1所示的阳极（anode）、空穴注入层（hole injection layer，简称HIL）、发光层（emitting layer，简称EML）、电子传输层（electron transport layer，简称ETL）和金属阴极（Metal cathode）所构成。在器件的两端施加电压后，电子和空穴分别注入有机分子最高占有轨道（Highest occupied Molecular orbit，简称HOMO），在电场的作用下彼此相向运动，相遇后形成相互束缚的电子空穴对，即激子。激子辐射退激发时能量以光子的形式释放出来而发光。

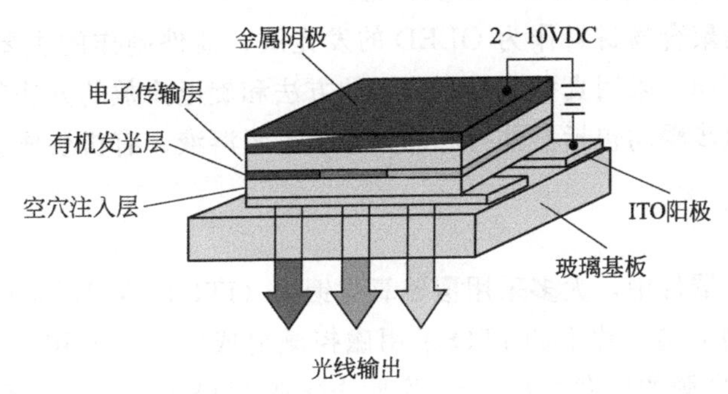

图59.1　OLED的多层结构示意图

对于光辐射的现象一般可分为5个阶段。

① 载流子的注入。在直流低压高电场驱动下，空穴和电子分别从阳极和阴极注入夹在两电极间的有机层中。

② 载流子的迁移。注入的空穴和电子分别由空穴传输层和电子传输层迁移传输到发光层中。

③ 载流子的复合。空穴和电子在发光层中相遇、复合并产生激子。

④ 激子的迁移。激子在电场作用下将能量传递给有机发光分子，并激发有机分子中的电子从基态跃迁到激发态。

⑤ 电致发光。当电子从激发态跃迁回基态时，将能量以光子的形式释放出来，产生电

致发光。

激子从激发态回到基态的过程主要分为辐射跃迁和非辐射跃迁。激子从激发单重态往基态跃迁形成荧光发射，将能量以光的形式释放，这一过程称为辐射跃迁；而激子从激发三重态往基态跃迁形成磷光发射，并以声子的形式把能量传给周围的分子转变成热能的形式称为非辐射跃迁。根据量子理论自旋统计计算的结果表明，单重态和三重态激子的形成比率是1∶3，即单重态激子占25%，而三重态激子占75%。因此，在理论上有机电致发光的最大量子效率为25%。在实际应用中，由于器件界面折射以及各种非辐射衰减等因素的影响，利用荧光材料制备的有机电致发光器件的外量子效率最高只有5%。

三、实验设备与材料

有机电致发光器件的制作工艺实际上是薄膜工艺和表面处理技术，以下是本实验中制作有机电致发光器件的工艺流程，下面我们将其分为五步，具体描述如下。

衬底处理 → 空穴传输层 → 发光层 → 金属电极沉积 → 测试

实验中制备的OLED器件结构为：IT0/NPB(x)/Alq_3(60nm)/LiF/Al，NPB的厚度分别为x=0nm，5nm，10nm，15nm，20nm，40nm和60nm。

测试OLED发光性能所需的仪器设备：

BM-9亮度计，SPIC-200光谱色彩照度计，Keithley 2400电压电流源，Keithley 485微电流计。

四、实验步骤与方法

1. 有机发光二极管的器件制备方法及工艺

选择小分子或是聚合物材料作为OLED的发光层，器件制作的主要区别在于根据材料不同而成膜的方法不同，采用真空蒸镀小分子的方法和旋甩涂敷的方法制备聚合物膜，但是制备器件的基本实验步骤均包括器件衬底的处理、配置溶液、有机层成膜、阴极的制备和器件封装五个部分。

(1) 衬底的处理

在有机电致发光器件中，大多采用覆盖氧化铟锡（ITO）薄膜的透明导电玻璃作器件的阳极。本实验所用的玻璃基片上的ITO采用磁控溅射成膜，用万用表可以测出膜的电阻，大约为20Ω/口，ITO膜的厚度为80nm。实验中先在ITO薄膜覆盖的玻璃基片上用透明胶带对基片进行掩膜，将ITO薄膜光刻成2mm宽的条形小单元，以锌粉覆盖整个基片，用稀盐酸进行腐蚀，最后揭去胶带进行清洗。先将刻蚀好的ITO基片放在有洗涤剂的去离子水中超声清洗（所用超声波清洗器为KQ218型），再用大量去离子水冲洗干净，然后用酒精棉球反复擦洗基片，接着再分别用异丙醇、丙酮和氯仿进行超声清洗。最后在红外干燥箱（HW801型）中烘干后备用。

(2) 有机层成膜

有机层的成膜是电致发光器件制备的关键环节。实验中，对于小分子材料采用传统的真空热蒸发镀膜，我们采用的蒸镀设备（集成惰性气体纯化仪）为BOC Edwards Auto-500 Thermal Evaporation Coating System with M. Braun 20G Glove Box，蒸镀沉积条件为：真空度$<2\times10^{-4}$Pa，蒸发速率约0.2nm/s，膜厚视具体材料而定。一般的遵循规律为现在较

低温度下对材料进行预热，然后升高到蒸镀温度，蒸镀成膜。

(3) 阴极的沉积

一般来说，为了提高电子的注入效率，要求选用功函数尽可能低的金属材料做阴极，如 Mg、Ca 等。但是低功函数的金属化学性质活泼，它们在空气中易于被氧化，对器件的稳定性不利。本实验通过真空蒸镀 LiF/Al 作为阴极，可以更好地提高器件的效率。

2. 有机发光二极管的 *J-V-L* 光电性能测试

通常，OLED 发光材料及器件的性能可以从发光性能和电学性能两个方面来评价。发光性能主要包括发射光谱、发光亮度、发光效率、发光色度和寿命；而电学性能则包括电流与电压的关系、发光亮度与电压的关系等，这些都是衡量 OLED 材料和器件性能的主要参数。本实验侧重于 OLED 发光光谱及 *J-V-L* 性能的测试。

(1) 发射光谱

发射光谱指的是在所发射的荧光中各种波长组分的相对强度，也称为荧光的相对强度随波长的分布。发射光谱一般用各种型号的荧光测量仪来测量，其测量方法是：荧光通过单色发射器照射于检测器上，扫描单色发射器并检测各种波长下相对应的荧光强度，然后通过记录仪记录荧光强度对发射波长的关系曲线，就得到了发射光谱。OLED 的电致发光（EL）光谱需要电能的激发，可以通过 BM-9 光谱仪结合电流电压源来测量在不同电压或电流密度下的 EL 光谱。

(2) 电流密度-电压关系

在 OLED 器件中，电流密度随电压的变化曲线呈现整流效应。在低电压时，电流密度随着电压的增加而缓慢增加，当超过一定的电压电流密度会急剧上升。可通过 Keithley2400 电流电压源实时测试器件在不同电压下的电流值。

(3) 亮度-电压关系

发光亮度的单位是 cd/m^2。亮度-电压的关系曲线反映的是 OLED 器件的光学性质，与器件的电流-电压关系曲线相似，即在低驱动电压下，电流密度缓慢增加，亮度也缓慢增加，在高电压驱动时，亮度伴随着电流密度的急剧增加而快速增加。从亮度-电压的关系曲线中，还可以得到启亮电压的信息。启亮电压指的是亮度为 $1cd/m^2$ 的电压。可以通过 BM-9 光谱仪结合电流电压源来测量在不同电压或电流密度下的亮度值。

五、数据记录与处理

通过 PR-650 我们可以测量到发光材料 Alq_3 的电致发光光谱（类似于如图 59.2 所示）。

通过光谱不难看出发光材料 Alq_3 的发光峰值，实际器件能够在偏压下发射明亮的绿光。

此外，实验得到的离散数据需要录入到 Excel 或 Orgin 软件里进行作图。例如，画出如图 59.3 所示的器件 *J-V-L* 特性曲线。主要分析：通过蒸镀有机薄膜的不同厚度对于 OLED 的发光性能影响。例如：当 NPB 厚度超过 5nm 时，由于平均电场强度的下降，器件的开启电压反而开始上升。由于 Al 的功函数较高，电子注入能力很差，其电流通常认为是主要受注入限制，而插入 LiF 薄层后的电极，其电子注入能力非常好，电流的主要限制因素是空间电荷的影响。因此空穴的注入不会由于中和了空间电荷而对电子的注入有很大的影响，只是在一定的外加电压情况下，NPB 的插入会导致 Alq_3 层内电场强度会有所降低。但是 NPB 的空穴迁移率相对较高，所以 NPB 层上所分得电压相对来说要小得多，其所导致的 Alq_3 层内的电场强度的变化及注入电子电流的改变应该是可以忽略的。这就意味着器件电流的变化

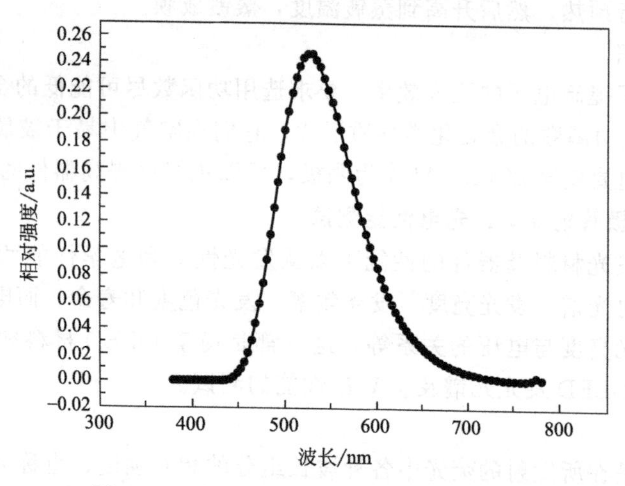

图 59.2 基于 Alq_3 的 OLED 电致发光光谱

主要是由于空穴注入所引起的，也就是说，5nm 的 NPB 就可以获得有效的空穴的注入，更厚的 NPB 只会降低器件内电场强度而减弱载流子的注入。

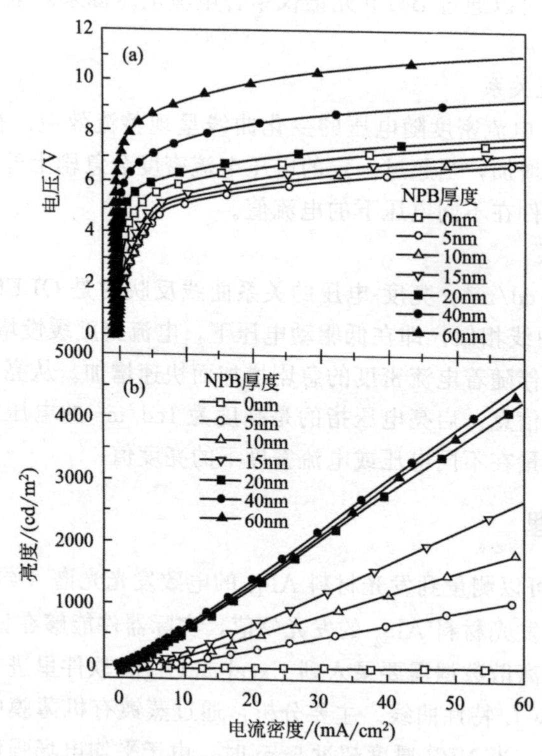

图 59.3 不同 NPB 厚度情况下结构为 ITO/NPB/Alq_3(60nm)/LiF/Al 的器件的 *V-J* 曲线（a）和 *L-J* 曲线（b）

六、思考题

① 测量 OLED 器件的电致发光光谱（光谱峰值及半高宽）。

② 通过测量 OLED 器件的电致发光光谱如何说明发光材料的禁带宽度？

③ NPB 薄膜的厚度对于器件 J-V 特性的影响？

④ NPB 薄膜的厚度对于器件 L-J 特性的影响？

七、注意事项

① ITO 玻璃切割和掩膜的时候，需戴手套并注意安全。

② 测试器件的电学性能时，注意安全电压，规范操作。

参 考 文 献

[1] 马东阁．白光有机发光二极管的最新进展 [J]. 分子科学学报，2007，23 (4)：223-236.

[2] 王治强．高效率有机发光二极管的研究 [D]. 西南大学硕士学位论文，2017.

[3] 周翔．有机发光二极管特性的研究 [D]. 复旦大学博士学位论文，1999.

实验 60　电解液的配制及电化学性能数据分析

一、实验目的

① 熟悉配制电解液的操作方法。

② 了解线性扫描伏安法和循环伏安法的特点和基本原理。

③ 掌握线性扫描伏安法的定量分析方法。

二、实验原理

(1) 线性扫描伏安法

线性扫描伏安法是在电极上施加一个线性变化的电压，即电极电位是随外加电压线性变化记录工作电极上的电解电流的方法。记录的电流随电极电位变化的曲线称为线性扫描伏安图。可逆电极反应的峰电流可由 Randles-Sevcik 方程式表示：

$$i_p=(2.69\times10^5)n^{3/2}AD_o^{1/2}v^{1/2}C_o \tag{60.1}$$

式中，n 为半反应的电子转移数；A 为电极有效面积；D_o 为反应物的扩散系数；v 为电位扫描速度；C_o 为反应物（氧化态）的本体浓度。公式(60.1) 也可以简化为（当 A 不变时）

$$i_p=kv^{1/2}C_o \tag{60.2}$$

即峰电流与扫描速度的 1/2 次方（$v^{1/2}$）成正比，与反应物的本体浓度（C_o）成正比。公式(60.2) 即是线性扫描伏安法定量分析的依据。

对于可逆电极反应，峰电位与扫描速度无关，即

$$E_p=E_{1/2}\pm1.1RT/nF \tag{60.3}$$

但当电极反应为不可逆时（准可逆或完全不可逆），E_p 随扫描速度增大而负（正）移。

(2) 循环伏安法

循环伏安法的原理同线性扫描伏安法相同，只是比线性扫描伏安法多了一个回扫。所以称为循环伏安法。

循环伏安法是将循环变化的电压（图 60.1）施加于工作电极和参比电极之间，记录工

作电极上得到的电流与施加电压的关系。

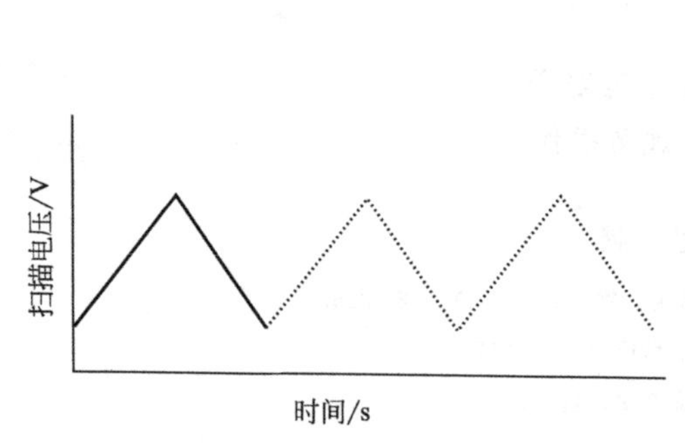

图 60.1 循环变化的电压

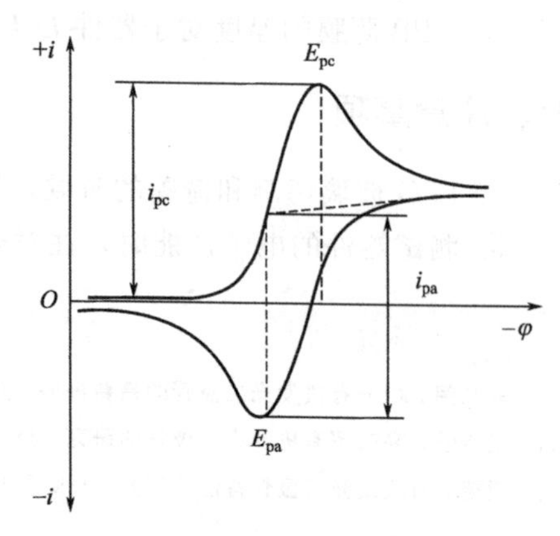

图 60.2 典型的循环伏安图

当对工作电极施加扫描电压时，将产生响应电流，以电流对电位作图，称为循环伏安图。典型的循环伏安图，如图 60.2 所示。

从循环伏安图中可得到阳极峰电流（i_{pa}）、阳极峰电位（E_{pa}）、阴极峰电流（i_{pc}）、阴极峰电位（E_{pc}）等重要的参数，从而提供电活性物质电极反应过程的可逆性、化学反应历程、电极表面吸附等许多信息。

循环伏安法是电化学方法中最常用的实验技术。循环伏安法有两个重要的实验参数，一是峰电流之比，二是峰电位之差。对于可逆电极反应，峰电流之比 i_{pc}/i_{pa}（阴极峰电流与阳极峰电流之比）的绝对值约等于 1。峰电压之差（$\Delta E_p = |E_{pa} - E_{pc}|$）约为 59.6mV（25℃）。

$$\Delta E_p = 2.22RT/nF \quad (60.4)$$

三、实验设备与材料

① 天平，称量纸，烧杯，玻璃棒，50mL 容量瓶，10mL 容量瓶，滴管，量筒，100mL 四口烧瓶，胶塞，0.5mL 移液管，洗耳球。

② 分析纯氯化钾，分析纯铁氰化钾，蒸馏水。

③ 三电极系统：铂电极为工作电极，饱和甘汞电极为参比电极，铂电极为对极。

④ 电化学分析系统。

四、实验步骤与方法

（1）配制 50mL 0.10mol/L 氯化钾溶液，10mL 0.10mol/L 铁氰化钾空白溶液

计算所需氯化钾或铁氰化钾的质量，用天平称取固体放入烧杯中，用量筒量取一定量的蒸馏水，倒入烧杯中使固体完全溶解。将溶液转移到容量瓶中，用少量蒸馏水润洗烧杯 1~2 次，润洗液转移到容量瓶中，定容、待用。

（2）用量筒移取 30mL 0.10mol/L 氯化钾溶液至 100mL 四口烧瓶中，插入工作电极、对电极和参比电极，将对应的电极夹夹在电极接线上，设置好如下仪器参数（仪器参数可根据不同电化学分析系统进行微调）

初始电位：0.4V；　开关电位 1：−0.6V；　开关点位 2：0.0V；

电位增量：0.001V；　扫描次数：1；　等待时间：2；

电流灵敏度：10μA；　滤波参数：50Hz；　放大倍率：1；

选择：氧化过程

(3) 以 20mV/s 的扫描速度记录不同浓度 $K_3Fe(CN)_6$ 溶液的循环伏安图

① 以 20mV/s 的扫描速度记录氯化钾空白溶液的循环伏安曲线并保存。

② 用移液管向烧瓶中加入 0.10mL 0.10mol/L 铁氰化钾空白溶液，同样以 20mV/s 的扫描速度记录循环伏安图并保存。

③ 分别再向溶液中加入 0.1mL、0.2mL、0.4mL 0.10mol/L 铁氰化钾溶液重复②操作。

(4) 在不同的扫描速率下，记录同一浓度的 $K_3Fe(CN)_6$ 溶液的循环伏安图

移取适量（0.1mL≤体积≤0.5mL）0.1mol/L $K_3Fe(CN)_6$ 和 30mL 0.1mol/L KCl 溶液至四口烧瓶中，在 5mV/s～200mV/s 范围内选定 8 个扫描速度（可选 5mV/s、10mV/s、20mV/s、50mV/s、80mV/s、100mV/s、150mV/s、200mV/s）记录溶液的循环伏安曲线并保存。

五、数据记录与处理（表 60.1～表 60.3）

表 60.1 药品称量信息记录

物质	分子量	称取量/g	浓度/(mol/L)
KCl			
$K_3[Fe(CN)_6]$			

表 60.2 同一扫描速度下不同浓度的铁氰酸根离子电极反应的峰电压和峰电流

序号	铁氰化钾溶液		$E_{pa}(X_1)$	$i_{pa}(Y_1)$		$E_{pc}(X_2)$	$i_{pc}(Y_2)$		ΔE_p	i_{pc}/i_{pa}
	加入体积	最终浓度		Y_{11}	Y_{12}		Y_{21}	Y_{22}		
1										
2										
3										
4										
5										

注：扫描速度为__________ mV/s

表 60.3 不同扫描速度同一浓度的铁氰酸根离子电极反应的峰电压和峰电流

序号	扫描速度	$E_{pa}(X_1)$	$i_{pa}(Y_1)$		$E_{pc}(X_2)$	$i_{pc}(Y_2)$		ΔE_p	i_{pc}/i_{pa}
			Y_{11}	Y_{12}		Y_{21}	Y_{22}		
1									
2									
3									
4									
5									
6									
7									
8									

注：加入的 0.1mol/L 铁氰化钾溶液__________ mL，浓度__________ mol/L

六、思考题

① 在同一扫描速度下（表 60.2），将峰电流 i_{pa} 和 i_{pc} 分别与浓度 C 作图，讨论 i_p 与浓度（C）的关系是否满足 Randles-Sevcik 方程。

② 在同一浓度下（表 60.3），绘制不同扫描速率时峰电流 i_{pa} 和 i_{pc} 与扫描速率 1/2 次方（$v^{1/2}$）的关系曲线。如果是一条直线，说明什么问题？

③ 用实验求出的 ΔE_p 和 i_{pc}/i_{pa} 等参数，判断铁氰酸根离子的电极反应的可逆性。

参 考 文 献

[1] 张祖训，汪尔康．电化学原理和方法［M]．北京：科学出版社，2000.

[2] 陈国华，王光信．电化学方法应用［M]．北京：化学工业出版社，2003.

[3] 王春明．电化学原理和方法用于研究生教学的体会［J]．高等理科教育，2002，2：113-114.

[4] 贾铮，戴民松，陈玲．电化学测量方法［M]．北京：化学工业出版社，2006.

实验 61　应用薄层色谱分离有机染料小分子

一、实验目的

掌握薄层色谱的基本原理及其在有机物分离中的应用。

二、实验原理

（1）色谱法

色谱法（Chromatography）亦称色层法、层析法等，见图 61.1。色谱法是分离、纯化和鉴定有机化合物的重要方法之一。色谱法的基本原理是利用混合物各组分在某一物质中的吸附或溶解性能（分配）的不同，或其亲和性的差异，使混合物的溶液流经该种物质进行反复的吸附或分配作用，从而使各组分分离。色谱法有如下作用：①分离混合物。②精制提纯化合物。

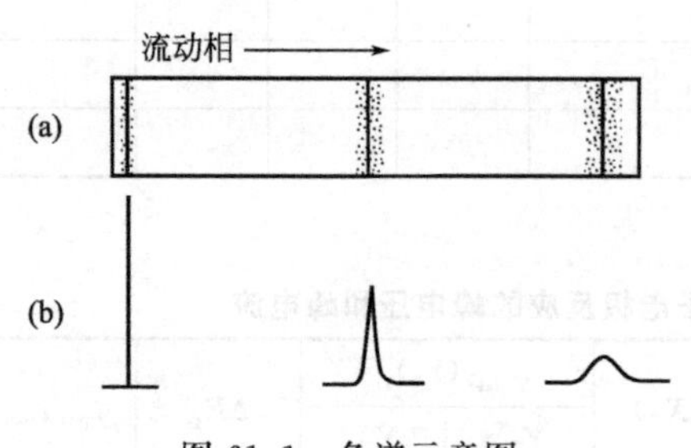

图 61.1　色谱示意图

色谱是分离、提纯、鉴定有机化合物的重要方法。与经典的分离提纯手段—蒸馏、萃取、重结晶、升华等相比较，色谱技术具有微量、快速、高效和简便等优点，并能对复杂化合物甚至立体异构体进行分离。

色谱法中用到固定相和流动相两种物质。固定相是用于与样品发生吸附作用的固定不动的物质。在混合物样品流经固定相的过程中，由于各组分与固定相吸附力的不同，就产生了速度的差异，从而将混合物中的各组分分开。流动相也称洗脱剂（展开剂），在色谱过程中起到将吸附在固定相上的样品洗脱的作用。

当流动相流经固定相时，由于固定相对各组分的吸附或溶解性能的不同，吸附力较弱或溶解度较小的组分在固定相中移动速度较快，在多次反复平衡中导致各组分在固定相中形成了分离的色带（见图 61.1），从而得到了分离。按其操作装置的不同，色谱可分为薄层色谱、柱色谱、纸色谱、气相色谱和高效液相色谱等。

（2）薄层色谱法

薄层色谱（thin layer chromatography，简称 TLC）又叫薄板层析，是色谱法中的一种，是快速分离和定性分析少量物质的一种很重要的实验技术，属固-液吸附色谱。一方面适用于少量样品（几 μg，甚至 0.01μg）的分离；另一方面在制作薄层板时，把吸附层加厚加大，又可用来精制样品。此法特别适用于挥发性较小或较高温度易发生变化而不能用气相色谱分析的物质。此外，薄层色谱法还可用来跟踪有机反应及进行柱色谱之前的一种“预试”。

薄层色谱通常被用来实现以下目的。

① 确定混合物中的成分数目。一般根据混合物溶液点样展开后出现的斑点数目来确定。

② 鉴定化合物。在条件完全一致的情况，纯粹的化合物在薄层色谱中都呈现一定的移动距离，称比移值（R_f 值），所以利用色谱法可以鉴定化合物的纯度或确定两种性质相似的化合物是否为同一物质。

③ 跟踪一些化学反应进程。可以利用薄层色谱观察原料色点的逐步消失，以证明反应完成与否。

④ 探索柱层析实验条件。一般在薄层色谱中分离混合物所用的固定相和流动相，可用于相同体系的柱色谱。因此常利用薄层色谱为柱色谱提供固定相、洗脱剂等实验条件，减少前期探索耗费。

⑤ 分离少量样品。增加薄层板厚度并将样品点成一条线，展开后根据目标物所在的位置，从薄层板上洗脱，可一次分离 10～500mg 的样品。

常用的薄层色谱固定相是硅胶和氧化铝。硅胶是无定形多孔性的物质，略具酸性，适用于酸性和中性化合物的分离和分析。“硅胶 H”—不含黏合剂。“硅胶 G”—含煅石膏做粘合剂。“硅胶 HF-254”—含荧光物质，可在波长 254nm 紫外光下观察荧光。“硅胶 GF-254”—含有煅石膏和荧光剂。本实验中用到的是 GF-254。薄层色谱用的氧化铝也分为氧化铝 G，即氧化铝 GF-254 和氧化铝 HF-254。

样品与固定相的吸附能力与样品的极性密切相关。一般来讲，极性越大的化合物与固定相的吸附能力越强，越不容易被洗脱，其在固定相中的移动速度越慢；反之则越弱，越容易被洗脱。相对而言，硅胶适合于极性大的物质，氧化铝适合于极性小的物质。

流动相的极性：流动相极性越大，越容易将吸附在固定相上的样品洗脱，从而使样品的移动速度越快；反之则越难洗脱。常用展开剂的极性对比［越靠后洗脱能力越低：乙酸＞水＞醇类（甲醇＞乙醇＞正丙醇）＞丙酮＞乙酸乙酯＞乙醚＞氯仿＞二氯甲烷＞甲苯＞烷类（环己烷＞正己烷＞石油醚］。在应用上，使用乙酸乙酯和己烷的混合物作为流动相的话，加入更多的乙酸乙酯会使 TLC 片上所有化合物的保留引子（R_f 值）升高。改变流动相的极性通常并不会使 TLC 片上的化合物的前后顺序发生改变。如果要使化合物的前后顺序发生改变的话，此时就应使用非极性的固定相来代替极性固定相，如 C18-官能基硅胶。

展开剂的选择有时需要反复试验，单一展开剂效果不好时可以选择混合展开剂。简单的实验方法是同心环法（如图 61.2 所示）。

薄层展开后，如果样品本身有色，可以直接观察斑点的位置，无色有机物需要显色。有三种显色方法：紫外显色、碘显色和喷雾显色。对于紫外显色，通常使用少量的荧光化合物，如锰—活化的锌硅酸盐加入吸附相当中，使得吸附物在黑光（UV254）下可以显色。固定相在荧光下本身显绿色。化合物对荧光有猝灭作用，所有在紫外光处有吸收的物质在荧光层都出现一个暗斑，从而达到显色目的。本实验中用的是紫外光显色。用硅胶 GF254 板，在 254nm 波长时，可以看到暗色斑点，该斑点就是样品点。

（3）薄层色谱注意事项

① 一根点样管只能点一种样品，防止交叉污染。

② 样品点直径应不超过 3mm，点样不能戳破薄层板面。

③ 注意样品点绝对不能浸到展开剂中。

④ 不可使展开剂走到板的尽头。板取出后要及时标记展开剂前沿。

⑤ 若在同一块板上点两个样，点样距离及距离边界以 1 cm 为宜。

（4）物理常数

名称	分子量	颜色和形态	溶解度
甲基橙	327.33	橙红色鳞状晶体或粉末	微溶于水，较易溶于热水，不溶于乙醇
亚甲基蓝	319.86	深绿色青铜光泽粉末	可溶于水/乙醇，不溶于醚类

三、实验设备与材料

① 设备：天平、广口瓶、毛细管、定性滤纸、玻璃棒、烧杯、紫外灯、镊子、GF254 硅胶玻璃板。

② 材料：乙醇、石油醚、乙酸、水、甲基橙、亚甲基蓝。

四、实验步骤与方法

（1）样品准备

取 0.1g 甲基橙和 0.1g 亚甲基蓝分别溶于 10mL 温水中形成 A 和 B 溶液。之后各取 3mL 混合成 C 溶液。对三者进行分析。

（2）展开剂选择

取一薄层板横着放平，每间隔 1cm 点一个样品点，然后用吸有溶剂的毛细管轻轻接触第一个样品点的中心，控制毛细管内的溶剂缓缓流下，并扩散成一个圆，溶剂前沿用铅笔做一标记。再用不同的溶剂试验其余各点，此时样品原点将会扩展成同心环，从扩散的图像来确定适宜的溶剂作展开剂，见图 61.2。

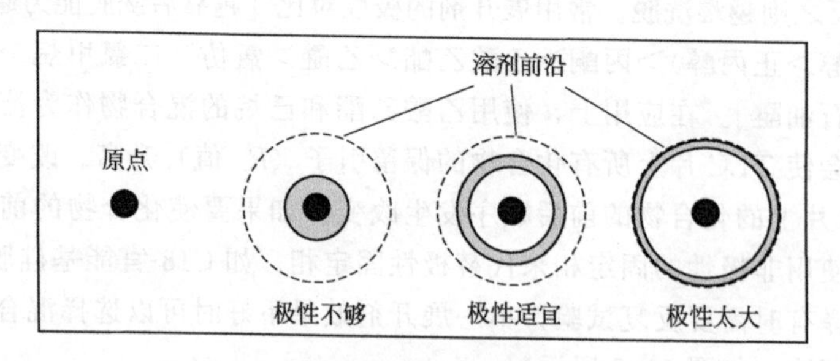

图 61.2 展开剂的选择

根据极性的差异，尝试使用不同展开剂。

第一组，乙醇；第二组，乙酸；第三组，水；第四组，乙醚。

取选定的展开剂放入带有盖子的广口瓶，距离缸底大约 1 cm。在广口瓶中放一张大小合适的滤纸，让滤纸底部浸没于溶剂中并靠在展缸内壁，过几分钟后让洗脱溶剂蒸发并在展缸空间内饱和。若不经过以上步骤可能会导致分离度的下降或使结果不具重复性。

(3) 点样

首先在距离薄层板一端 2 cm 处，用铅笔轻轻地画一条线作为点样的起点线，在距离另一端 1 cm 处，再画一条线作为展开剂向上爬行的终点线。用铅笔轻轻地在起点线上画直径约 4 mm 的小圈，用于标识样品点的起始位置。用洁净的毛细管吸取少量的待测样品，轻轻触及薄层板的起点线上的小圈内轻轻地点一下。待溶剂挥发后，再点第二次。

(4) 展开

用镊子将薄层板点有样品的一端放入展开剂中，盖上塞子。不要晃动广口瓶。要注意展开剂液面的高度要低于样品斑点。在展开过程中，样品斑点随着展开剂向上迁移。展开剂前沿移动至薄层板的终点线之后，立刻用镊子取出薄层板，烘干，移到紫外灯暗箱中或紫外灯下，选择 254 nm 挡，用铅笔标记各个暗斑的位置，将薄层板上分开的样品点用铅笔标记。

测量从原点到暗斑中心的距离，如图 61.3(a) 和图 61.3(b) 所示。根据下面的公式计算 R_f 值。

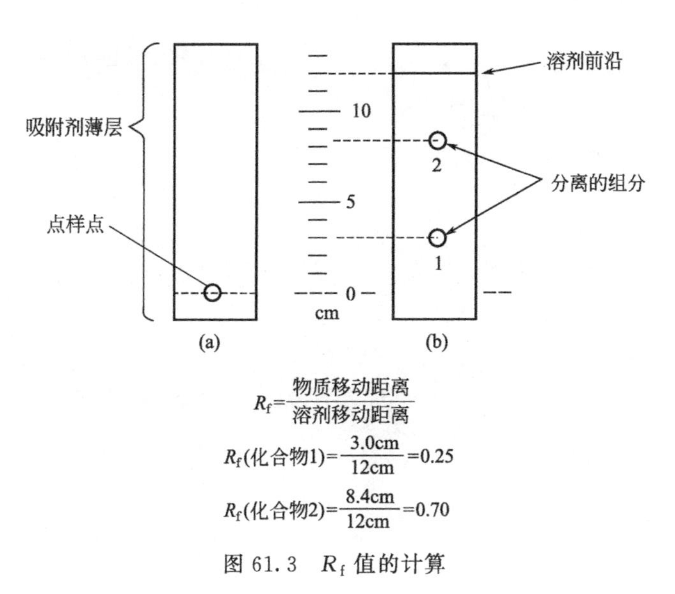

$$R_f=\frac{物质移动距离}{溶剂移动距离}$$

$$R_f(化合物1)=\frac{3.0cm}{12cm}=0.25$$

$$R_f(化合物2)=\frac{8.4cm}{12cm}=0.70$$

图 61.3　R_f 值的计算

五、数据记录与处理

分别记录三种溶液在四种展开剂中的 R_f，见下表。

组别	乙醇	乙醚	水	乙酸
A				
B				
C				

六、思考题

① 用 R_f 值来鉴定化合物的原理是什么？

② 展开剂的高度若超过点样线，对薄层色谱结果有何影响？

参 考 文 献

[1] 张建英，刘惠军，张艳慧，等．珍珠层粉胶囊中氨基酸的薄层色谱鉴别 [J]. 中国医药指南，2010，8 (29)：42-43.

[2] 周鑫．薄层色谱在染料合成中的应用实例 [J]. 染料与染色，2007，44 (6)：50-53.